土地的表达

——展示景观的想象

CARTOGRAPHIC GROUNDS

PROJECTING THE LANDSCAPE IMAGINARY

［美］ 吉尔·德西米妮
查尔斯·瓦尔德海姆 著
李翅 译

中国建筑工业出版社

著作权合同登记图字：01-2020-2453

图书在版编目（CIP）数据

土地的表达：展示景观的想象／（美）吉尔·德西米妮，（美）查尔斯·瓦尔德海姆著；李翅译．—北京：中国建筑工业出版社，2019.3
书名原文：Cartographic grounds—projecting the landscape imaginary
ISBN 978-7-112-24864-3

Ⅰ.①土… Ⅱ.①吉… ②查… ③李… Ⅲ.①建筑制图 Ⅳ.①TU204

中国版本图书馆CIP数据核字（2020）第024698号

责任编辑：张鹏伟　戚琳琳
责任校对：王　烨

土地的表达——展示景观的想象
［美］吉尔·德西米妮 查尔斯·瓦尔德海姆 著
李翅　译
*
中国建筑工业出版社出版、发行（北京海淀三里河路9号）
各地新华书店、建筑书店经销
北京锋尚制版有限公司制版
天津图文方嘉印刷有限公司印刷
*
开本：880×1230毫米　1/16　印张：16¾　字数：316千字
2020年6月第一版　2020年6月第一次印刷
定价：209.00元
ISBN 978-7-112-24864-3
（35291）

目录

前言

制图的想象

莫森·莫斯塔法维（Mohsen Mostafavi）

建筑师或景观设计师的工作总是情境化的。我们构想事物的方式与小说家构建一部小说的方式别无二致。但是这部小说本身就是一个终极产品，就像一幅画或一座雕塑——在完成的那一刻做好被阅读、看到和遇到的准备。在一部小说中，行动的概念与被讲述的故事不可分割；然而，在建筑和风景园林中，我们通过一系列制图惯例（平面图），才能形成建筑物或景观，以及场所。

平面图作为一种绘图形式，描述了为某种特定目的与形式而建造的场地——房屋、医院、咖啡馆、公园、广场等。这些地方的每一幅图都同时指向一个典型性和唯一性的条件。这所房子可能会让我们想起其他房屋，但它却是一个特定的所在——是自己特定的品质和特征的源头。房屋的质量和特征具有时代性和主观性，以适应居住和使用的细微差别。然而，房屋的建筑也可能呈现出一种独立于其功能条件的自治形式。

同样，平面图并非仅仅服务于建筑的建造。通过使用某些制图惯例，例如比例和表现方法，平面图也可以使自己作为一个图示化的想法为人们所理解。我们可以看到墙体的薄厚、餐厅的大小和布局，以及空间的关系和配置。

房屋也可能与特定的地形有关。这个地形图可能是用于协调房屋的建筑与特定位置的一个重要的催化剂。地图就像小说，使用一定的约定构建地点和地形的故事。更改地图的比例可以显示或隐去有关特定区域或地区的大量信息。

因此，制图想象是一种特定的地形描述方式。例如中世纪的世界地图（mappas mundi），早期的地图更多地基于想象而非事实，是一种将一个从未被描绘过的世界形象化的方法。然而，他们提供了当时最准确的地图，并帮助塑造了三百多年的欧洲知识分子生活。

技术的进步带来了真实与其表现之间更加接近的可能性。然而，将三维信息转化为二维平面的挑战仍然存在，包括将歪曲的事实作为接近真实感知手段的必要性。我们应该使用什么工具、惯例和尺度来讲述故事，来描述特定领域的特征，甚至来叙述动态变化和转变？

制图想象力是对多种表征重要性的研究，根据场合的相关性观察和描绘各种现实。例如，特定地形可以通过其道路、起伏的地形或可能通过两者的组合来表示。这一切都取决于地图的目的和它试图描述的事物。

表现世界及其表面海洋、植被、森林、城市、峡谷、山脉、小径、丘陵、村庄和沙漠这些复杂的事物需要一套同样复杂的惯例。了解这些惯例使我们能够参与到这个世界中。我们在乡村散步，游览外国城市，乘坐地铁时都会携带地图。地图是土地现实化的催化剂。

但制图惯例的细节也有助于我们想象新景观、城市和房屋碎片的能力。类似文字之于小说家——制图惯例可以增强设计师在表达平面图与其现实空间时的技巧。例如，等高线作为一种制图惯例的理解和经验，成为设计新景观的必要工具。描绘与实现之间的相互关系是制图想象的一个关键组成部分，并与给定的地形和未来设计密不可分。

对于制图学与建筑学领域，画一条平行线是有启发意义的。它们同属实用艺术领域；每一个都非常有历史；从一开始，每一个都或多或少地受到使用者的控制。

——亚瑟·H·罗宾逊（Arthur H. Robinson）《地图探微》（*The Look of Maps*），1952年

导言

展示景观的想象

《土地的表达——展示景观的想象》通过一系列与三维条件二维描述相关的基础表征技术，重新审视了作为设计基础和用于设计的地理形态的描绘。这必然涉及计划和地图的历史和概念重聚。鉴于近几十年来“绘图”和数据可视化在设计文化中的优势，以及抽象力量和抽象流的流行，本书重新设想了制图实践的投影潜力，使其更接近地面本身的表现和运行方式。这里描述的制图策略提供了一个用于描述各种条件的工具集：地下的、时间性的、与水相关的和地表的。这些策略分为十个章节：探测 / 点高程、等深线 / 等高线、晕滃线 / 填充线、地貌晕渲、土地分类、图底关系、地层柱状图、横截面、线符号和传统标志。这十个历史案例同时具有分析性和投射性、精确性和推测性。总之，它们形成了一种丰富的符号语言，能够描述景观构想的现有和想象的基础。

设计文化中数据的测绘和可视化改变了建筑师、景观设计师和城市设计师表达建筑和景观的方式。项目得到了广泛使用的物质和文化数据支持，将这些数据转换为可视化文档现已成为设计过程中无处不在的组成部分。概念和背景的表征轨迹已经从对地面的材质和物理性描述转向对看不见的，通常是非物质的领域、力和流的描绘。由此产生了对设计文化中地理决定论的重要批判——对场地的物质条件的无形特权。在纯粹的地理和自由的抽象这两种思想流派之间，是一种融合空间精确性和文化想象力的代表性项目。这里面蕴藏着制图实践的投射潜力，提供了与地面本身更大的联系，使景观生动而富有表现力，就像它的存在和可能的那样，对眼睛和头脑都是如此。该方法旨在使平面图的精确性和工具性与地图的地理和地域范围相协调。

数据的可用性使我们对世界的了解越来越多。随着可用信息的复杂性增加，对有效沟通的可视化清晰度施加了更大的压力。罗伯特·克兰滕等人认为“图表，数据图形和视觉焦点”是“理解，创造和完全体验现实”的新工具。[1]尽管克兰滕的评估结果是这样，然而过度依赖数据驱动设计的可能性同样存在问题。设计项目应在保持对调查的起源、收集、分析和可视化的批判性立场的同时，获得充分的相关信息做好相关的研究。事实上，信息图形通常不足以为项目的概念性和空间发展提供信息。相反，数据收集和呈现通常是无实体的，并且与生活经验分开，因此会与地理地形脱节；它们通过浮动图标、脱离语境的结构和风格化的环境与地面条件区分开来。这些可视化往往缺乏想象力或投射潜力，被用于根据模式和算法确定现有条件的结果或预测，而不是通过绘制替代未来想象和可视化。但是这些数据在内容方面都具有诱惑力。它往往是设计的辅助，消除了投机和代理，同时支持寻找从虚幻的客观性中显现出项目的方法。

通过恢复能够与地球表面直接相交的复杂性的制图实践，数据可以与地理保真度重新对准。地形图显示了丰富的高度、路线、建筑结构、土地分类信息，但没有空间质量、人类关联、相对位置和材料形式信息。在这里广义地定义了地图与平面图共享的三个区别特征：投影、比例和符号。[2]二维图纸和三维模型将物理空间转换为扁平、精确、缩小的形式，其中的线条和标志代表物体与用途。投影、缩放和符号化共同允许数据的合成和信息的压缩，而无需从建成环境中进行去背景化。

地图很容易被误认为是对地理条件的客观描述，而且它们的复杂性常常掩盖了它们实际上是扭曲的事实。它们的用途、局限性和主观性必须得到理解和尊重。失真可能源于基础数据，编辑选择和表征方法。地图利用一套具有可塑性但严格定义的表征技术，具有说服力、描述力，最重要的是投影能力。

通常作为干预的基础，地图，无论是关于网络关系还是地理上精确的位置，都在平面图之前。平面图作为一个想法驱动的空间战略和投影绘图，被迫对地图作出反应。这种一分为二的连续实践有其局限性。相反，将地图和平面图还原为同样具有投射性、精确性和详细性的调查，可以实现一个平滑、有根据的和非线性的过程。基础材料和项目文档不是单独的实体，但这并不是说项目是地理空间或地点是确定的，而是地图的制作类似于平面图的制作。

设计文化中的映射已经得到了增强，甚至被数据驱动的研究所取代，但地图仍然是主要的文档工具之一，尽管它已经不再强调与地球表面的物理特性的接近程度。设计师制作的依赖于数据的图纸导致了与地面、尺度和材料的距离，以及在人类尺度上的空间精度的丧失。平面图——作为一幅基础、尺度、利用方式和地形丰富的景观的空间精确绘图——并未被现有信息的复杂性所丰富，而是被其推翻。平面图被视为过时的、静态的，并与“总体规划”一起，被认为无法在全球化的背景下处理设计的动态关系和空间复杂性。然而可以说，重新考虑将平面图作为能够表达地球表面和空间性质的类型学绘图，对于补充指出潜在的社会、经济和政治驱动因素的复杂的系统图表是必要的。制图的基础是必要的，围绕空间表现形式的概念框架和表现必须与系统思维的复杂性和深度相匹配。这意味着对绘画手段的更大奉献以及对视觉感知，易读性和作品真实性的回归。

非地理空间数据的空间可视化、由先进的投影和符号化系统驱动的地图表示，与平面投影在地图规模上的推测性设计绘图之间的区别，是至关重要的。在详细阐述这些方法之间重叠的优点和局限性之前，需要澄清几个术语：地形图、平面图、图表、航拍图像和图例。

地形图

地形图是一类通用地图，可以在大尺度上描述各种物理现象（参见尺度上的注释）。地形图的范围曾经反映了制图师的已知观察结果或人类感知的规模。它现在是一种混合实践，依赖于容易获取的数据，通过个人收集信息和地面真相加以扩充和核实。这些地图可与使用远距离手段描述整个世界的地理地图区分开来；[3]与地形图区别开来，因为拓扑图忽视尺度和地理位置，如地铁地图；与专题地图区别，专题地图侧重于单一特征，往往是地理定位统计信息，例如常见的天气图和人口普查地图。地形图和其他地图一样，并不像土地本身，而是用线条、颜色、纹理和传统符号显示信息的扁平表示。它是一块地球表面（或天空或另一个行星）的构造描绘，显示物理特征的分布，每个代表元素对应于一个实际的地理位置，遵循固定的比例和投影。对信息进行压缩、编辑和过滤，并将其编码以提高可读性。地形图需要图例，而阅读地图的行为需要在图例和图纸之间来回切换。在最终形式中，地形图以人类可查阅的尺度提供对地形、材料和用途的精确表现。以其作为底图可以看到，想象和最终设计景观。

平面图

平面图是一个设计或提案的表示。除非表示广泛的范围或地点，它都以相对较大的比例绘制——很少超过1：10000。根据定义，平面图是将三维空间投影到水平平面或表面上，尽管这种区别不如其作为“未来某些行动的指导性文件”的目的重要。[4]平面图是一种景观的视图，用于显示元素之间的关系以及这些部分的总体表现。它通常是倾向于地理和几何的一致性，但可以嵌入人类感知和经验的一种抽象。与地图一样，它需要绘画和阅读技巧才能理解景观的现象和氛围质量。由于其表达时间和动态的能力有限，平面图，与地图一样——通常在一个视图表达某一时刻的一个地点。它作为一种压缩和标记更大空间想法的符号最具启发性，它可以跨越图案和二维构图融入三维环境。然后，这个平面图就变成了一个想象和创造空间的生成器，一个用来投射、设计、推测、想象和提出可能的东西的工具。

图表

图表是一个广义的术语，存在于各个学科、格式和意图之间，作为将信息压缩和简化为易于理解的视觉手段。它是一个抽象的插图，用于描述一个方案、一个陈述、一个定义、一个过程或一个动作，没有代表性和类型界限。[5]在设计和制图中，图表可以采用简化平面图或地图的形式——在进一步概括和编辑信息的同时保持一定的空间保真度。但与平面图和地图不同，该图由其可视化可读性定义，不受制图规则的限制。相反，它是表达想法，捕获过程和探索“不考虑精确度布置条块”的一种方式。[6]图表具有分析性和生成性的应用特性，被广泛应用于不同绘图类型和内容之间。它以细节、精确度和完整性为代价，展示了推测、解释和自主性。

鸟瞰图

相比之下，航拍照片是对概要情况的掌握，通过框架选择，过滤器应用和比例设定来实现编辑。从19世纪中叶出现开始，航拍图像为设计工作中的提供了空间秩序——道路布局和城市结构、山地形态、植被模式，改变了地图制作的方式。这些照片既作为基础材料，也作为以前仅通过景观的三维建模近似的视点。早期的制图师被迫想象并从天空的视角构建视图，当代制图师可以看到并使用航拍影像。航拍照片是“与地图一起作为监控的现代工具”，有助于揭示文化和环境进程中隐藏的关系，同时为未来的项目建立新的框架。[7]

航拍照片之所以区别于地图，在于其可以作为一个框架视图，而不是一种经过编辑的描绘。航拍照片通常降级为基本信息，用以支持设计的平面图或地图绘制，信息挖掘，向非彩色的内容添加层次结构。图像可以通过构造改变公差来改变——通过设定可见光谱的范围 ，或通过手动操作和跟踪。它的普遍性破坏了作为图像的有效性；视图和模式不再令人震惊，其精确度被视为理所当然。20世纪60年代，美国地质局发布了早期的沼泽摄影测量代替四边形矢量地图（参见尺度），因为航空图像允许平面景观以图形方式进行制图（图5.9）。最新系列的四幅地图有航拍照片作为矢量线工作的基础，而矢量线的制作是通过航拍图像实现的。这些照片是精确的，拥有给定的投影和刻度，但它们不是投射性的。作为表现，它们是信息性的而不是推测性的。天线没有空白处，也没有通过常规标志描绘的现象。它被表示为没有故意抽象的完整图像（除了其艺术形式），显式信息减少（谬误被刻意掩盖）或符号化。

图例

地形图易读性需要图例或注释配合，它们通常包含在平面图中，有时伴随图表，而在航拍图像中很少见到。作为对图纸上使用的符号和惯例的解释和放大，图例描述了制图的要素。符号语言的选择定义了制图表现的特征及其组成部分，并从这些符号和惯例中揭示了景观的元素。然后，它们被用来构造定义关系和结果的整体。通过包含和省略，注释上包含内容的确定反映了使其加入制图中的原因。图例需要事先考虑，无论是先设置还是事后提取。第一个地图图例出现在公元前1200年的古埃及地图上，而欧洲制图师直到中世纪晚期才采用这一制图惯例。[8]注释的复杂性及其风格特征反映了地图或平面图的时代，流派，意图和视觉品质。航海图表有完整的书籍专门用于描述和解释在不同地形中安全驾驶所需的制图符号（图10.8—图10.13），而图底关系通常是清晰的，不包括注释（图6.9，图6.10，图6.12）。

图例经常被放置在地图或平面图的角落，或者地图或绘图集的前面，这种边缘化的行为掩盖了它的重要性。如果没有注释，无论是在物质上还是在概念上表达信息水平都会受到影响，代表物的重要性会被忽略，对地面解读的丰富度也会减少。图例允许视觉上的多样化与抽象。材质是被编码的，因此不需要实际或精确地再现。影响空间感知的现象学质量可以在物理性质之上分层。时间维度可以通过现有和未来的表示、构筑物的年代或历史事件的表达添加到其他静态表现。图例为绘图带来了主观特征，并通过关联为景观本身带来了主观特征。通过字符、文字、线条类型、标志和象形图，想象力得以激发。空间与其呈现之间的感知差距增加了翻译的必要性，并为发明留下了空间。图例作为地图重嵌入式精炼化的语言，在此被视为构建具有文化特色和空间精确性视觉的手段。

地形图和平面图有两个显著的特点：空间保真度和投射潜力。他们使用历史上严格的，基于数学的绘图惯例表现实体景观。两者都依赖于从网络和系统的空间渲染转向具体元素的地理渲染表征而非环境抽象：线条采用了在景观中的更粗、可扩展的线性元素。符号系统与地理实体紧密关联。数据是理性的而不是像内部连接的——就像在食物网、航空公司路线和社交网络的表示中，它们抽象的线条漂浮在黑色或白色的区域之上，连接符号和图片。数据点与空间属性相关。生境是以高度、地形、水文和植被为特征的空间，而不是在空间和时间压缩形成的程式化动物、森林和山脉的脱离情景的图像。机场是具有可测量尺寸的物理实体，而不是流线交叉和聚合的地方。热门目的地的空间特征和描述超出了数据景观中的峰值，指示了频繁签到的位置。这些数据可能会显示兴趣点和强度点，但平面图描述了基本的物理特性。

通过展示描述复杂性和背景的地图和绘图的示例，在探索允许将数据与建成环境描绘的合并技术中仍存在潜力。例如地层柱——这一伴随地质图的可视化设备，用于描述岩石单元的相对垂直位置，可被认为是数据可视化。

但是可视化的数据是局部特定的，并且与地球表面的深度和成分有关。平面图和地图确实了显示数据（地形、土地利用、路线和导航信息），但信息与所绘制的地点相关联，最重要的是，信息不会从背景中剥离。这些数据涉及建成环境的结构，材料和现象学方面。

地理信息一直是设计中数字化表现发展的核心，哈佛大学设计研究生院的计算机图形学和空间分析实验室为这些早期的环境规划项目提供了支持。1967年景观学教授卡尔·斯坦尼茨（Carl Steinitz）在Delmarva工作室中使用地理空间数据聚合基础层。用点网格绘制的地形、土地覆盖和土壤地图近似于一个连续的景观，这使他怀疑是否需要用矢量线工作来描述地形。（图5.11）这种新的数据输出方式提供了另一种景观解读以及确定不同开发类型适用性的方法。同样，苏格兰景观规划师伊恩·麦克哈格（Ian McHarg）在1969年开创性的《设计结合自然》（*Design with Nature*）一书中设计了一个系统，该系统在很大程度上依赖于地理空间数据来编纂和进行景观干预。麦克哈格依靠地图以及嵌入其中的图层，对平面图进行了否定。他认为平面图是一种预先设定几何形状的仪式化设计，与世界的运作方式不同。作为揭示关系和确定适合未来发展地点的一种手段，地图的制作对麦克哈格的过程至关重要。这个过程是确定性的，以数据作为真理，并且低估了意外、经验和直觉。

如果这些来自20世纪六七十年代的这些项目将地图与平面图区分开，并认识到具体地理数据对于扩大景观实践范围的重要性，那么20世纪90年代的绘图过程使得地图与地面脱节。1999年在詹姆斯·科纳发表了一篇有影响力的文章《绘图过程：推测，批判和创新》中，制图摆脱了与地面的密切联系，使多种时空解读和不同背景得以出现。地图制作者被赋予了构建情景的工具，并且映射不再被认为是描述或表示的工具，而是产生想法和行动的工具。他们明确的目标不是破坏制图精度，而是扩人实践方法的潜力或扩充实践机构。这一雄心是令人钦佩的，但扩大的情景导致设计文化中制图的无意识松动。

《土地的表达——展示景观的想象》主张在全球化的设计实践中，对平面图和地图进行重新调整，即使用严格的制图方法和平面图的精确制图惯例，使复杂的、拥有丰富编码数据的绘图能够再次被解读为土地的空间质量。这一举动远离了地图广义的、不可接近的表象，而转向了对地面平面的具体、身临其境的描绘。通过制图技术重新发现了形态和物质特征：从1：25000的地形图（轮廓）到1：5000的城市规划（图底关系），再到1：2500的步行路线（线符号）和1：300的地被植物种植计划（晕滃线）。投影绘图通过精确性，接近性和视觉清晰度得到丰富。

地图和平面图之间的平行并不是一个新的想法，而是一个值得当代重新考虑的概念。它将制图的细致细节、数据的普及和设计的雄心结合在了一起。通过复兴制图的关键技术并强调在这些学科中发现的精确性、特异性和创造性，有可能重新调整领域范围并影响设计的制定方式。

虽然制图中没有绝对的标准或惯例，但是有逻辑的、系统而精确的技术能够描述超越尺度的“土地”——从人体到土地，以及从水到陆地的材质。50年前，制图师爱德华·伊姆霍夫（Eduard Imhof）和哈尔·谢尔顿（Hal Shelton）对松散的绘画实践提出了反对意见，并推行了对地形的仔细绘制，这是许多地图和景观规划的基础。他们的绘画，如地图，消除了视觉上的混淆，其中包括任意使用，如蓝色表示地形的平整度、在沙漠中制造海市蜃楼，或者是景观中缺失的粗糙的边界线。伊姆霍夫和谢尔顿创造了一套新的阴影、着色和编码方式，能够反映地球的光和材料质量。随着设计范围和规模的扩大，现在又是时候仔细观察地图和平面图，发现它们的逻辑，挖掘它们的绘画系统，沉浸在它们的美中，并接受它们的投射品质。《土地的表达——展示景观的想象》希望将设计实践回归到这些工具上，仔细解读围绕着当代景观设计文化挑战的十种不同的代表性技术。它们一起将想象中的景观变为现实。

注释：

[1] Robert Klanten et al., eds., *Data Flow: Visualizing Information in Graphic Design* (Berlin: Gestalten, 2008).

[2] Mark S. Monmonier, “Maps, Distortion, and Meaning,” *Association of American Geographers Resource Paper* 75–4 (1977).

[3] P.D.A. Harvey, *The History of Topographical Maps: Symbols, Pictures and Surveys* (London: Thames and Hudson, 1980).

[4] Marc Treib, “On Plans,” in *Representing Landscape Architecture*, ed. Marc Trieb (London and New York: Taylor and Francis, 2008), 113.

[5] Ben van Berkel and Caroline Bos, *Move* (Amsterdam: UN Studio and Goose Press, 1999).

[6] Jackie Bowring and Simon Swaffield, “Diagrams in Landscape Architecture,” in *The Diagrams of Architecture: AD Reader*, ed. Mark Garcia (Chichester: Wiley, 2010), 150.

[7] Charles Waldheim, “Aerial Representation and the Recovery of Landscape,” in *Recovering Landscape: Essays in Contemporary Landscape Theory*, ed. James Corner (New York: Princeton Architectural Press, 1999), 132.

[8] Helen Wallis, Arthur Howard Robinson, and Cartographic Association International, *Cartographical Innovations: An International Handbook of Mapping Terms to 1900* (Tring, Hertfordshire, UK: Map Collector Publications in association with the International Cartographic Association, 1987).

STAN

THE BOARD OF SURVEY

WORKS AND STRUCTURES

- Roads: Good motor; Poor motor or private; On small-scale maps
- Trails: Good pack; Poor pack or foot
- Railroads: Railroad of any kind (or single track); Double track; Juxtaposition of; Narrow gage; Electric (passenger only); In road or street — Railroad, Electric
- Railroad crossing — Grade – RR above – RR beneath
- Tunnel (railroad or road)
- Bridges: General symbol; Drawbridges; Foot; Truss (W, wood; S, steel; G, girder); Suspension; Arch; Pontoon
- Ferries — FERRY
- Fords: Road; Trail
- Dam
- Telegraph or telephone line
- Telephone line (optional for Forest Service)
- Power-transmission line
- Buildings in general
- Railroad station of any kind
- Church
- Church (optional for nautical charts)
- Temple, pagoda
- Schoolhouse
- Cemetery
- Ruins
- Fort
- Battery
- Cliff dwellings
- City, town, or village (small-scale maps): Capital; County seat; Other towns
- City, town, or village (generalized)
- Fences: Fence of any kind (or board fence); Stone; Worm; Wire — Barbed, Smooth; Hedge
- Mine or quarry of any kind (or open cut)
- Prospect
- Shaft
- Mine tunnel: Opening; Showing direction
- Oil or gas wells
- Windmill
- Tanks
- Coke ovens
- Canal or ditch
- Canal abandoned
- Canal lock (point upstream)
- Canal lock (large scale)
- Aqueduct or water pipe
- Aqueduct tunnel

BOUNDARIES, MARKS, AND MONUMENTS

- National, State, or Province line
- County line
- Civil township, district, precinct, or barrio
- Reservation line
- Land-grant line
- City, village, or borough
- Cemetery, small park, etc.
- Township, section, and quarter-section lines (any one for township line alone, any two for township and section lines)
- Township and section corners recovered
- Boundary monument
- Triangulation point or primary-traverse station
- Permanent bench mark (and elevation) — BM × 1232
- Supplementary bench mark (and elevation) — × 1232
- U. S. mineral or location monument
- Observation spot (astronomic position)
- Any located station or object (with explanatory note)

DRAINAGE

- Streams in general
- Intermittent streams
- Probable drainage, unsurveyed
- Lake or pond in general (with or without tint, water lining, etc.)
- Salt pond (broken shore line if intermittent)
- Intermittent lake or pond
- Spring
- Wells or water tanks
- Falls and rapids
- Glaciers: Contours (or as below); Form lines showing flow

RELIEF

(shown by contours, form lines, hachures, or shading as desired)

- Contours (blue if under water)
- Contours (approximate only)
- Form-lines (no definite interval)
- Hachures
- Depression contours
- Cuts
- Fills
- Mine dump
- Tailings
- Bluffs: Rocky (or use contours); Other than rocky (or use contours)
- Sand and sand dunes
- Washes
- Levee

LAND CLASSIFICATION

- Overflowed land
- Marsh: Marsh in general; Optional for nautical charts; Cypress swamp
- Woodland of any kind (or as shown below) — Flat green tint
- Woodland of any kind (or broad-leaved trees)
- Woodland, impenetrable
- Pine (or narrow-leaved trees)
- Palm
- Palmetto
- Mangrove
- Bamboo
- Cactus
- Banana
- Orchard
- Grassland in general
- Tall tropical grass
- Cultivated fields in general
- Cotton
- Rice
- Sugar cane
- Corn

HYDROGRAPHY, DANGERS, OBSTRUC

- Shore lines (blue on topographic maps): Surveyed; Unsurveyed
- Shores — High and low water lines and areas between: In general; Rocky ledges; Coral reefs; Gravel and rocks; Mud; Tidal flats (Land)
- Kelp or eel grass
- Ice limits (ice packs or barriers)
- Rock under water
- Rock awash (at any stage of the tide)
- Breakers along shore
- Fishing stakes
- Fish weir
- Overfalls and tide rips
- Limiting danger line
- Whirlpools and eddies
- Wreck (any portion of the hull or superstructure above low water)
- Sunken wreck (dangerous to surface navigation)
- Sunken wreck (not dangerous to surface navigation or those over which the depth exceeds 10 fathoms)
- Submarine cable
- Current, not tidal, velocity 2 knots
- Current, not tidal (special usage)
- Tidal currents: Flood, 1½ knots; Ebb, 1 knot; Flood, 2d hour; Ebb, 3d hour
- No bottom at 50 fathoms

Depth curves

- 1-fathom or 6-foot line
- 2-fathom or 12-foot line
- 3-fathom or 18-foot line
- 4-fathom line
- 5-fathom line
- 6-fathom line
- 10-fathom line
- 20-fathom line
- 30-fathom line
- 40-fathom line
- 50-fathom line
- 100-fathom line
- 200-fathom line
- 300-fathom line
- 500-fathom line
- 1000-fathom line
- 2000-fathom line
- 3000-fathom line

PUBLISHED AND FOR SALE BY THE U. S. GEOLOGICAL SURVEY. PRICE 40 CENTS

OLS

STATES OF AMERICA

DS TO NAVIGATION, ETC.

ation (in general) L.S.S.

ation (Coast Guard) C.G. 161

n small-scale chart

ectors, shown by dotted lines

, showing number of mast lights

R.S.

on finder station R.C.

ass station)

R.T.

R.Bn.

Lighted

Not lighted
(samples of distinctive top marks)

Buoy of any kind (or red buoy)

Black

Striped horizontally (in general)

Striped horizontally (red and black)

Striped vertically

Checkered

Perch and square

Perch and ball

Whistling (or use first six symbols with word "whistling")

Bell (or use first six symbols with word "bell")

Topmarks used with any buoy symbols

Lighted

Mooring

Of any kind (or for large vessels)

For small vessels

dock

aring line

ations for use with hydrographic symbols

Abbreviations relating to lights

shing, Occ. occulting, Alt. alternating, Gp. group
, G. green, B. blue, sec. sector, (U) unwatched,
n. miles, min. minutes, sec. seconds, vis. visible.

Abbreviations relating to buoys

S. spar, H.S. horizontal stripes, B. black, R. red,
vertical stripes, G. green, Y. yellow, Ch. checkered.

bbreviations relating to fog signals

(F.D.) fog diaphone, (F.G.) fog gun, (F.H.) fog horn,
y siren, (F.T.) fog trumpet, (F.W.) fog whistle,
bmarine fog bell.

Abbreviations relating to bottoms

ral, G. gravel, M. mud, Oz. ooze, P. pebbles, S. sand,
specks, St. stones, brk. broken, cal. calcareous,
c. decayed, dk. dark, fly. flinty, fne. fine, grd. ground,
hard, lrg. large, lt. light, rky. rocky, rot. rotten,
mall, spk. speckled, stf. stiff, str. streaky, vol. vol-
k, br. brown, bu. blue, gn. green, gy. gray, rd. red,
ellow, stk. sticky.

General abbreviations

k. rock, Wk. wreck, N.R.S. naval radio station,
radio direction finder (radio compass) station,
doubtful, P.A. position approximate, E.D. existence

LETTERING

atural land features, vertical lettering
ater features, slanting lettering

colors is optional

MILITARY

a. Indicating purpose or character of activity

Military post or station; command post or headquarters

NOTE.—Lower end of staff of symbol will terminate at point of location of establishment represented

Troop unit

NOTE.—On large-scale maps where troop units can be shown to scale, this symbol may be modified so as to show area occupied by units in column or line, thus: line— column—

School

Arsenal, manufacturing establishment, or shop

Laboratory, experiment station, or proving ground

Mobile unit or train (motor-drawn)

Mobile unit or train (animal-drawn)

Mobile unit or train (railway unit)

Observation station

Supply depot

Dump or distributing point
(temporary depot in combat zone)

Reserve or base depot

Intermediate depot

Supply point

Embarkation or debarkation point

Mobilization point (capacity in figures) 5000

Reception center

Replacement center

Hospital

Corps-area installations indicated by Roman numerals

b. Indicating branch of service

NOTE.—These symbols will generally be placed within the symbols shown in a. When no b symbol appears within an a symbol, the activity is of a general nature for the use of all arms.

Infantry (except tanks and military police)

Tanks

Military police P

Cavalry

Artillery

Engineers E

Signal Corps S

Air Corps

Balloon

Quartermaster Corps Q

Rations and forage only

Gasoline and oil only

Remount service

Transportation service

Bakery unit

Medical Department +

Veterinary service only V

Ordnance Department

Ammunition only

Finance Department $

Chemical Warfare Service G

Chaplains Corps

Prisoners of war PW

Disciplinary barracks DB

c. Indicating size of units

NOTE.—These symbols will be placed above the symbols shown in a or used for indicating boundaries as shown in d below.

Squad •

Section ••

Platoon •••

Company, troop, battery, or Air Corps flight I

Battalion, Cavalry, or Air Corps squadron II

Regiment or Air Corps group III

MILITARY—CONTINUED

Brigade ×

Division ××

Corps ×××

Corps-area, department, or section communications zone ooo

Army or communications zone ××××

General headquarters GHQ

d. Boundaries

Squad

Section

Platoon

Company or similar unit —I——I—

Battalion or similar unit —II——II—

Regiment or similar unit —III——III—

Brigade —×——×—

Division —××——××—

Corps —×××——×××—

Corps-area, department, or section communications zone —ooo——ooo—

Army or communications zone —××××——××××—

Rear of theater of operations —GHQ——GHQ—

Front line

Limit of wheeled traffic by night —NT——NT—

Limit of wheeled traffic by day —DY——DY—

Line beyond which gas masks must be at "alert" —G——G—

Line beyond which lights on vehicles are prohibited —LT——LT—

Straggler line —P——P—

e. Miscellaneous

Auto rifle
(Dotted when emplacement is unoccupied)

Machine gun
(arrow to point in principal direction of fire)

NOTE.—Machine-gun symbol under symbol of unit of any arm indicates machine-gun unit of that arm.

Gun

Gun battery

Howitzer or mortar

Open when emplacement is unoccupied, thus

Torpedo or mine

Searchlight

Telephone central

Pigeon post

Visual signaling post

Message center

Cloud-gas cylinder

Area to be covered by fire

NOTE.—Indicate character of fire by showing caliber of weapon or by an appropriate description, abbreviation, etc.

Area to be gassed G

Gassed area to be avoided G

Fords: Vehicle or artillery; Infantry; Cavalry

One-way traffic

Two-way traffic

Dugout (isolated)

Dugout (in connection with trench)

Tank trap

Tank barrier

Demolitions

Trenches (dotted if proposed)
small or large scale

Trench for one squad

NOTE.—For each additional squad add one traverse.

Wire entanglement ×××××××××××××××

Concealed entanglement

Accurately located point

AIR NAVIGATION

Army, Navy, or Marine Corps field

Commercial or municipal field

Department of Commerce intermediate field

Marked auxiliary field

Airplane landing field, marked or emergency
(where not shown in plan nor by symbol indicating characteristics)

Mooring mast

Night lighting facilities LF

Seaplane base with ramp, beach, and handling facilities

Anchorage with refueling and usual harbor facilities

Protected anchorage with limited facilities

Airway light beacon
(arrows indicate course lights)

Auxiliary airway light beacon, flashing

Airport light beacon with code light
(within airport symbol)

Airport light beacon without code light
(within airport symbol)

Landmark light beacon with bearing projector
(arrow indicates fixed beam pointing to airport)

Landmark light beacon without bearing projector

Radio station with call letters RS(WUF)

Radio direction finder station with call letters RC(NOW)
(Radio-compass station)

Radio beacon with call letters RBn(WRO)

Radio range beacon RR Bn

Air routes, optional symbols 010 120 —120 Miles—

Railroads: Single track; Two or more tracks; Electric

Prohibited area

Prominent transmission line

High explosive area: Marked HI X; Unmarked

Highway, prominent

Highway, less prominent

Road or trail, prominence uncertain

Oil well derrick

Obstruction (numerals indicate height above ground in feet) 257

Prominent elevation (numerals indicate height in feet) 862

Gradient of elevations

MAXIMUM	8000	7000	5000	3000	2000	1000	0 FEET
DARK BROWN	DEEP BROWN	MEDIUM BROWN	LIGHT BROWN	PALE BROWN	LIGHT GREEN	DARK GREEN	

Edition of 1932

你只理解你已经明白的信息。只有当前面有汽车或人时，你才能理解建筑物的大小。只有当事实和图形与有形的、易于理解的元素相关时，你才能理解它们。

——理查德·索尔·沃尔曼（Richard Saul Wurman）《信息焦虑》（*Information Anxiety*），1989年

关于比例的标注

本书邀请您仔细阅读图纸、地图和平面图。这里包含的许多图纸都具有引人注目的触感和引人入胜的细节。这些地图和平面图是零碎的，是断断续续的，是为了寻找一般事物之上的特殊之处。本书中没有全球甚至某一个大陆的图纸。在许多这样的例子中，可以在乘飞机或乘船，汽车或步行抵达，甚至需要眯眼，才可以找到最近的地标。许多人占领的规模等同于人类占领的规模。应该承认，这种程度的细节是一种特权。准确的测量和高分辨率数据是昂贵的。例如，1：25000地形图（及与其近似的1：24000）都是富裕国家的产物，要么是测绘自己的领土，要么是殖民利益的产物。权力和地理空间数据的可用性之间始终存在关联。

在美国，7.5分，1：24000比例的四边形地图[1]被作为标准。事实上，它是美国公认最常见的地质地图尺度。五种传统颜色的表示已经根深蒂固——黑色代表文化，棕色代表等高线，蓝色代表水体，红色代表高速公路和城市化区域，绿色代表林地和公园。美国地质调查局有57000张7.5分的四边形地图，覆盖美国、夏威夷和美国领土（阿拉斯加地图尚未完全绘制，但安克雷奇、费尔班克斯和普鲁德霍湾都有地图）。例如将旧金山北的四边形地图与来自世界各地的另外五张1：25000地图相比较，由于棕色轮廓，蓝色水和绿色植都被占主导地位，因此出现了相似之处，但地图的数据，精确度和社会政治背景也存在明显差异。

某些地图的流通性高于其他地图，可能是由于它们反映了可用资源。尼泊尔和罗得西亚的地图以1：25000的比例绘制，但是它们是从较粗的1：50000测绘图中得出的，包括20米间隔的等高线（参见第2章）和强调边界和道路的地形信息。印度尼西亚地图是从1：50000航拍照片中绘制的，等高线间隔为12.5m，用来描述相对平坦的地形。土地利用的分类比较粗糙，侧重于基础设施和可开发的自然资源。相比之下，法国人关注的是地形，有着更紧密的10m等高线。瑞士地形图具有20m的等高线，可以在1：25000地图上显示极端地形的易读性。但瑞士提供了经常更新的数据，数字精度全国范围内为1.5m，开阔地区为0.5m。这些地图不仅在渲染中很复杂，将地貌晕渲与矢量线工作相结合，而且在精确量化和限定景观方面也是无与伦比的。

比例是一个强大的工具，它涉及主题和表示，规范内容选择和细节，并指示测量，内容和访问的级别。以下六幅地图展示了大比例尺地形图的代表性异同，揭示了传统技术和社会政治与经济差异。他们为随后的地图和平面图的尺度奠定了基调，其中细节高于全面，有形高于无形，精确高于综合。

注释：

[1] “1：24000”表示地图的比例，“7.5分”表示地图的区域覆盖大约7.5分的纬度和经度。每张纸上的总面积因地理位置而异，从北纬30度的64平方英里到北纬49度的49平方英里不等。

0.0（见14~15页）

美国地质调查局，标准符号：1932年由美利坚合众国调查和地图委员会通过。

0.1

37.7750° N，122.4183° W
美国地质调查局，旧金山北部，1993年。比例：1∶24000（以其一半尺寸显示）。

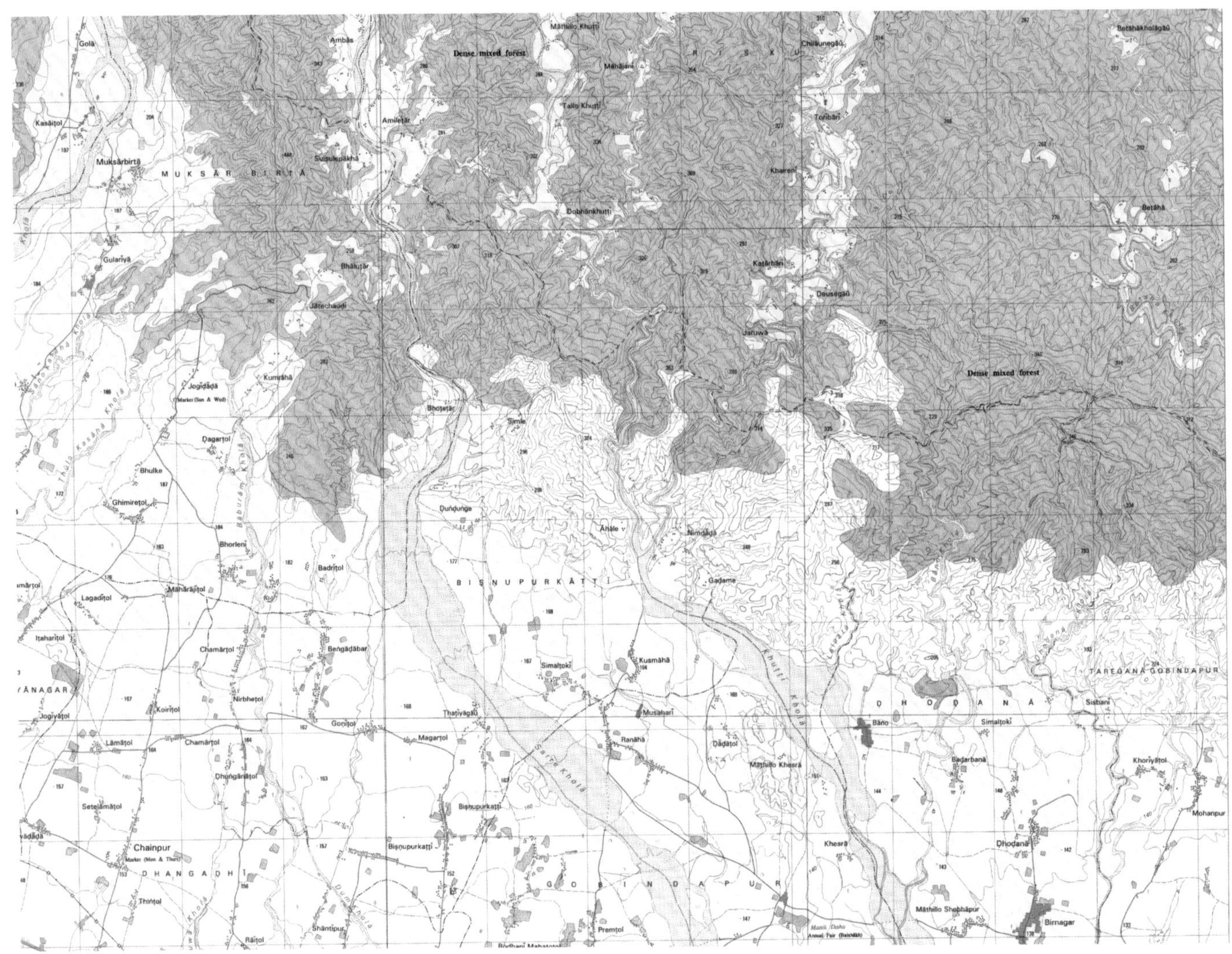

0.2

26.4833° N，87.2833° E
调查部，尼泊尔政府（与芬兰政府合作），达亨迪，1997年。比例：1：25000（以一半大小显示）。

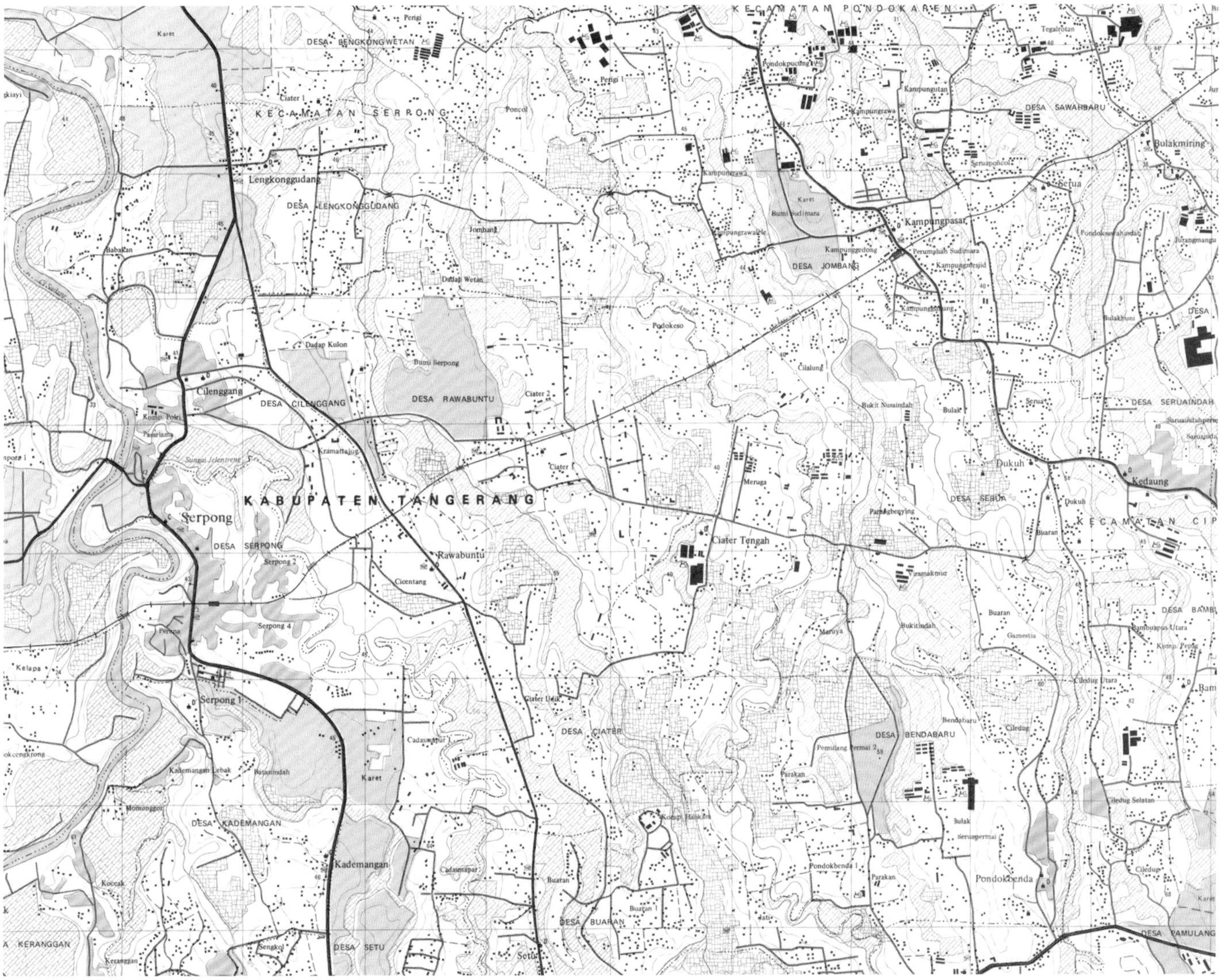

0.3

6.3201° S，106.6656° E
国家测绘协调局(Bakosurtanal)，塞尔彭，1990年。比例：1：25000（以一半尺寸显示）。

0.4

20.1667° S，28.5667° E
总检察部，津巴布韦，布拉瓦约，1977年。

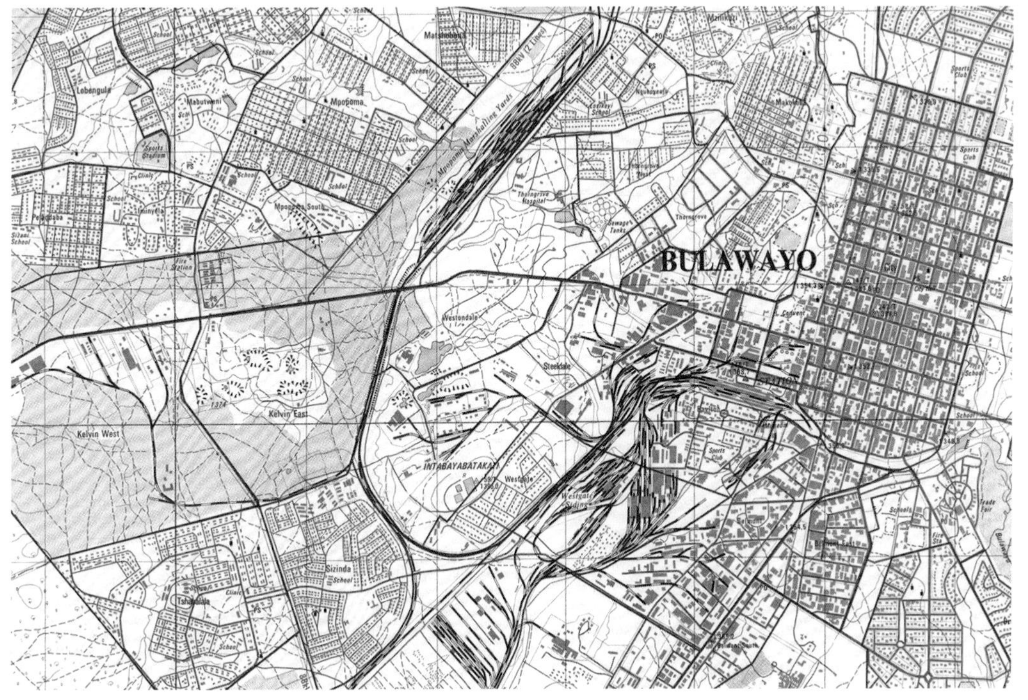

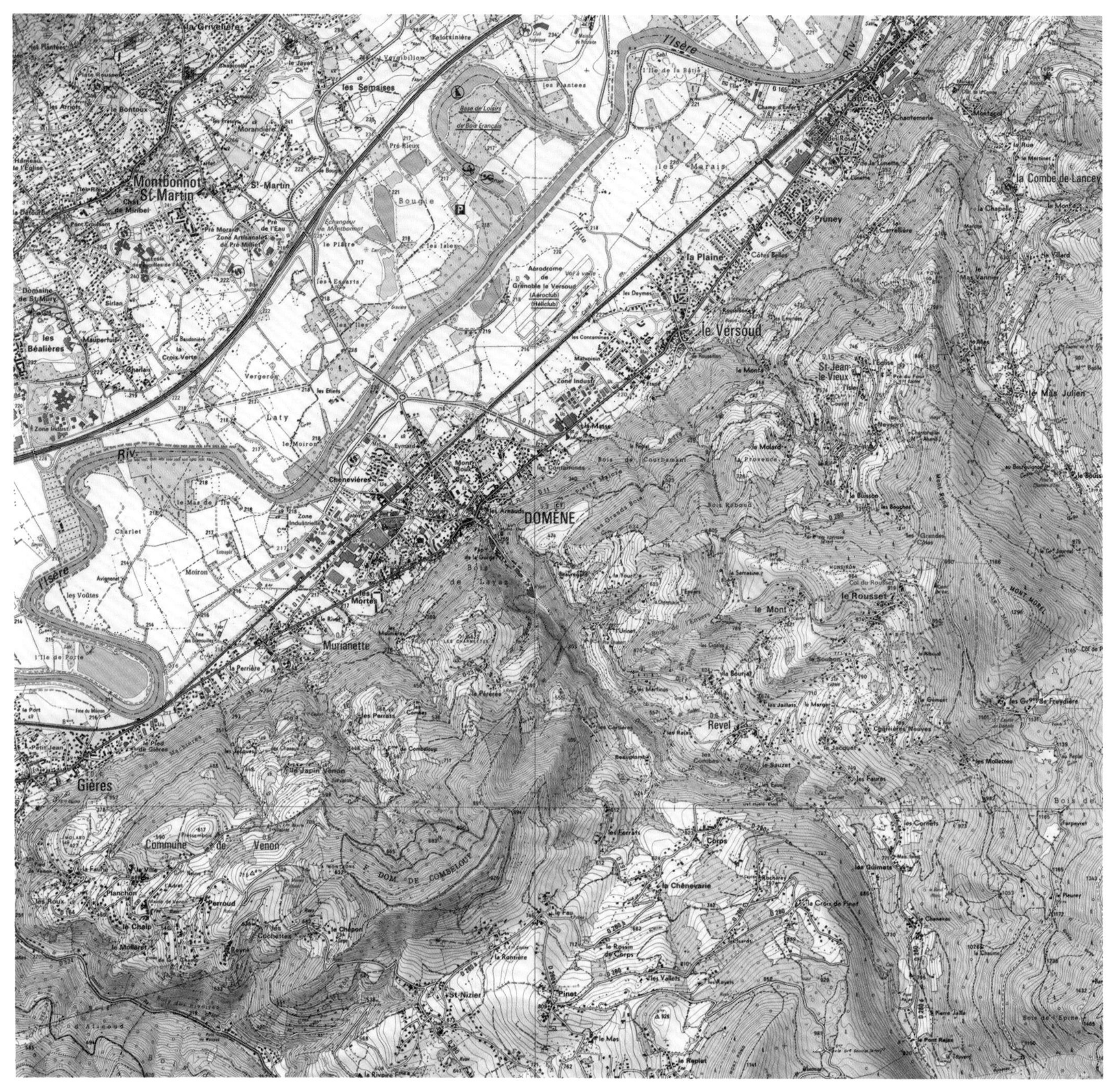

0.5

45.1900° N，5.7200° E
国家地理和林业信息研究所，格勒诺布尔，1992年，比例：1：25000（以一半大小显示）。

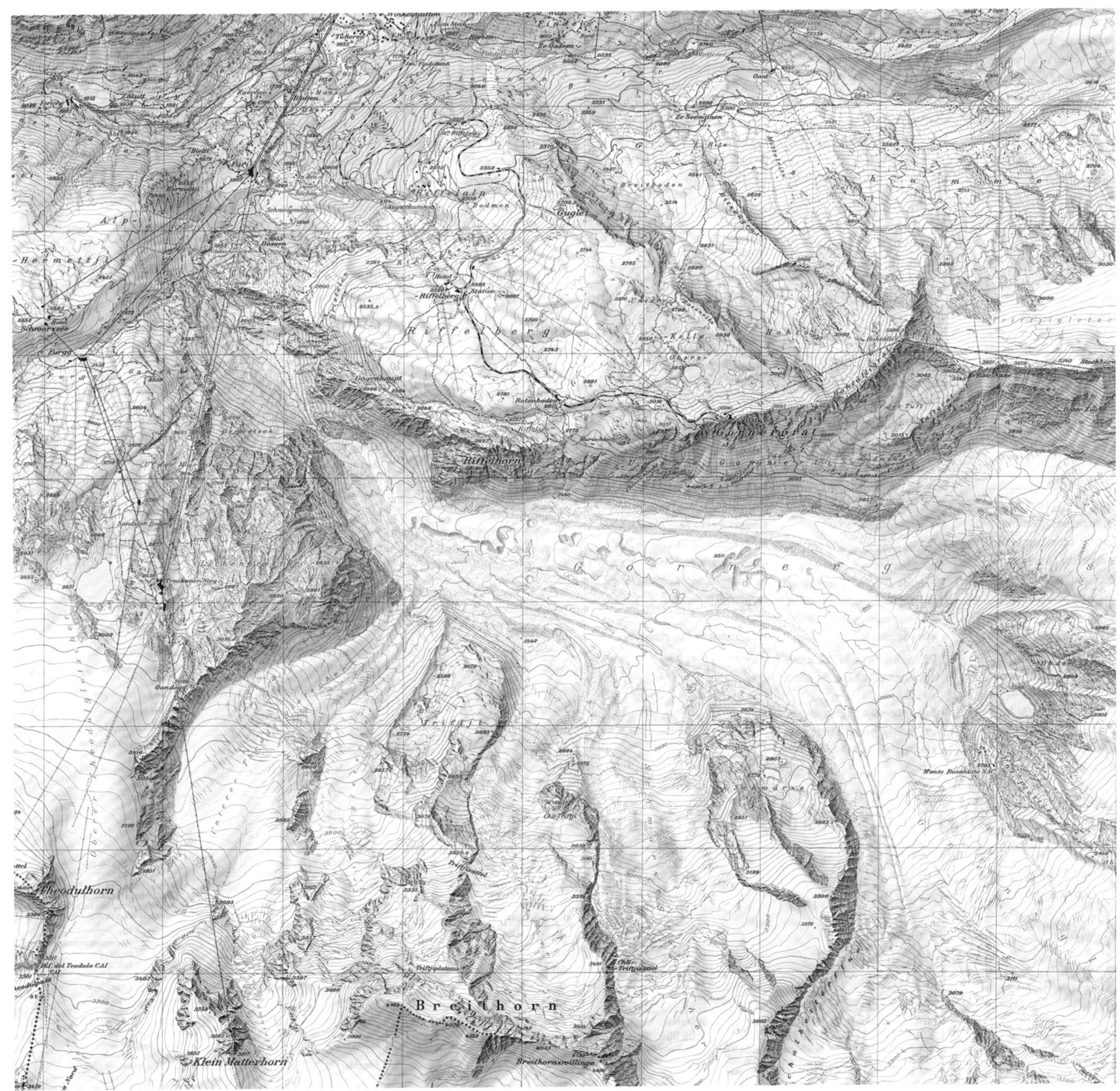

0.6

46.0167° N，7.7500° E
联邦地形局，采尔马特，1997年
比例：1∶25000（以一半大小显示）。
由瑞士联邦地形局（BA140296）
许可转载。

第 1 章

水深 / 高程点

水深测量是用测深杆或水砣测量出的某点的水深，并在该点的航海图上用数字标出。

高程点是地图上的一个数字，它显示了某一点在给定基准面之上的位置和高度。

在任何点系统中，测量和绘图之间的关系都是直接的、按比例的转化。物理测量点与代表符号一一对应，即图画上的一个数字、一个叉、一个点或一个圆。在水深和地形表示法中，测深和高程点是表示相对高程的点。高程点是指高于平均海平面的点，平均海平面是一个常见的但不通用的基准面。平均海平面以下的是水深。空间和时间上的点标记了景观中的物理和时间位置，并作为地图或图表上的点转移到纸上或屏幕上。这些群点反映了测量系统和被测地形或地表的复杂性。

点通过视觉、机械或听觉扫描被系统的定位和测量。在地面可见的情况下，海拔是由视线和测量决定，测量从一个山顶到另一个山顶，从一个河湾到另一个河湾，从一个建筑到另一个建筑之间的高度。通过垂直和水平三角高程测量精确的标记和定位相应的点。在地面被遮挡的情况下，预定的一组预定的规则决定了测量方法。例如，测量是从船的锚定点按照固定间隔的网格径向进行的，或者是在结冰的湖面上的网格中进行。这些测量系统的几何结构转换成了地图或海图。部署这些点覆盖在地形上，并且与固有的地理组织（地形）聚合或分离。因此，当沿着海岸或利用回声探测技术时，自然地形决定了位置。相反，通过径向阵列和网格，这些点代表了一个独立的叠加在地面上的系统（图1.1）。文字的地理表现在科学的精确性、全面覆盖的选择性编辑方面是有缺憾的。这些表现是有吸引力的，不是因为它们对水下表面的清晰描述，而是因为它们揭示和激发空间关系的潜力。地形很难单独通过点的分布来解读，但是这些点确实揭示了地形的复杂性，元素之间的关系，以及相应的测量方法。

高程点通常与其他代表性的方法一起用于描述土地，使高程点只标记绝对的高点和低点，以及图形中的关键地标。独立高程点表明景观复杂性，独立的高程点越多，说明景观的变化越复杂。独立高程点对应重要特征的高度，并且可以通过它们的分布来描述整个陆地景观。但是，这些要点很少能够独立存在。它们通常连接形成等值线［轮廓和等深线（见第2章）］或揭示潜在的三角高程测量点。

三角高程测量是最早的国家测量和最新的全球定位系统使用的一种常用测量技术，通过测量从基线上的已知点到点的角度来定位景观中特征点的坐标，然后连接点和三角形网络以构建更大区域的地图。三角高程测量仍然是描述地形表面的手段。

数字地形模型在脱离国土沉浸式测量的同时，使用三角形网格来定义复杂的几何图形。可以从数字地形模型中提取底层线框作为描述现有和拟建地形的手段（图1.8）。

早期计算机绘图和当代点云（位于三维坐标系内的一组数据点）的输出

揭示了点作为代表工具的可塑性。点场的密度是无限可变的，但可以与地形的特征直接相关。受地理信息系统（GIS）之前数据的可用性和打印机的复杂程度的限制，早期的地理空间地图只能是近似地形。

其中的一种方法是创建网格单元并使用平均高程生成地形读数（图5.11）。根据平均高度为每个单元分配一个点密度，并且聚集显示一个微小像素的地形。结果生成一个由高和低单元格组成的字段，而不是高程点，并用点而不是线表示。网格单元模糊了地形的流动性，但该方法测试了用点作为连续场来描述地理空间特征的局限性。

随着技术的进步，云场分布在点云扫描和可视化方面达到了新的代表性高度。从景观本身或地面三维模型的扫描中，都可以提取出看似无穷无尽的点，这令人惊叹。高程点并不是停留在平面上的点，而是随着地理空间的位置和景观中数学上确定的点进行三维舞蹈。

测深和点高程通常需要转译、增强或放大才能达到视觉清晰度。在一个平的点域中，土地的形状并不明显，这些点通常被等量加权，被画成蓝色或黑色的点或十字，偶尔也被画成锚。而这些点的价值，只有通过具体的创新方法，才能将这些数字才能转换成可读的地形。作为地标，山峰或山谷的点最简单，嵌入在详细的地图或平面图中，它们旨在增加信息而不会压倒绘图。或者，它们被清楚地理解为测深，传达的重要信息是任何给定点的深度，而不是连续水下地平面的合成读数。然而，通过点云和其他场驱动的空间实验，点可以超越这种有限的作用，并通过三维分化和图形分层，成为对表面特性的另一种解读。奇异精度满足聚合总体。本章探讨了由平面图，图表和地图到点阵和点云得来的测深和点高程的表示——揭示了空间和时间的点画技术的广度。

1.1

吉尔·德西米妮（Jill Desimini），测深技术：旧金山，底特律河。

科德角（Cape Cod），Squam湖，2014年。在亚历山大·达拉斯·巴赫（Alexander Dallas Bache）之后（图1.3），美国陆军总队地形工程师（图1.5），华盛顿·胡德（Washington Hood）和格雷厄姆少校（Major J. D. Graham）（图1.10）和布拉德福德·沃什伯恩（Bradford Washburn）（图1.6）。

524m	524m	524m	549m	591m	716m	866m	932m	699m	657m	824m	1082m	1082m	907m	799m	932m	1099m	1057m	10
524m	508m	508m	508m	549m	616m	716m	674m	591m	699m	890m	866m	932m	741m	799m	1040m	974m	907m	82
508m	508m	483m	508m	524m	524m	566m	633m	616m	616m	657m	782m	782m	741m	1015m	890m	849m	890m	78
508m	483m	483m	466m	483m	549m	616m	657m	716m	657m	566m	657m	716m	657m	741m	757m	866m	757m	78
483m	508m	466m	441m	466m	466m	508m	524m	549m	591m	591m	549m	566m	591m	616m	657m	716m	782m	9
466m	466m	441m	441m	441m	466m	508m	524m	466m	466m	483m	466m	508m	549m	524m	591m	633m	674m	90
400m	400m	424m	424m	466m	424m	424m	424m	424m	466m	508m	508m	441m	441m	441m	524m	549m	591m	7
400m	400m	400m	400m	400m	400m	466m	466m	400m	400m	400m	400m	400m	400m	400m	424m	466m	524m	5
400m	400m	400m	400m	400m	400m	400m	400m	400m	400m	400m	400m	466m	400m	400m	400m	400m	424m	5
400m	400m	400m	400m	400m	400m	400m	400m	466m	591m	466m	400m	400m	400m	400m	400m	400m	424m	4
424m	400m	400m	400m	400m	400m	400m	424m	524m	483m	441m	400m	400m	400m	400m	400m	483m	[illegible]	50
524m	466m	424m	400m	400m	400m	400m	424m	424m	400m	466m	400m	400m	400m	400m	400m	549m	400m	4
699m	674m	549m	483m	441m	424m	424m	424m	424m	424m	400m	400m	400m	400m	400m	400m	441m	400m	4
990m	849m	782m	741m	616m	591m	483m	483m	466m	441m	466m	424m	441m	424m	400m	400m	400m	400m	4
1140m	1057m	1057m	824m	907m	782m	741m	633m	757m	799m	890m	907m	782m	549m	508m	424m	400m	400m	4
990m	1165m	1099m	1015m	1015m	1140m	849m	616m	990m	1123m	1165m	1207m	1223m	949m	866m	849m	524m	400m	4
932m	1140m	1082m	1123m	1248m	1082m	890m	657m	757m	866m	1015m	1273m	1356m	1273m	1082m	1082m	849m	441m	4
974m	949m	1082m	1223m	1207m	1040m	782m	716m	890m	849m	932m	1082m	1273m	1415m	1356m	1548m	1506m	1123m	5
932m	1082m	1057m	1140m	1099m	932m	824m	716m	890m	1040m	1123m	1057m	1315m	1356m	1223m	1123m	1040m	907m	5
974m	1165m	1207m	1315m	1182m	1099m	1140m	866m	757m	974m	1248m	1057m	1506m	1631m	1506m	1481m	1548m	1332m	9
949m	1315m	1123m	1223m	1356m	1248m	1481m	1332m	1057m	974m	1332m	1332m	1315m	1506m	1273m	1223m	1207m	1165m	12
890m	949m	907m	1082m	1356m	1440m	1373m	1248m	890m	890m	1099m	1332m	1798m	1565m	1523m	1631m	1223m	1165m	10
866m	866m	1099m	1273m	1273m	1415m	1332m	1057m	1165m	890m	974m	1698m	1864m	1398m	1207m	1099m	1040m	974m	9
1165m	890m	890m	1015m	1207m	1315m	1356m	1332m	1057m	890m	1099m	1415m	1589m	1739m	1273m	1140m	1315m	1440m	15
1057m	890m	907m	890m	949m	1099m	1248m	1248m	1015m	890m	1440m	1631m	1822m	1332m	1315m	1714m	1822m	2065m	15

49m	699m	616m	699m	824m	990m	1057m	1057m	1099m	907m	907m	1016m	1182m	1207m	1316m	1223m	932m	1273m	1182m
57m	782m	757m	616m	674m	949m	1016m	1082m	1057m	949m	1057m	907m	1099m	1248m	1316m	1273m	1332m	990m	1057m
49m	974m	866m	657m	616m	716m	849m	1016m	1040m	1016m	1123m	1290m	1223m	1016m	1123m	1207m	1398m	1140m	1207m
16m	1140m	1057m	757m	699m	657m	674m	799m	949m	1082m	1207m	1316m	1273m	1223m	1373m	1356m	1273m	1248m	1290m
82m	1223m	1040m	974m	824m	716m	757m	741m	699m	932m	1099m	1040m	974m	932m	932m	1016m	1057m	1123m	1316m
90m	1182m	1207m	1140m	1016m	799m	1040m	890m	782m	757m	890m	799m	1040m	1082m	1207m	1165m	1223m	1182m	1398m
57m	1040m	1082m	1223m	1248m	849m	1057m	1040m	866m	741m	741m	866m	1040m	1481m	1631m	1223m	1290m	1822m	1781m
99m	932m	1182m	1398m	1248m	1040m	974m	1099m	990m	799m	741m	799m	932m	1316m	1440m	1589m	1631m	1565m	1373m
49m	866m	1140m	1356m	1223m	1040m	1248m	1332m	1040m	1165m	990m	949m	990m	1165m	1589m	1565m	1273m	1373m	1273m
99m	1165m	1040m	1316m	1373m	1207m	1465m	1182m	1415m	1207m	1099m	932m	824m	990m	1465m	1415m	1273m	1099m	1016m
99m	1082m	1123m	1165m	1606m	1465m	1606m	1207m	1082m	949m	974m	1082m	890m	907m	974m	1248m	890m	932m	990m
99m	974m	1332m	1273m	1631m	1631m	1332m	1316m	1165m	1248m	1440m	1207m	1356m	1182m	949m	890m	1099m	1223m	1373m
38m	974m	1465m	1648m	1523m	1631m	1373m	1356m	1415m	1506m	1506m	1506m	1316m	1123m	1223m	1440m	1481m	1465m	1523m
33m	1165m	1714m	1440m	1290m	1822m	1506m	1332m	1316m	1739m	1440m	1465m	1223m	1440m	1589m	1648m	1589m	1631m	1714m
74m	1465m	1506m	1099m	1332m	1398m	1140m	1140m	1332m	1398m	1506m	1548m	1415m	1698m	1781m	1889m	1931m	2072m	1989m
49m	1182m	974m	757m	1082m	974m	907m	1015m	1223m	1248m	1356m	1698m	2014m	2014m	1739m	1673m	1631m	1548m	1398m
16m	849m	633m	508m	524m	657m	716m	741m	1123m	1248m	1207m	1332m	1523m	1565m	1316m	1182m	1057m	890m	757m
20m	408m	400m	400m	[illegible]	[illegible]	408m	422m	408m	422m	400m	466m	549m	424m	424m	508m	524m	424m	424
24m	424m	424m	408m	566m	699m	483m	408m	[illegible]	[illegible]	[illegible]	[illegible]	[illegible]	[illegible]	[illegible]	[illegible]	[illegible]	[illegible]	[illegible]
24m	424m	566m	849m	907m	890m	1015m	699m	633m	591m	441m	400m	424m	400m	424m	508m	466m	441m	424
24m	566m	849m	1223m	1373m	1248m	1099m	1015m	824m	949m	782m	799m	782m	741m	657m	657m	799m	932m	949m
24m	441m	932m	1332m	1481m	1548m	1506m	1057m	1332m	1290m	1273m	849m	1165m	1182m	1057m	949m	1082m	1332m	1165
24m	424m	757m	1165m	1440m	1165m	1631m	1481m	1589m	1548m	1356m	849m	1356m	1781m	1356m	1440m	1548m	1373m	1465
24m	699m	1015m	1207m	1356m	1398m	1648m	1739m	1714m	1906m	1356m	1440m	1798m	1822m	1673m	1739m	1822m	1631m	1440
24m	866m	1273m	1631m	1756m	1565m	1972m	2139m	1506m	1506m	1373m	1523m	1947m	2055m	1931m	1931m	1756m	1523m	1099

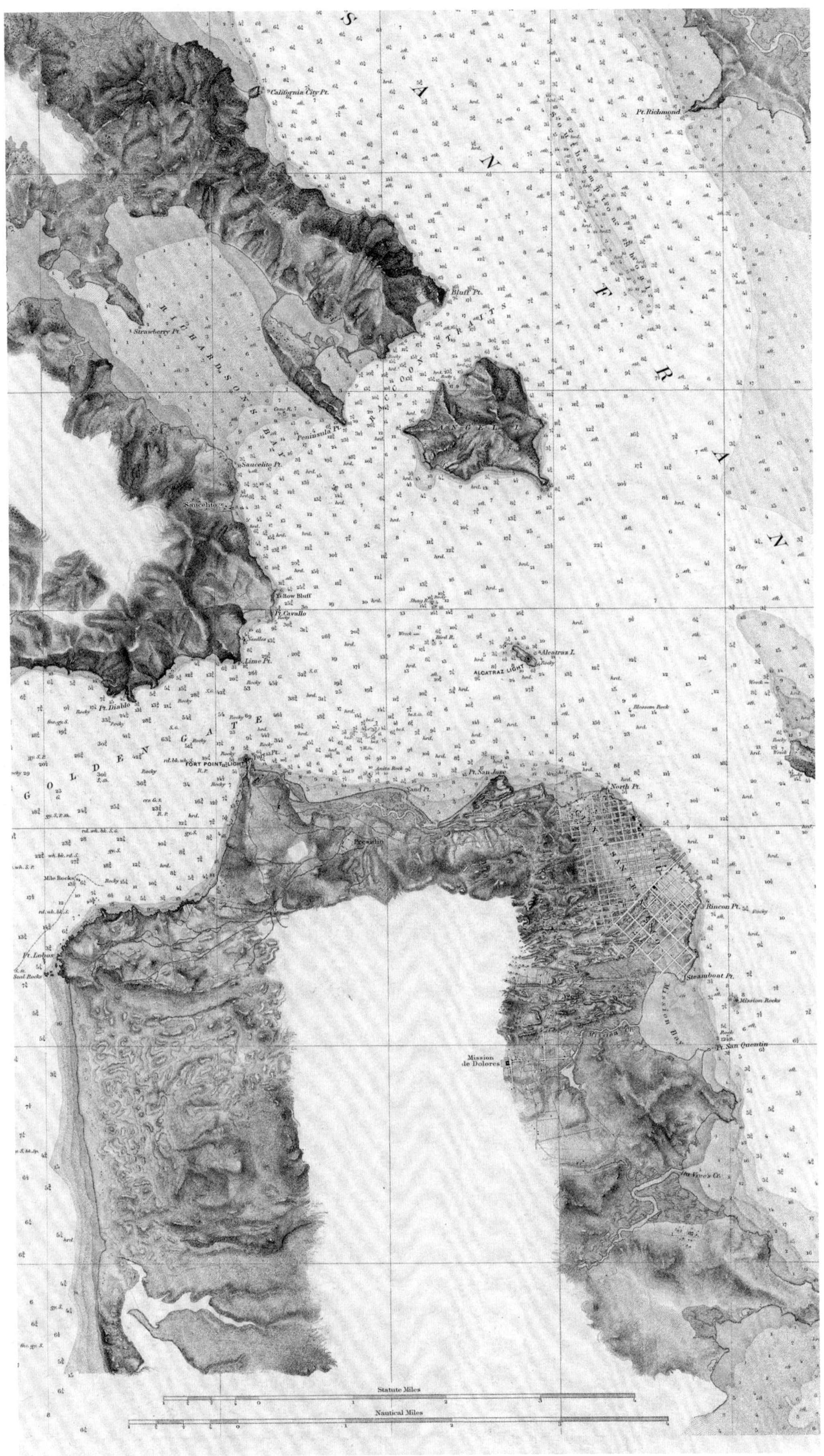

1.2 （见28~29页）

47.1167° N，9.2000° E

罗伯特·杰拉德·皮特鲁斯科（Robert Gerard Pietrusko），动画图，2012年。

1.3

37.7166° N，122.2830° W

亚历山大·达拉斯·巴赫（Alexander Dallas Bache），加利福尼亚州旧金山湾入口，1859年。比例：1∶50000（以半尺寸显示）。由托马斯·杰斐逊（Thomas Jefferson）于1807年建立的美国海岸调查局（United States Coast Survey），现在是美国国家海洋和大气管理局（National Oceanic and Atmospheric Administration）的一个办公室，负责美国海洋、海岸水道和大湖的导航测绘。亚历山大·达拉斯·巴赫从1843年到1867年进行了海岸调查，扩大了该机构的科学和地理研究范围。他描述海岸线的沿海制图项目非常了不起，产生了一些最好的陆地水界面。例如，1859年加利福尼亚州旧金山湾入口处的美丽地呈现了城市海岸线。在较浅的深度处，点高度密度增加，有效地界定了导航的范围，同时复杂地描述了水的边缘。

1.4

37.7166° N，122.2830° W
美国国家海洋和大气管理局（NOAA）海岸调查办公室，加利福尼亚州旧金山湾入口，2009年。比例：1∶40000（以1∶100000显示）。

旧金山通过其海面站点的监测设施，在美国（自1854年以来）拥有持续时间最长的连续海平面记录，是美国记录最多的港口之一。虽然绘图技术已经进步，并且关注点已经从航行安全变为海平面上升，但2009年NOAA地图与1859年的前身相比，测深的分布和海岸线的清晰度非常一致。然而当代版缺乏1859年地图的奇妙之谜，使土地呈现出棕褐色，水色呈深浅不一的蓝色和白色。

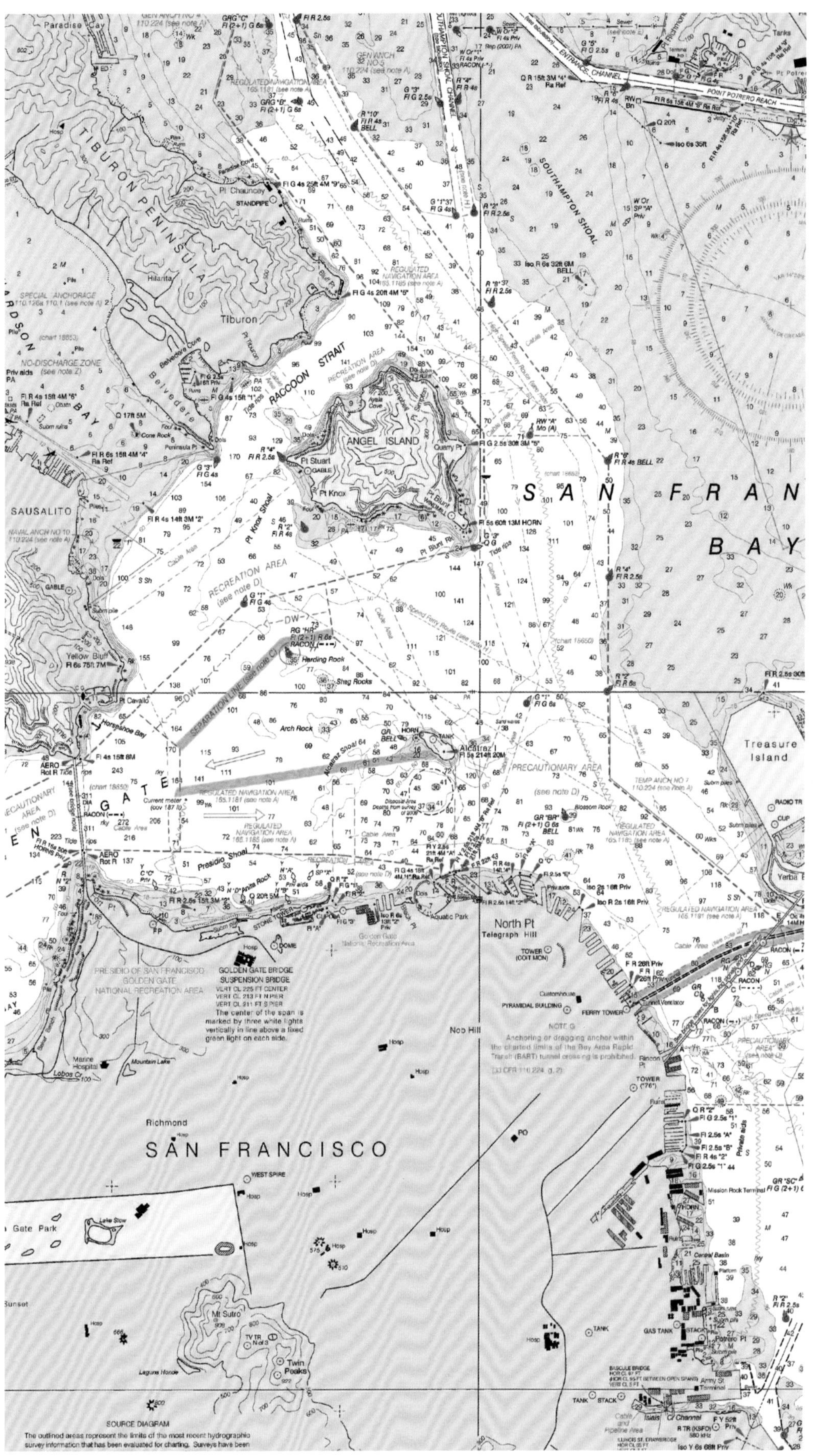

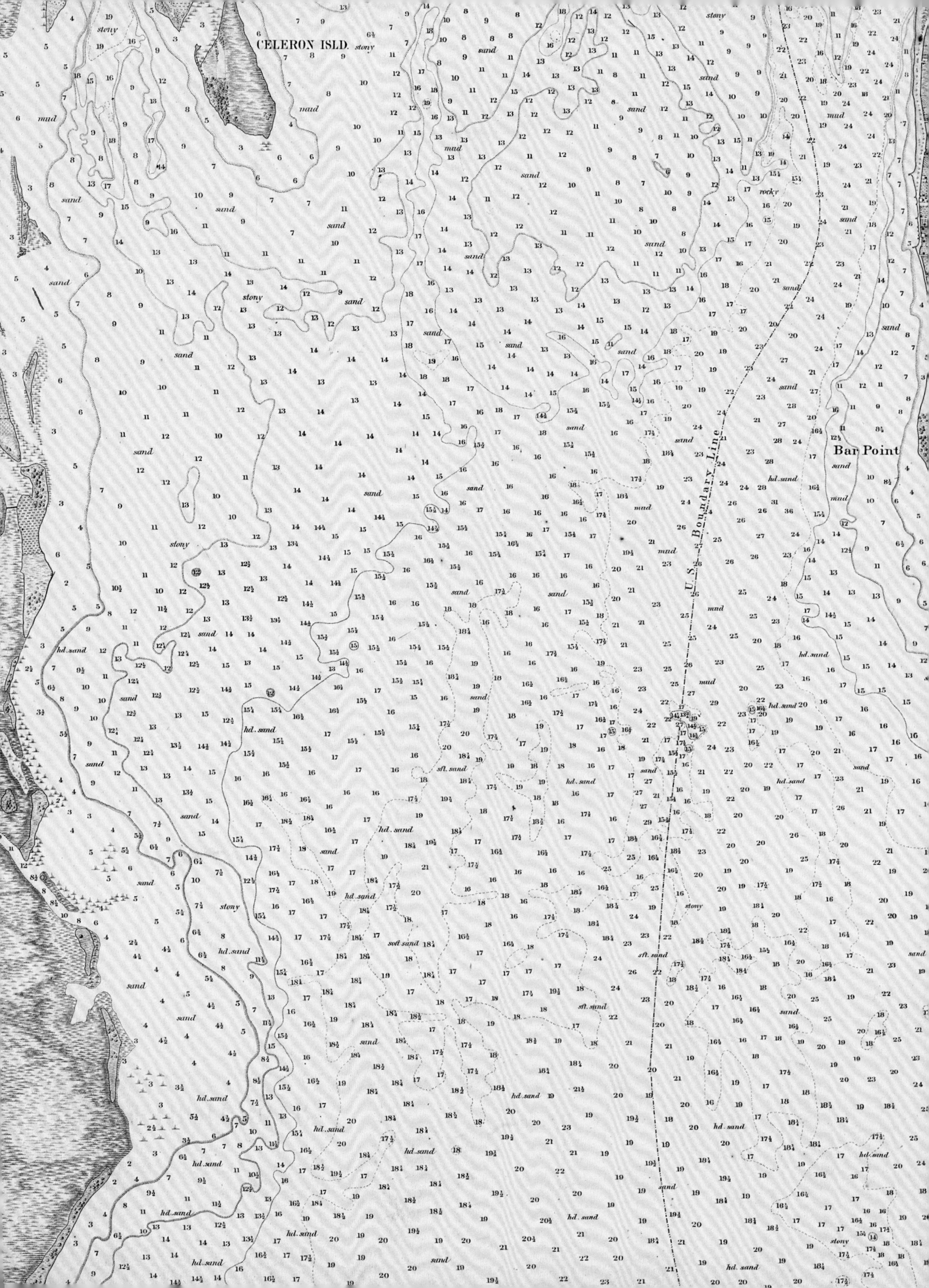
CELERON ISLD.
Bar Point
U. S. Boundary Line

1.5（见32页）

（见32页）

42.1829° N，83.1286° W
美国陆军地形工程师部队，《底特律河口初步海图》，1874年。比例：1：20000（以四分之三大小显示）。

底特律河的这套图表是1841年湖泊调查的一部分，由七十六张图表组成，发表于1852年至1882年，是为了完成对美国北部和西北部湖泊的国会授权的水文调查。仅此图表中的大量探测就说明了科学研究的彻底性。整个表面被渲染为一个点群，虽然这些点代表水的深度，但表现效果是水平范围的读数。

1.6

43.7508° N, 71.5316° W
布拉德福德·沃什伯恩，新罕布什尔州斯夸姆湖的图表，1968年。比例：1：12500（显示为一半大小）。

无畏的地图制作者、波士顿科学博物馆前馆长布拉德福德·沃什伯恩（Bradford Washburn）在他的所有探索中都突破了制图实践的界限，例如新罕布什尔州斯夸姆湖的测量，表面积不到7英亩。由此产生的地图以其网格化的探测分布而著称，这是从冰上固定位置拍摄的深度测量值，反映出湖在冬天被冻结了。这种方法比船只可以实现更高的准确性，并产生了一个非常规的图表，对精度的保护比导航议程更有帮助。

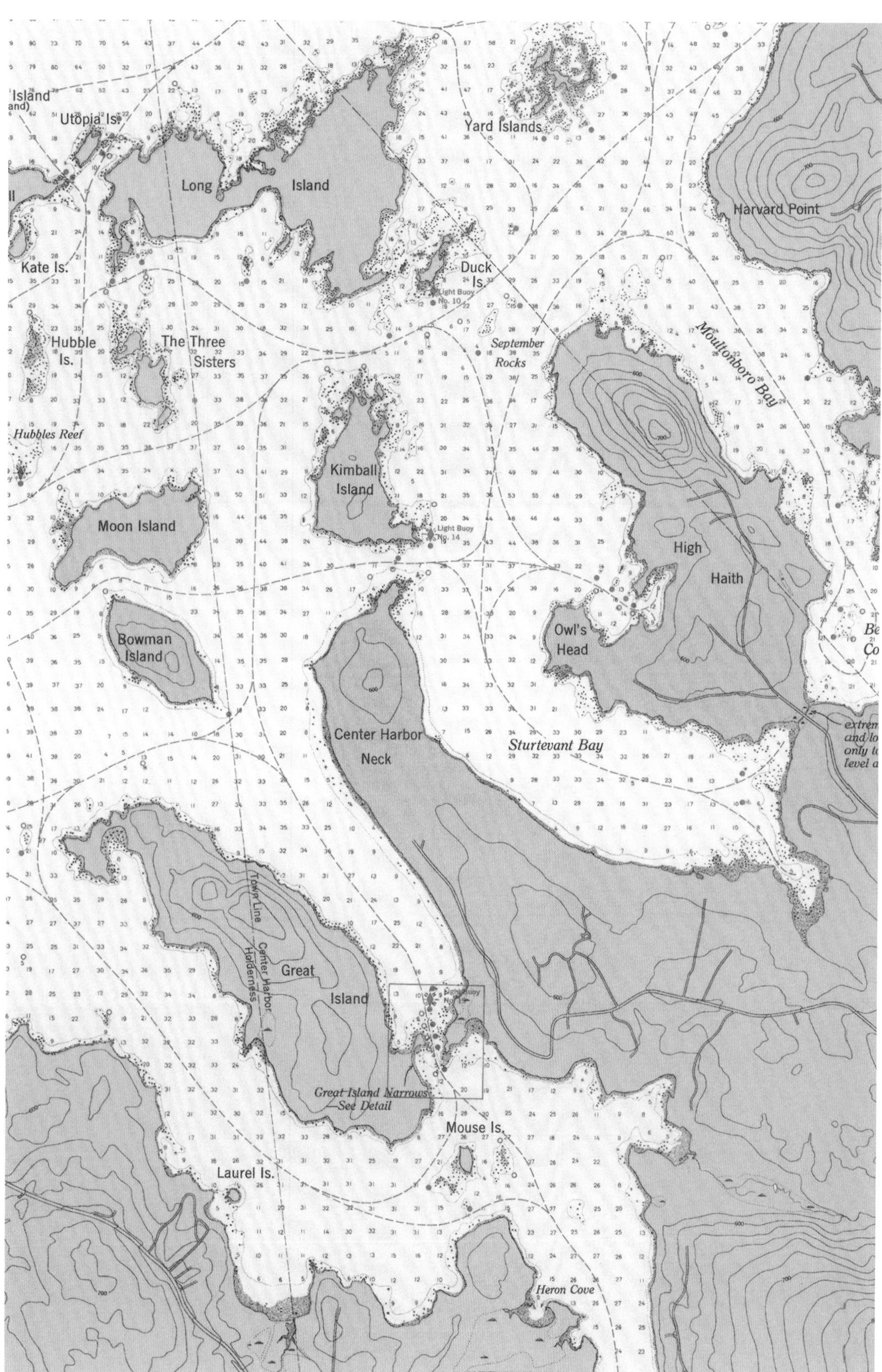

1.7

90.0000° N，0.0000° E
未来城市实验室，奥罗拉（Aurora），2009年。

这些图纸真实地综合了制图和设计过程，代表了北极地区波动的领土边界，并为可能的干预地点提供基础。他们通过重复的线条和形式、阴影、矢量、点域等限制性表征工具，来提供对景观的复杂解读。高速缓存中点阵的色调变化使人们对石油和天然气储量的隐藏景观有所了解，而漂移中的点和线的变化，则表达了浮标位移的时间和短暂特性。

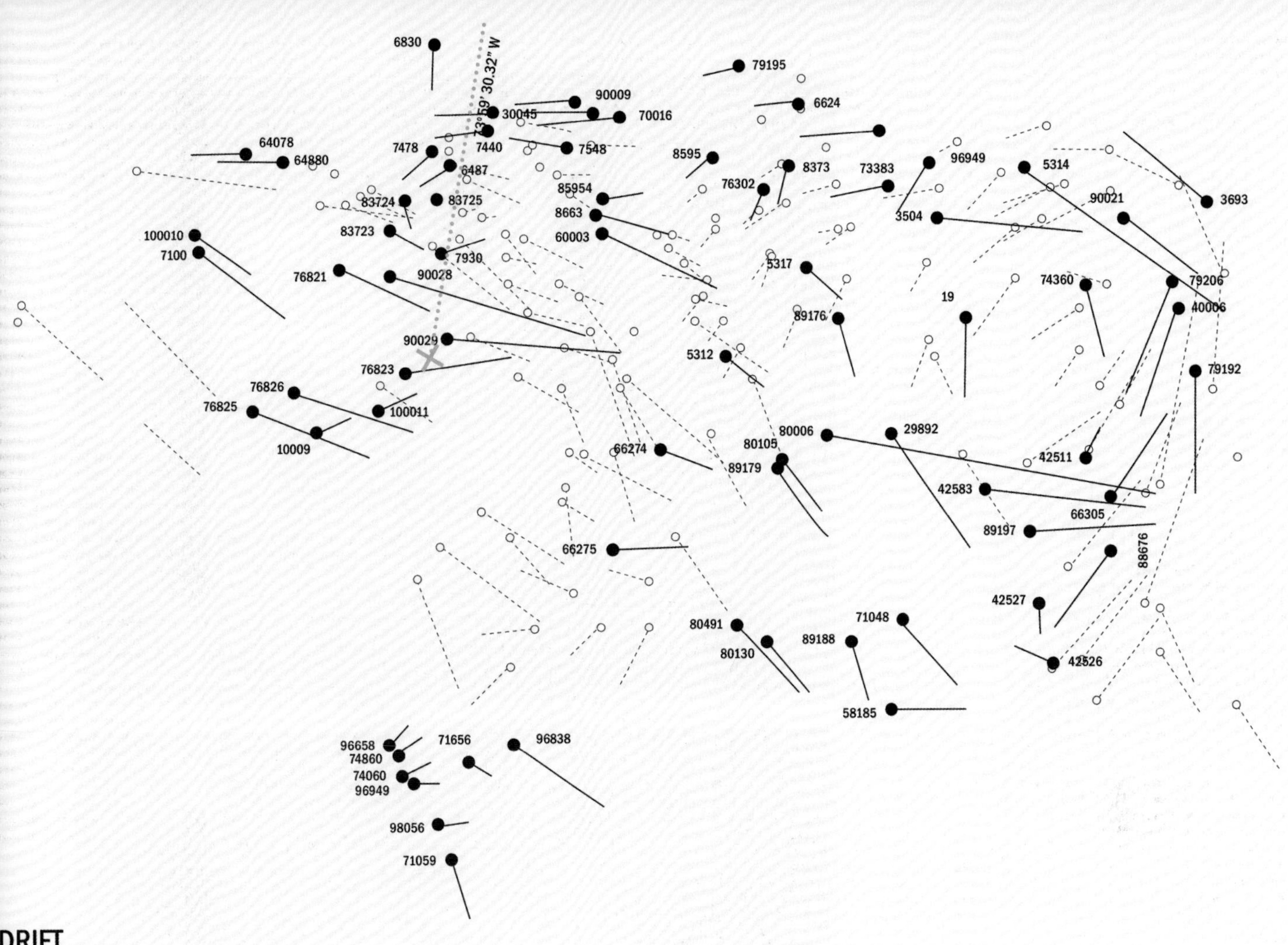

6830
73°59′ 30.32″ W
79195
90009
30045
70016
6624
64078
64880
7478
7440
7548
8595
8373
73383
96949
5314
6487
83724
83725
85954
76302
3693
90021
3504
100010
7100
83723
8663
60003
7930
76821
90028
5317
74360
79206
19
40006
89176
90029
76823
5312
79192
76826
76825
100011
10009
80006
29892
80105
66274
89179
42511
42583
66305
89197
66275
88676
42527
80491
71048
80130
89188
42526
58185
96658
74860
71656
96838
74060
96949
98056
71059
DRIFT

1.8

46.0790° N，8.9287° E
吉罗工作室（Atelier Girot），圣戈塔多阿尔卑斯山（AlpTransit San Gottardo SA），Itecsa，品尼工程师事务所（Pini Associati Ingegneri），IFEC工程公司（IFEC ingegneria SA），插入2010年瑞士提契诺州锡吉里诺山谷的阿尔卑斯山过境（Alp Transit）仓库。

使用三角高程测量来描述地形并通过数字建模重新展现。点云和连续表面模型表示为网格，由斜率区分的微小三角形的结构。该设计依赖于现有的地形，代表性地分开作为一个单独的全部由点构成的重叠表面，但是与地形有物理联系和作用。

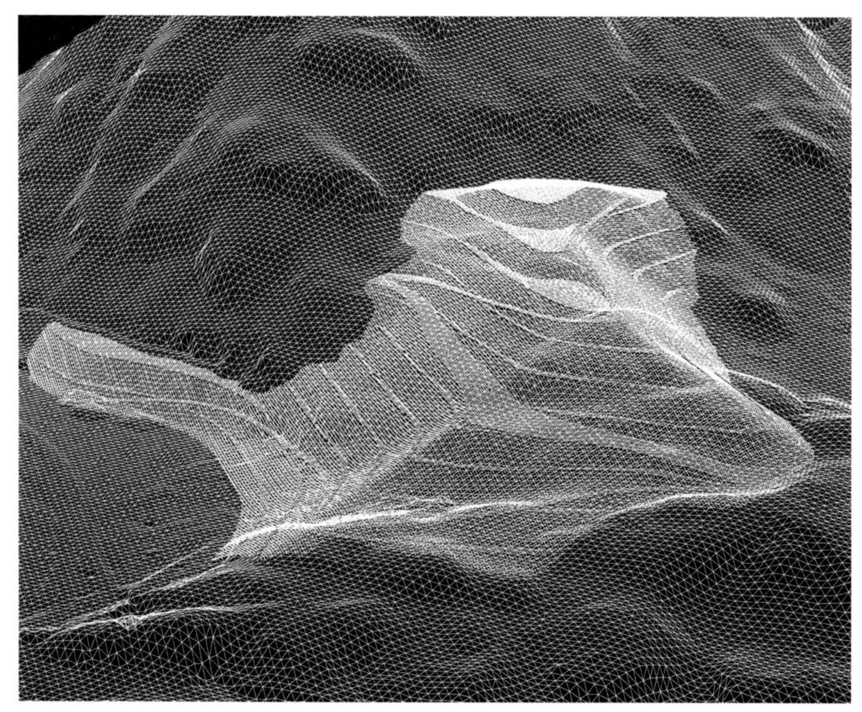

1.9

46.1105° N，8.6988° E
吉罗工作室（Atelier Girot），2013年瑞士提契诺州布里萨奇（Brissage）的真彩色点云。

景观建筑师克里斯托夫・吉罗（Christophe Girot）直接批评了景观设计中平面图的抽象性，他提出使用点云模型来重现景观的精确、局部和文化特征。生成的平面图是从点云模型中提取的，但在渲染时不显示数据点。相反，它使用底层的编码点通过对三维景观丰富而详细的描述来缩小所代表的和真实地形之间的距离。

1.10

41.6889° N，70.2969° W
华盛顿·胡德和格雷厄姆少校，科德角末端地图，1836年。比例：1∶10560（按四分之一大小显示）。

格雷厄姆对科德角末端和相关水域的调查强度很大，他在陆地上测量了150个点，在水中测量了606个点，登记了769次潮汐，并进行了13119个深度探测——转换成一个非常复杂精美的图表。受航海因素的影响，海图详细描述了海底的景观条件、波浪作用和从海上可以看到的陆地地形特征。其结果是一幅丰富的纹理图纸，其中值得注意的是，探测深度的径向分段描述了水的范围。

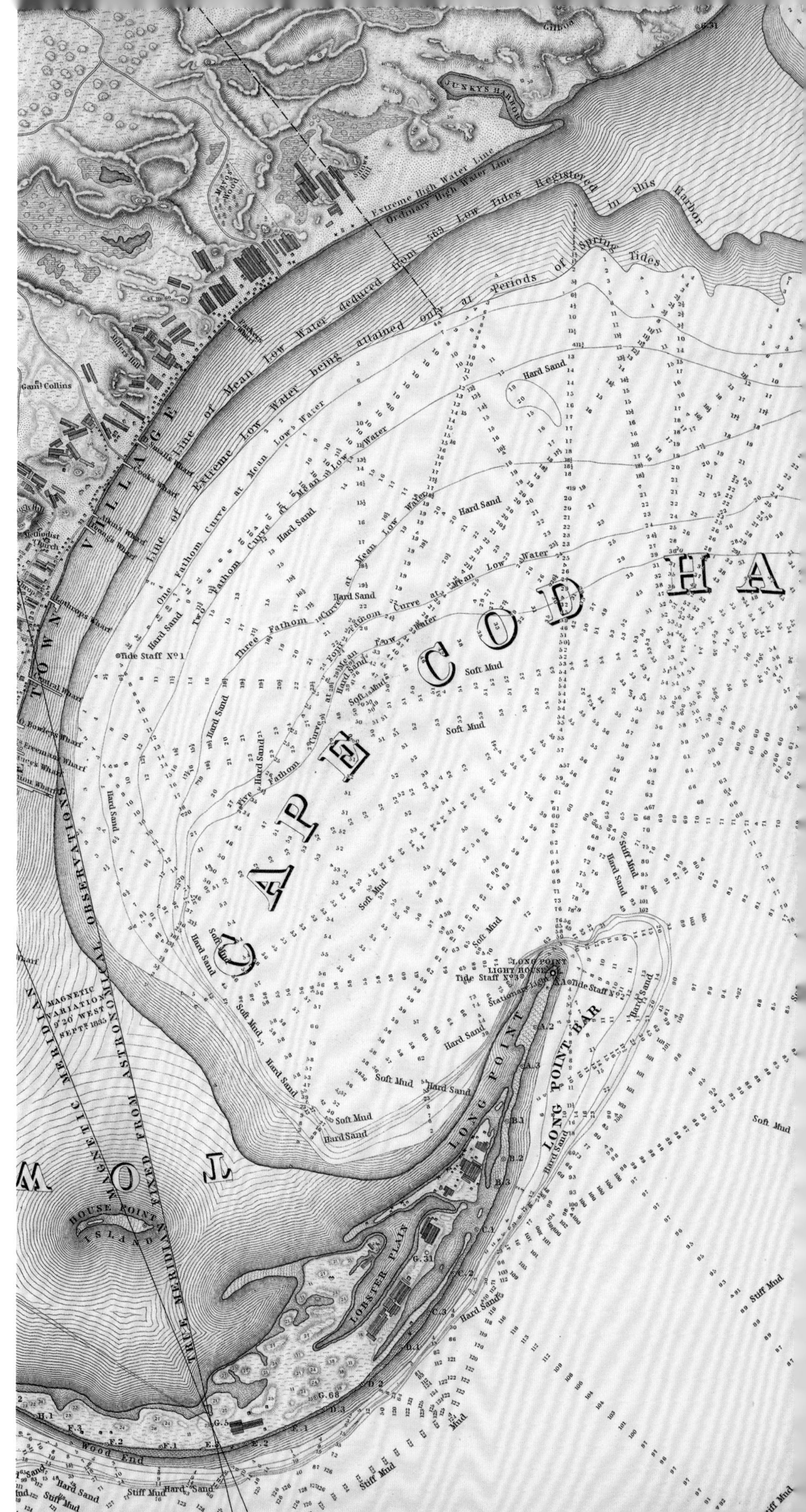

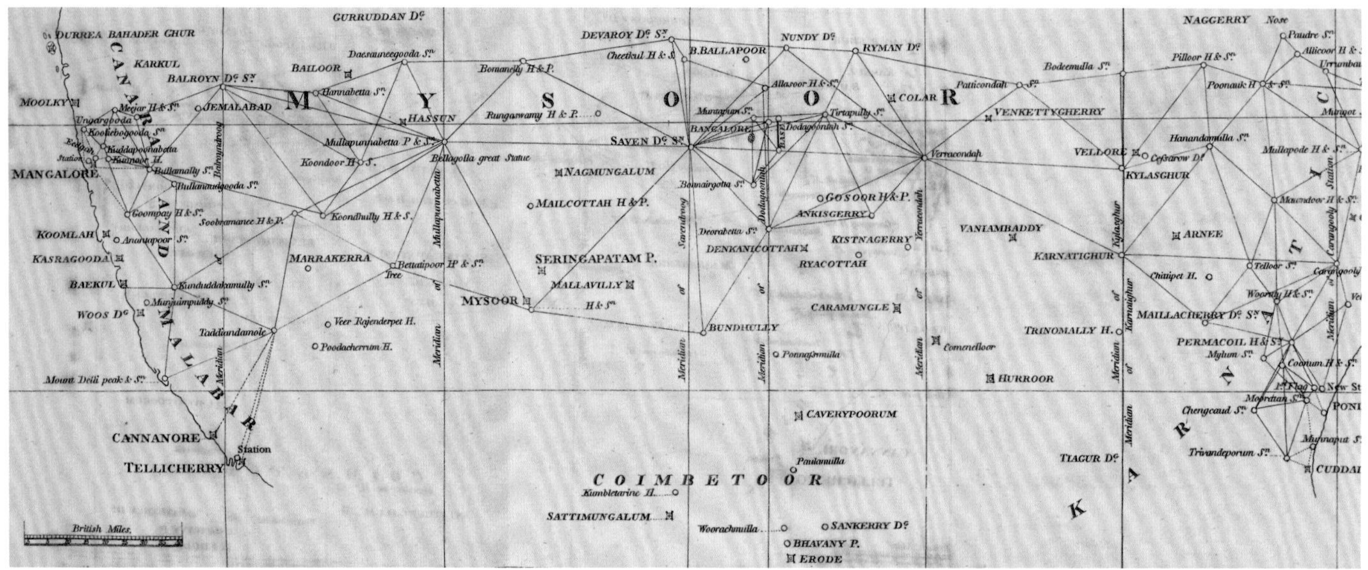

1.11

13.2057° N，79.0878° E

威廉·兰布顿（William Lambton），三角形总体规划：一个关于穿越印度半岛的三角运算，1804年，第4页。

威廉·兰布顿在大三角测量中使用三角测量法通过数学方法定位国家的地理特征，并确定地球表面的曲率。为此，他在整个大陆建立了一条“大子午线”，开始了一个最终延伸超过2250km的项目，产生了一个由更小的子午线和相互连接的三角形组成的网络，让人们了解地壳的物质，并准确地测量喜马拉雅山的高度。兰布顿对广阔的未测量区域印象深刻，并开发了他的测地系统，以精确的方式对其进行测量。“三角形总体规划”图显示了他从印度曼加罗尔到印度圣乔治堡（Fort St. George）的工作，横跨大陆南部东西方向大约700km。

1.12 （见39页左图）

12.9833° N，77.5833° E

阿努拉达·马瑟（Anuradha Mathur）和迪利普·达·库尼亚（Dilip da Cunha），从德干横穿的基线绘图：班加罗尔地形的形成，2006年。

阿努拉达·马瑟（Anuradha Mathur）和迪利普·达·库尼亚（Dilip da Cunha）追踪了班加罗尔基线周围的兰布顿三角测量（图 1.11）因此确定了在景观中关键的高程的位置。基线作为一个关键的导航向量定义了图形的中心。在兰布顿的调查中，每一个点的截面都被切开。该图将测量展开为描述了测量过程、从地标跳到地标的轨迹以及视线的重要性一个旅程。

1.13 （见39页右图）

33.0453° S，71.6203° W

瓦尔帕莱索天主教大学建筑和设计学院，阿梅雷伊达历险记，1984—1998年和美洲地图，1971年。

瓦尔帕莱索的建筑师团队以三种方式实践：承担传统的专业委员会；在瓦尔帕莱索建设开放城市项目中的实验工程；以及在智利和美洲的旅行或教学之旅。旅行社的工作包括从规划到执行旅行本身以及沿途进行的任何永久性或临时性项目的全部经验。通过三角测量，倒置的大陆和地区成为一系列由旅行路线而非测量线相互联系的地理点。

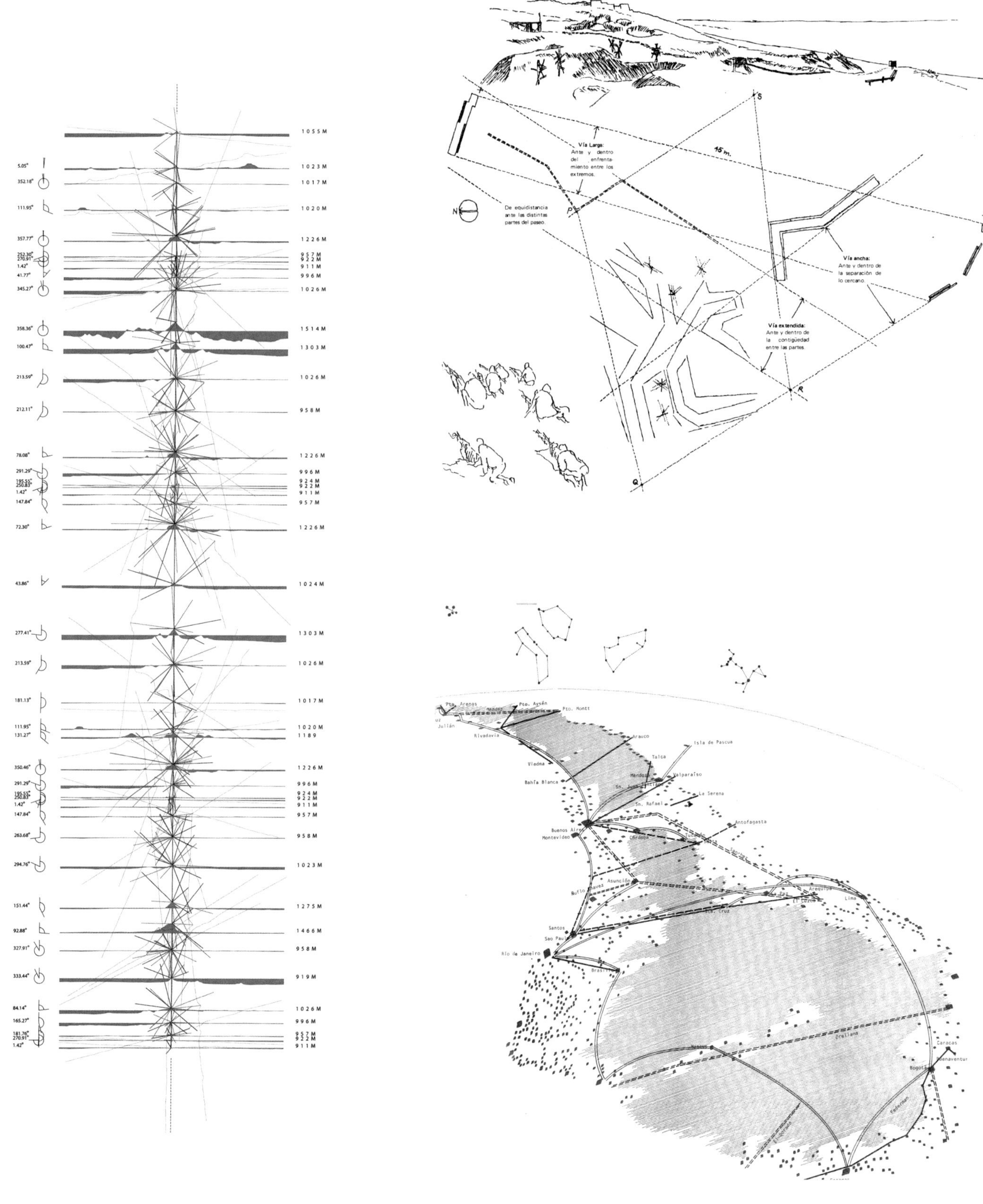

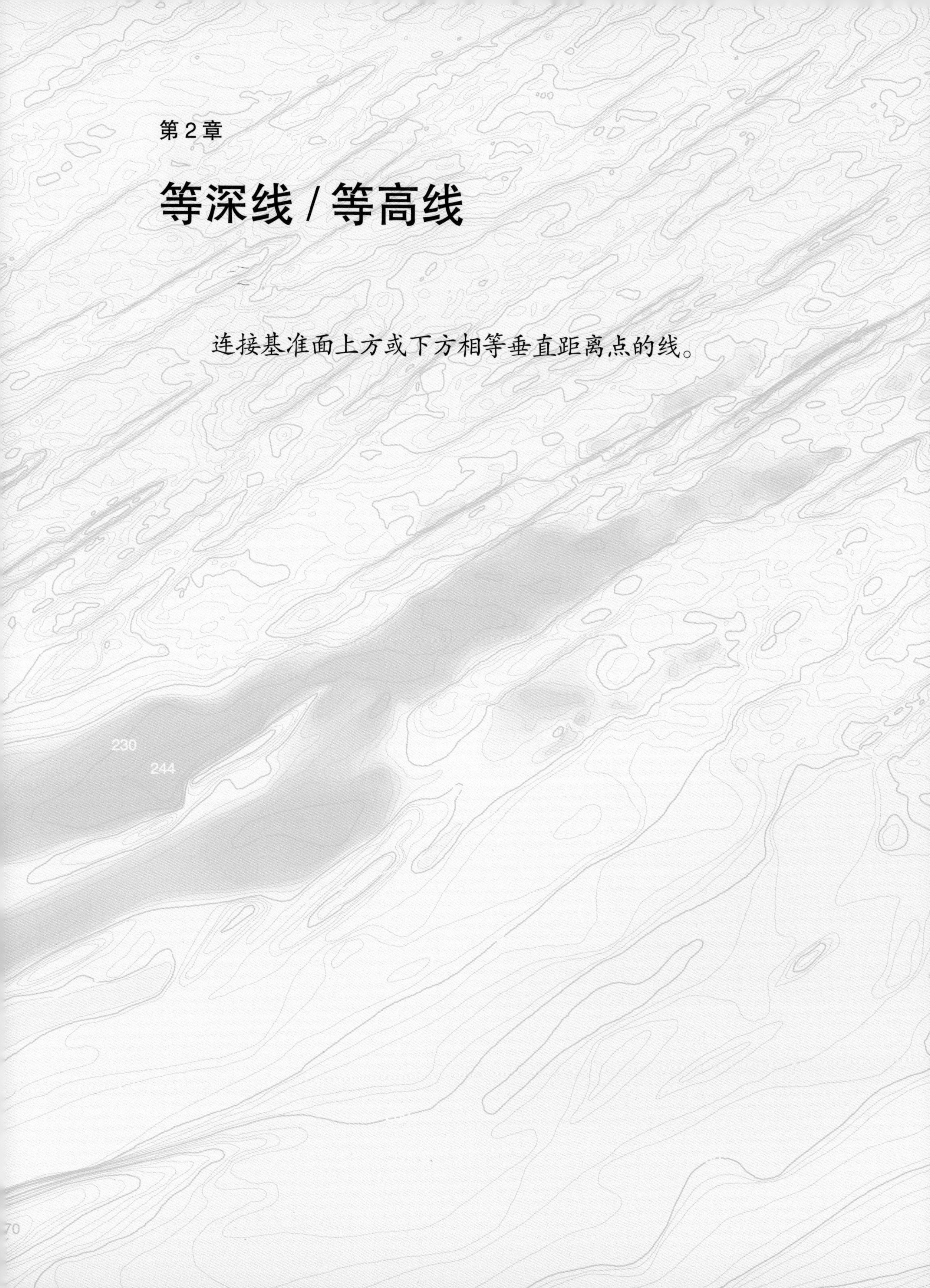

第 2 章

等深线 / 等高线

连接基准面上方或下方相等垂直距离点的线。

等高线是等值线家族的一员，是地形描述和投影的表征主体。该线是高度的抽象，连接相等海拔的连线点。等高线在景观中不存在，通过水平切片的形式描绘地形。在地形图或放坡图中等高线的间隔都是由图形的比例和所描绘的景观的复杂程度决定的。绘制结果是一系列线条，像一种单一织物描绘了地面的形态特征。线条的紧密偏移与密集描述了陡峭。

等深线通常被认为是一种陆地制图惯例，等高线是由测量水体的等深线演化而来的。第一批等值线用于测深图中，用来描述河口、进水口和海湾的深度，这些看不见的地方对航行的成功至关重要。从荷兰和法国的传统中，这些早期的等高线被平滑地从声音（回声探测系统中）中抽象出来（见第1章），创造了一个柔软的水底印象，轻轻地与邻近建筑环境的坚硬边缘相连。早期的陆地等高线图将这种描述河流地貌的创新方法转化为描述陆地地貌。法国人再次成为创新者，创造了被认为是最早的等高线地图。让—路易斯·杜潘—特里尔于1798—1799年绘制的法国地图，在大间隔的环形、扇贝状和扇形区域中，描绘了一个以线条环绕陆地的表面，以一种缺乏直观阴影和象形文字主观性的方式，从点高程场中绘制出形状。这些图层看起来很强烈，就像被挤压的水平面，强调了等高线的不同形状，而不是它们所代表的山体。在法语中，等高线地图是指在一定水平面上的曲线图。

早期的等高线是高度概括的，但该系统的有效性和潜力很快被了解。瑞士制图学家爱德华·伊姆霍夫（Eduard Imhof）指出，等高线是地形制图中最重要的要素，也是唯一决定地形几何形态的要素。[1]它构成了其他表现形式的基础，包括晕滃线（见第3章）和地貌晕渲（见第4章），以及地形分级和设计的基础。风景园林师通过在纸上和屏幕上处理等高线来想象、描述和指示场地中泥土和材料的运动。

强调等高线平面图作为描述和操纵地球表面的技术工具仍然是法国设计文化和技术教育的核心。在桥梁与道路学院，早期的教学法以绘制地图为中心，强调对农村的解读和绘制对工程专业至关重要，以及平面图是所有项目的基础。[2]让—查尔斯·阿道夫·阿尔方德（Jean-Charles Adolphe Alphand），乔治尤金公园总工程师奥斯曼和拿破仑三世接受了这一传统的训练。他在比特肖蒙公园（1867年）的工作代表了地图，更具体地说是等高线平面图，作为征服和改造空间的手段。在这里，等高线成为利用技术掌握，重新构想城市结构和动员快速建设的工具。阿尔汉德公园在公开发行的一系列宣传插图《巴黎长廊》中包含了公园的轮廓图，展示了野心勃勃的巴托沙蒙公园项目的技巧和精确性（图2.12）。与公园丰富而生动的雕刻相结合，等高线图显示了项目前后的地形变化，在数学上表明了施工所需的挖方和填方。等高线的抽象语言对于普通消费者来说可能并不易读，但令人印象深刻的绘画使人们对政府工作的技术能力产生了信心。此外，阿尔方德可以使用等高线计算来估算和订购材料，从而促进施工过程。[3]指示现有等高线和设计等高线之间位移的分级平面图继续用于设计和建造地形，具有更高的精度和自动化，提供从设计视野到建成景观的转换。

在制图学中，等高线是从高度概括和表现的线条演变而来的，这些线条是通过连接几个已知高度的点而绘制的，它是由详细准确的测量得出的经过仔细校准的数学表达形式。测量和表示工具使地图绘制者能够更精确、更具挑战性地提高科学知识水平，而不会疏远对地面的感觉，材料和质地的亲密理解。数据准确性的提高使表达更加自由。

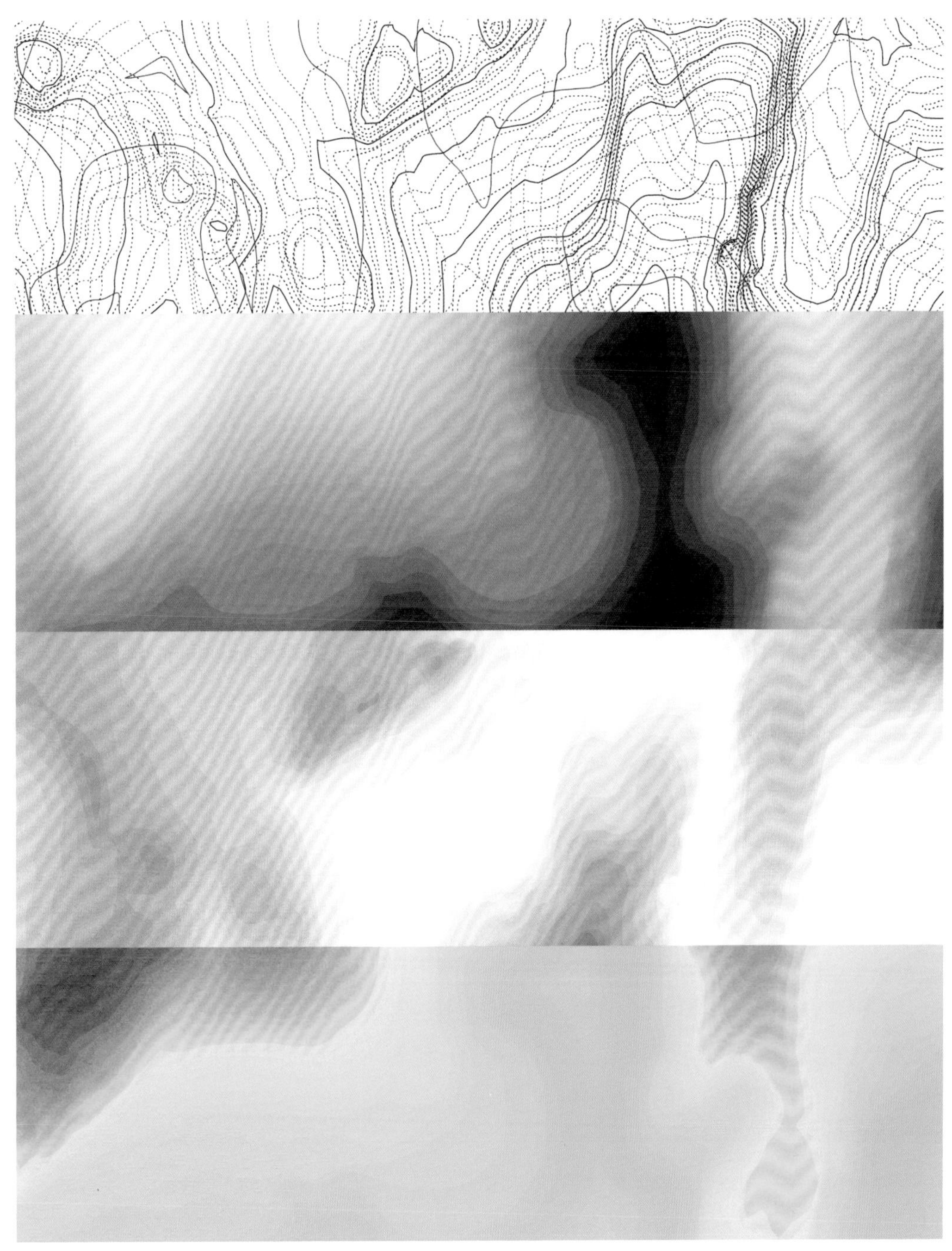

2.1

40.7823° N，73.9658° W
吉尔·德西米妮，等高线技术：中央公园湖，2014年。在让—查尔斯·阿道夫·阿尔方德（图2.12）之后，OLM等人（图2.14）、国际水文组织（图2.7）和NOAA（图2.9）。

同样，在设计实践中，等高线已从其技术链中解放出来。经过长时间的使用，轮廓线主要用作施工工具，通过其他连接地形的方式（例如，点高程、阴影、剖面图、透视图、模型）进行设计，最近重新出现了等高线作为创作过程中的投射元素。它已成为一种组织空间的方式，作为一个项目的主要驱动力，表达场地和建筑的融合。它通过颜色，形式和形式来唤起它所描述的地形的定性特征。

等高线的表现始于一条细黑线，但在其在整个历史中都采用了许多技术。与其他形式的制图惯例一样，等高线没有出现单一的代表制。现有和设计的等高线之间通常有虚线和实线，浅色和深色，无色和有色的区别 。通常分配给每五条等高线一条以便于读取的索引等高线，它可以比中间轮廓更暗。也可以引入从低到高或从高到低梯度。线条颜色也可用于区分材质 – 黑色代表岩石，蓝色代表水或冰川，棕色代表泥土和植被区域。编号可以出现在线条内或两条线条之间；在这种情况下，数字代表较低的高程值。

分层色调或色彩渐变——可填充等高线以进一步强调地形变化。在水深测量惯例中，填充占主导地位。较旧的地图支持以渐变的蓝色模拟深度，而较新的惯例有时偏离材质的逼真度而引入独立方案——例如罗伊格毕夫（Roygbiv）的彩虹读数从低到高结合了一组强大的主题热图，使用ROYGBIV光谱来指示数据变化。

每种技术都有不同的效果（图2.1）。现有等高线和设计等高线的叠加可以读出设计的变换，将时间整合到绘图中。蓝色和棕褐色的斜坡在微妙的配色方案中创造了地形和水深升高之间的明显区别。灰度和ROYGBIV版本不区分土地和水，呈现连续的表面色调和配色方案，缺乏拟态和对等高线层次的突出。尽管存在各种差异和变化，但各国的地形图通常以黑色或红棕色作为等高线的选择颜色。美国地质调查局的等高线是棕色的；瑞士的等高线为红棕色，日本，印度尼西亚，尼泊尔，巴林，韩国和法国也是如此（仅举几例）（见关于比例的标注）。

黑色是最容易获得的印刷颜色，但效果可能很生硬。深棕色或红棕色与黑色，蓝色，绿色和白色形成鲜明对比，是地形描述的其他主色，而不会影响表达。在设计图纸中，棕色等高线很少见，黑色和灰色最为普遍，在深色背景上用白色、温暖的红色或橙色表示。与制图相比，设计允许更大的表现自由，并且有机会对等高线的使用，识别和形成进行一系列解释。以下示例根据时间，媒体和主题的代表性趋势和变化进行排列。

注释：

[1] Eduard Imhof, Cartographic Relief Presentation（Redlands, CA: Esri, 2007）, 111.

[2] Antoine Picon, French Architects and Engineers in the Age of Enlightenment（Cambridge, UK: Cambridge University Press, 2010）.

[3] Ann E. Komara, "Measure and Map: Alphand's Contours of Construction at the Parc des Buttes Chaumont, Paris 1867," Landscape Journal 28, no. 1（2009）: 22 - 39.

2.2（见46~47页）

47.1167° N，9.2000° E

吉尔·德西米妮，等高线，2012年。在罗伯特·杰拉德·皮特鲁斯科（Robert Gerard Pietrusko）之后。

2.3

46.0000° N，2.0000° E

让—路易斯·杜潘—特里尔（Jean-Louis Dupain-Triel Jr.）和J. B. 迪恩（Dien），法国地图，1798—1799年。

让—路易斯·杜潘—特里尔于1791年制作了法国第一张等高线图，这是陆地等高线最早的例子之一。该地图于1799年重新发布（如图），包括10m间隔的风格化扇形等高线。同在这张地图的分布上，特里尔成功地将等高线作为地形表示的标准。

2.4

18.4517° N，66.0689° W

詹姆斯角的外勤行动，波多黎各大学植物园，2003—2006年。比例：1∶2500（以一半大小显示）。

波多黎各大学植物园的平面图包括平坦的大片颜色，这意味着地形作为设计工作的基本条件。设计本身分为三层：表面区域或垫子、环状小路和森林植被种植。这些层的连接揭示了该地区的地形特殊性：北部易受洪水侵袭的平坦土地上的植物种植更密集；南部不同斜坡上的描绘语言更复杂、有时是同心的；沿着中央河流走廊的一组偏移带描述了河岸的微妙斜坡

DE GORCUMSE POLDER
HET WEY-SCHILD
GORICHEM
Middel Waard
de Tydt van 't Hoogste Water
DALEM
Sleeuwykse Dyk
Kraye Veldt
Middel Steeg
NIEUWE BANNE
Oude Banse Molen
de Roef
DE BANNE
Doneker - Steeg
VAN HONS-WYK
Rys-Steeg
uitwatering

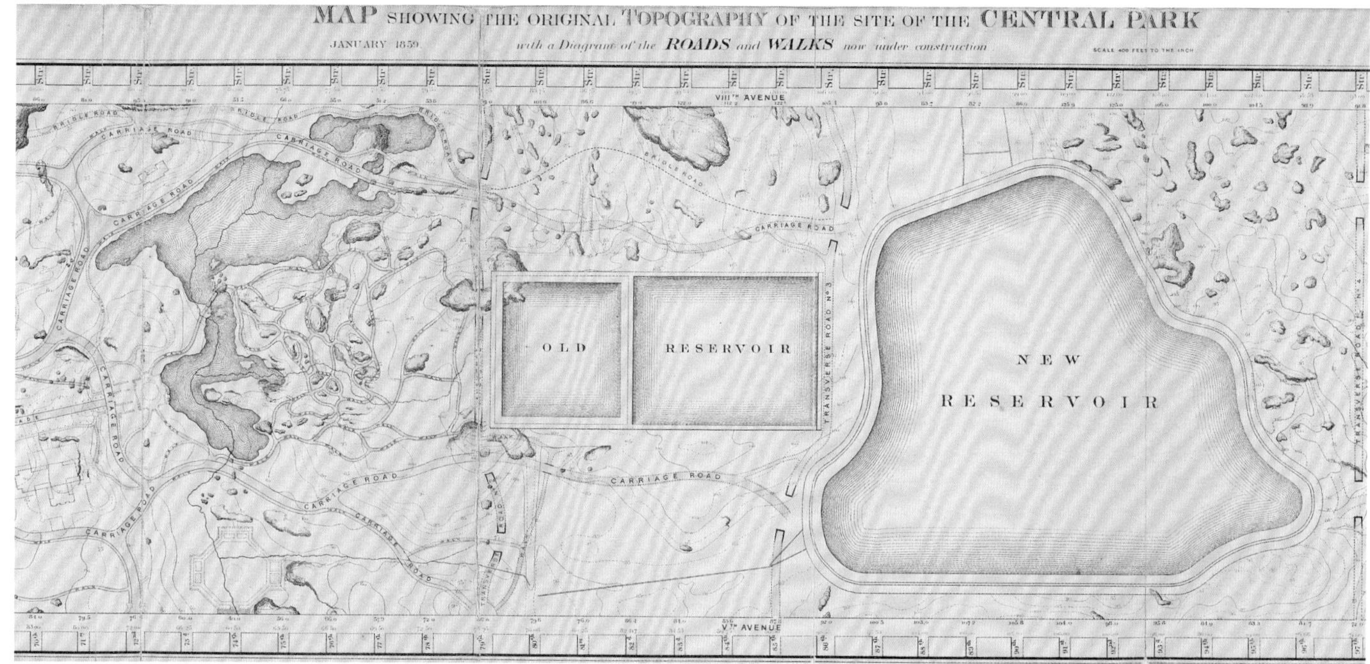

2.5

51.8167° N，4.6667° E
尼古拉斯·克鲁基乌斯（Nicolaas Cruquius），梅尔韦德河。1730。比例：约1∶10000（以半尺寸显示）。

随着水上运输增加，可测量航行通道的系统性进展开始激增，荷兰在河流调查前沿了解了其大部分土地在海平面之下。在该领域荷兰科学家尼古拉斯·克鲁基乌斯（Nicolaas Cruquius）是先驱，他一年来对默兹河口的绘图展示了等高线的创新用途，并用其判断河底的地形。这幅图不仅在技术造诣上是卓越的，并以表示水深的细线显示了水的周期性特质，尤其当与表示防御工事的粗线对比时。

2.6

40.7823° N，73.9658° W
弗雷德里克·劳·奥姆斯特德（Frederick Law Olmsted）和卡尔弗特·沃克斯（Calvert Vaux），展示中央公园遗址原始地形的地图，1859年。

与弗雷德里克·劳·奥姆斯特德和卡尔弗特·沃克斯于1858年绘制的获奖的格林沃德平面（Greensward Plan）展示图相比，此处所示的原始地形图清楚地显示了修建公园并使其能够满足公共娱乐要求所需的大量土方工程。奥姆斯特德的公园展示图，如格林斯沃德平面图，没有包含等高线。等高线是为技术图纸预留的，用于指示施工，而不是想象设计。这张原始地形图已列入中央公园委员会第二次年度报告。

ABYSSAL PLAIN
BELEM RIDGE
PARNAIBA RIDGE
Equatorial Mid-Ocean Canyon
Penedos de São Pedro e São Paulo
ST PAUL FRACTURE ZONE
ST PAUL FRACTURE ZONE
ROMANCHE FRACTURE ZONE
CHAIN FRACTURE
Atol das Rocas
Arq. de Fernando de Noronha
BELEM
SÃO LUIS
FORTALEZA
Parnaiba
Tocantins
NATAL
RECIFE
São Francisco
S I L
SALVADOR
BRASILIA
ABROLHOS BANK
VITÓRIA
RIO DE JANEIRO
SÃO PAULO
SANTOS
SANTOS PLATEAU
Rio Grande Gap
RIO GRANDE PLATEAU
Pernambuco SMt
Bahia SMt
Royal Charlotte SMt
Minerva SMt
Hotspur SMt
Champlain SMt
Montague SMt
Jaseur SMt
Vitória SMt
Columbia SMt
Almirante Saldanha SMt
Is. Martin Vaz
I. da Trindade
A T L A N T I C
ASCENSION FRACTURE ZONE
Ascension I.
PERNAMBUCO ABYSSAL PLAIN
BRAZIL BASIN
ST HELENA FRACTURE
HOTSPUR
MARTIN VAZ
RIO GRANDE

5·12

GENERAL BATHYMETRIC CHART OF THE OCEANS (GEBCO)

SERIES ESTABLISHED BY H.S.H. PRINCE ALBERT I OF MONACO IN 1903

Mercator Projection - Scale 1:10 000 000 at the Equator
Heights and depths in metres

Scientific Co-ordinators B.C. Heezen and M. Tharp, assisted by R. Bodnar, M. Bond, H. Jicha and M. McClellan - Lamont-Doherty Geological Observatory and Department of Geological Sciences, Columbia Univ., Palisades, New York, 10964, U.S.A.

PUBLISHED BY THE CANADIAN HYDROGRAPHIC SERVICE, OTTAWA, CANADA.
UNDER THE AUTHORITY OF THE IHO AND THE IOC (UNESCO)
5 TH EDITION, MAY, 1978

CARTE GÉNÉRALE BATHYMÉTRIQUE DES OCÉANS (GEBCO)

SÉRIE CRÉÉE PAR S.A.S. LE PRINCE ALBERT 1er DE MONACO EN 1903

Projection de Mercator - Échelle 1:10 000 000 à l'Équateur
Altitudes et profondeurs en mètres

Coordonnateurs scientifiques B.C. Heezen et M. Tharp, assistés par R. Bodnar, M. Bond, H. Jicha et M. McClellan - Lamont-Doherty Geological Observatory and Department of Geological Sciences, Columbia Univ., Palisades, New York, 10964, U.S.A.

PUBLIÉE PAR LE SERVICE HYDROGRAPHIQUE DU CANADA, OTTAWA.
SOUS LES AUSPICES DE L'OHI ET DE LA COI (UNESCO)
5 ème EDITION, MAI, 1978

Index of bathymetric plotting sheets, World Series, Scale 1:1 000 000 and areas of responsibility.

Index des minutes, de rédaction bathymétriques, Série mondiale, Échelle 1:1 000 000 et zones de responsabilité.

NETHERLANDS
FRANCE
BRAZIL
U.K.
SOUTH AFRICA
ARGENTINA
212 213 214 215 216 217 218
243 244 245 246 247 248
273 274 275 276 277 278
304 305 306 307 308 309
336 337 338 339 340 341
366 367 368 369 370 371 372
396 397 398 399 400 401 402
425 426 427 428 429 430 431 432
455 456 457 458 459 460 461 462

LEGEND/LÉGENDE

down slope	pente descendante
sounding lines	lignes de sondes
comprehensive survey	levé détaillé
1 dam 2 fall or rapid	1 barrage 2 chute ou rapide
sand wet sand	sable sable humide

Geographic names and their spelling have been taken from the latest sources at the time of compilation. Due to the possibility of name changes, these should not be considered authoritative.

Les noms géographiques et leur orthographe ont été tirés des source les plus récentes à l'époque de la compilation. En raison des possibilités de changement, ces noms ne doivent pas être considérés comme faisant autorité.

Cartography by the Geoscience Mapping Section Canadian Hydrographic Service.

Cartographie réalisée par la Cartographie géoscientifique du Service hydrographique du Canada.

Shoreline and land topography were taken from the Carte Générale du Monde (IGN) sheets 5, 8, 9 and 12 at a scale of 1:10 000 000.

La ligne de côte et la topographie terrestre ont été tirées de la Carte Générale du Monde (IGN) feuilles 5, 8, 9 et 12 à l'échelle 1:10 000 000.

Echo soundings corrected according to:
Matthews, D.J., 1939. Tables of the velocity of sound in pure water and sea water for use in echo-sounding and sound-ranging: London, Hydrographic Department, Admiralty.

Les sondages par écho corrigés selon
Matthews, D.J., 1939. Tables of the velocity of sound in pure water and sea water for use in echo-sounding and sound-ranging: London, Hydrographic Department, Admiralty.

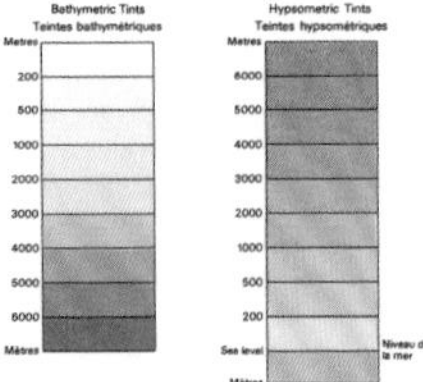

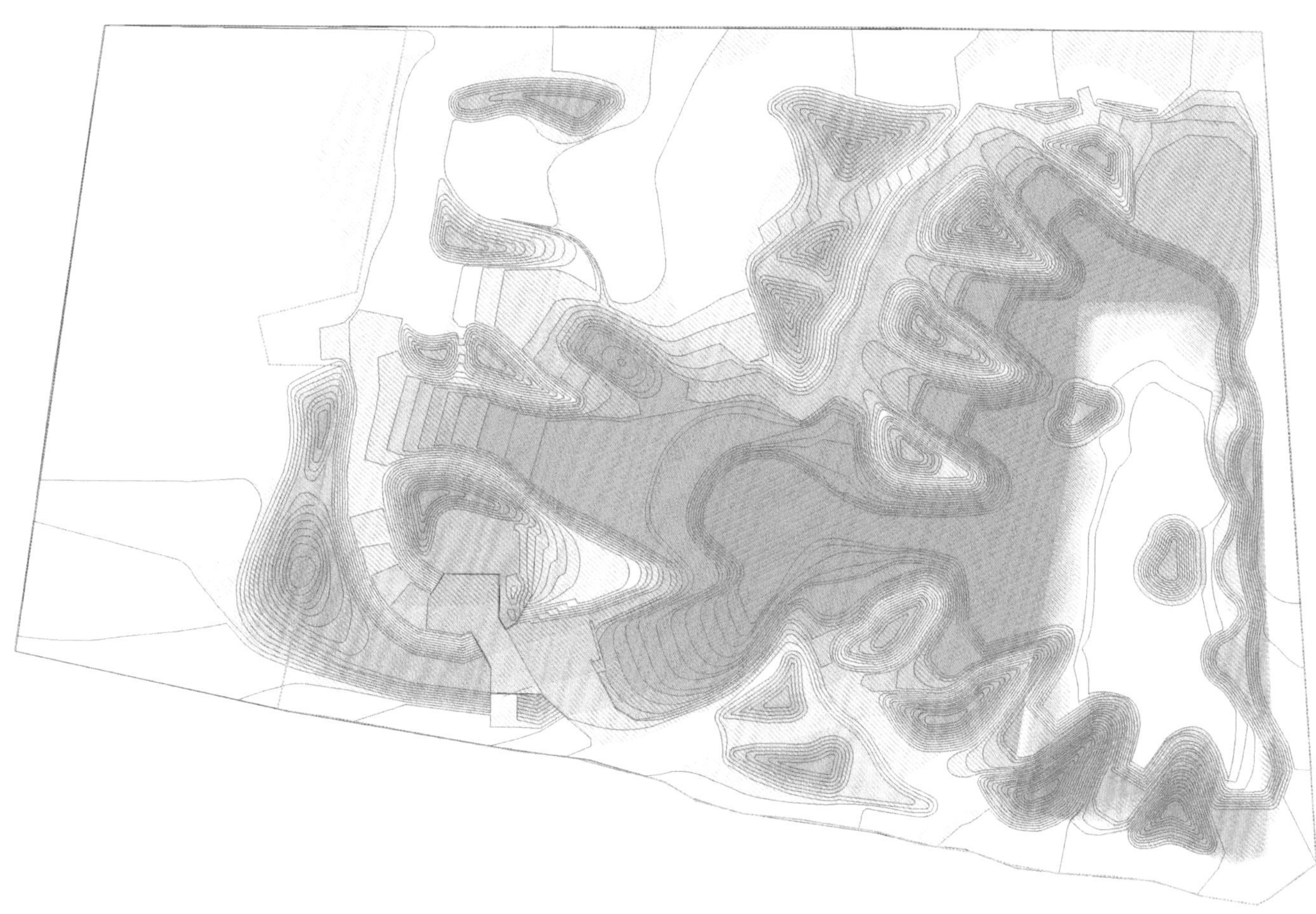

2.7

38.4667° N，28.4000° W
国际水文组织，1978年5月12日海洋通用测深图。比例：1∶10000000（以半尺寸显示）。

海洋通用测深图的低温彩色渐变从柔和蓝色，黄色和天空中云的灰色调中汲取灵感。正如爱德华·图夫特所描述的，图表“以21度的方式记录海洋深度（水深色调）和陆地高度（高度计色调）”，其中“越深或越高，颜色越深”作为视觉隐喻。地图上的每一个颜色标记都表示四个变量：纬度，经度，海洋或陆地，深度和高度以米为单位。“结果非常清晰，非常漂亮。”

2.8

43.6725° N，1.3472° W
帕特里克·阿罗切伦（Patrick Arotcharen）探员和马蒂·弗朗克（Martí Franch）学者，Les Echasses高尔夫和冲浪自然度假村，2013年。

总部位于巴塞罗那的景观设计公司Estudi Martí Franch设计的Echasses度假村的平面图从制图技术中汲取灵感。该项目由地形操纵驱动，表示支持这种对地形的重视。从平坦的玉米地开始，设计师们创造了一个错综复杂的湖泊和沙丘景观，以最大限度地利用水。高度和水深测量色彩与阴影的结合，扩大并模糊了陆地和水之间的界线。

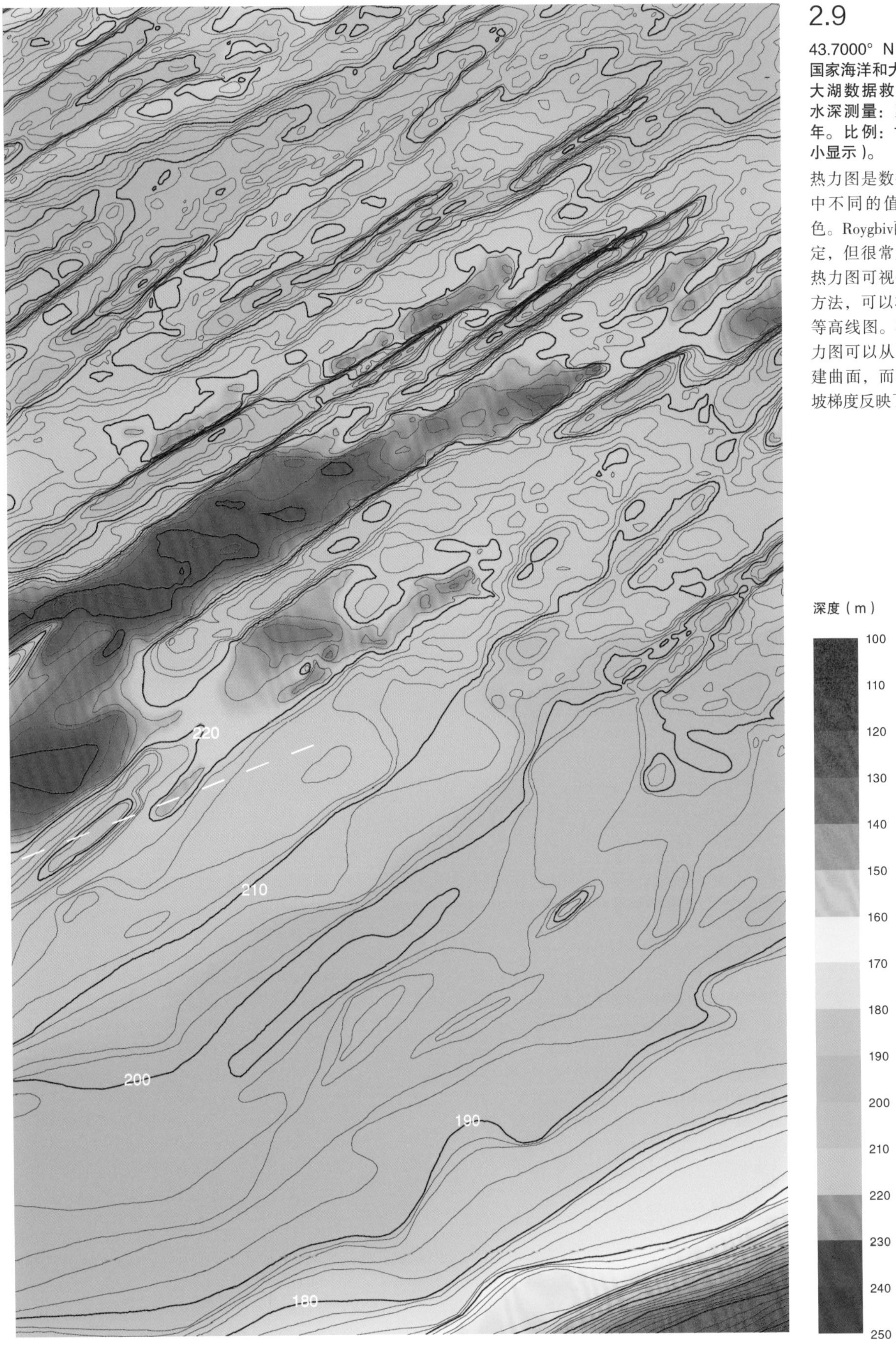

2.9

43.7000° N，77.9000° W
国家海洋和大气管理局（NOAA），大湖数据救援项目——安大略湖水深测量：罗切斯特盆地，2000年。比例：1∶50000（以一半大小显示）。

热力图是数据的图示化表达，其中不同的值被分配为不同的颜色。Roygbiv配色方案虽然没有规定，但很常见。在专题制图中，热力图可视化是一种普遍使用的方法，可以将传统的色阶应用于等高线图。在数据可视化中，热力图可以从不连续数据插值以创建曲面，而在等高线映射中，斜坡梯度反映了地形的连续性。

深度（m）

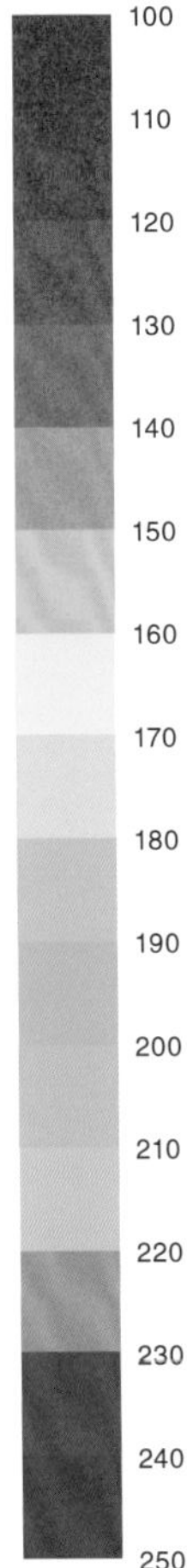

EL. +90'
EL. +80'
EL. +70'
EL. +60'
EL. +50'
EL. +40'
EL. +30'
EL. +20'
EL. +12
EL. +10'
EL. +7'
EL. 0'

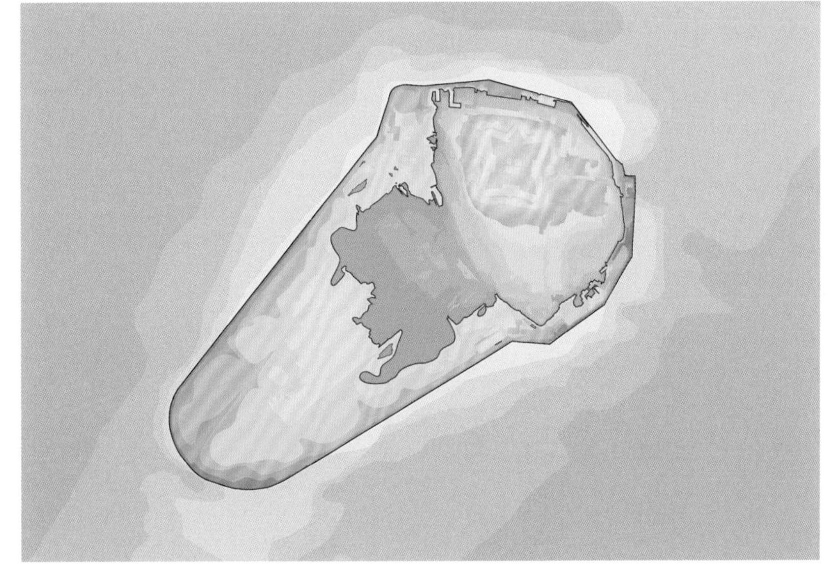

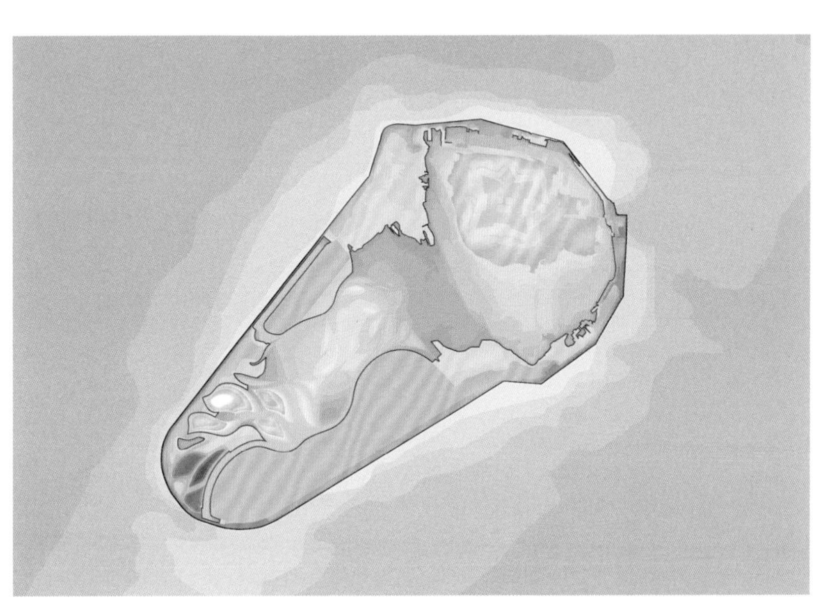

2.10

40.6905° N，74.0165° W
West 8城市设计和景观建筑事务所，总督岛公园和公共空间总体规划，2007—2013年。

West 8高度渐变呈现出不同色调的海拔高度，而不是单一色调的色调变化。蓝色和绿色是低海拔，黄色是中海拔，灰色是高海拔。这种配色方案强调从现有到规划的地形变化，突出了岛南部的新凸起地形。

2.11

24.1470° N，120.6744° E
Stoss景观城市化公司，台中门户公园，2012年。

从三维模型中提取，Stoss的台中门户公园的等高线描述了一个切分的、水驱动的景观。削减创造了盆地，以捕捉、清洁，并最终规划台湾的大量降雨。等高线的透视图生动地描绘了整个线性公园地形的变化，使视线得以漫游，想象雨水和公园游客的运动。

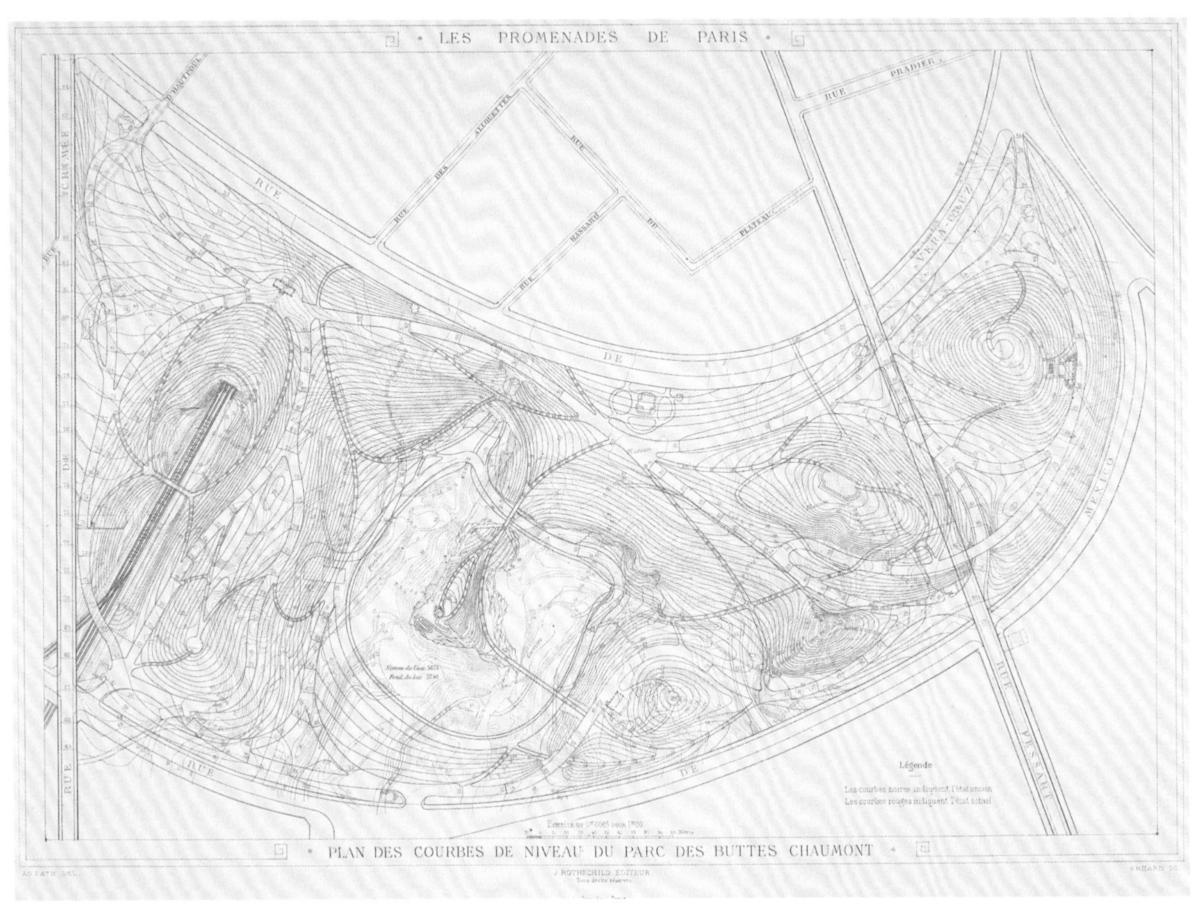
LES PROMENADES DE PARIS
RUE DE CRIMÉE
RUE DES ALOUETTES
RUE HASSARD
RUE DU PLATEAU
RUE PRADIER
RUE DE MEXICO
RUE FESSART
RUE DE
Légende
Les courbes noires indiquent l'état ancien
Les courbes rouges indiquent l'état actuel
PLAN DES COURBES DE NIVEAU DU PARC DES BUTTES CHAUMONT
J. ROTHSCHILD ÉDITEUR
ERHARD SC.

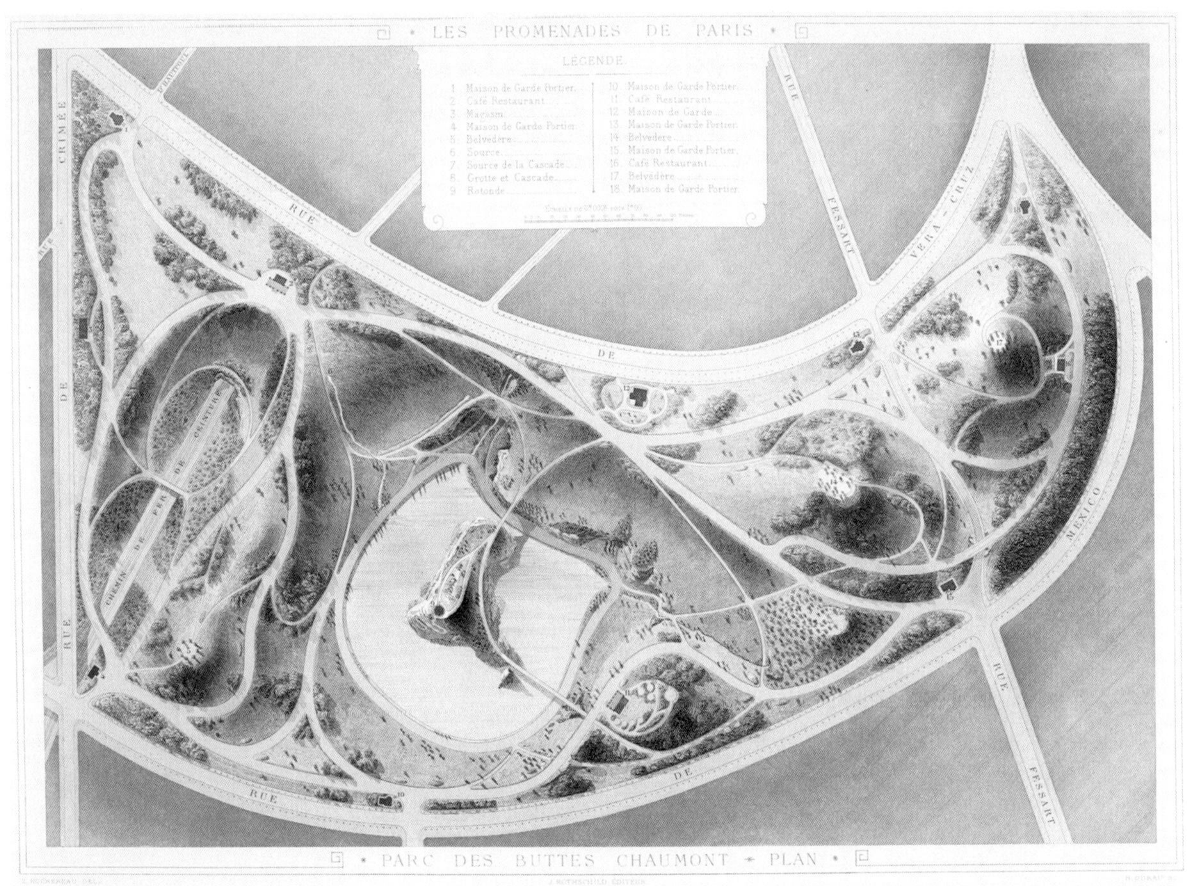
LES PROMENADES DE PARIS
LÉGENDE
1. Maison de Garde Portier
2. Café Restaurant
3. Magasin
4. Maison de Garde Portier
5. Belvédère
6. Source
7. Source de la Cascade
8. Grotte et Cascade
9. Rotonde
10. Maison de Garde Portier
11. Café Restaurant
12. Maison de Garde
13. Maison de Garde Portier
14. Belvédère
15. Maison de Garde Portier
16. Café Restaurant
17. Belvédère
18. Maison de Garde Portier
RUE DE CRIMÉE
RUE FESSART
RUE VERA-CRUZ
RUE DE MEXICO
RUE DE
CHEMIN DE FER DE CEINTURE
PARC DES BUTTES CHAUMONT · PLAN
J. ROTHSCHILD ÉDITEUR

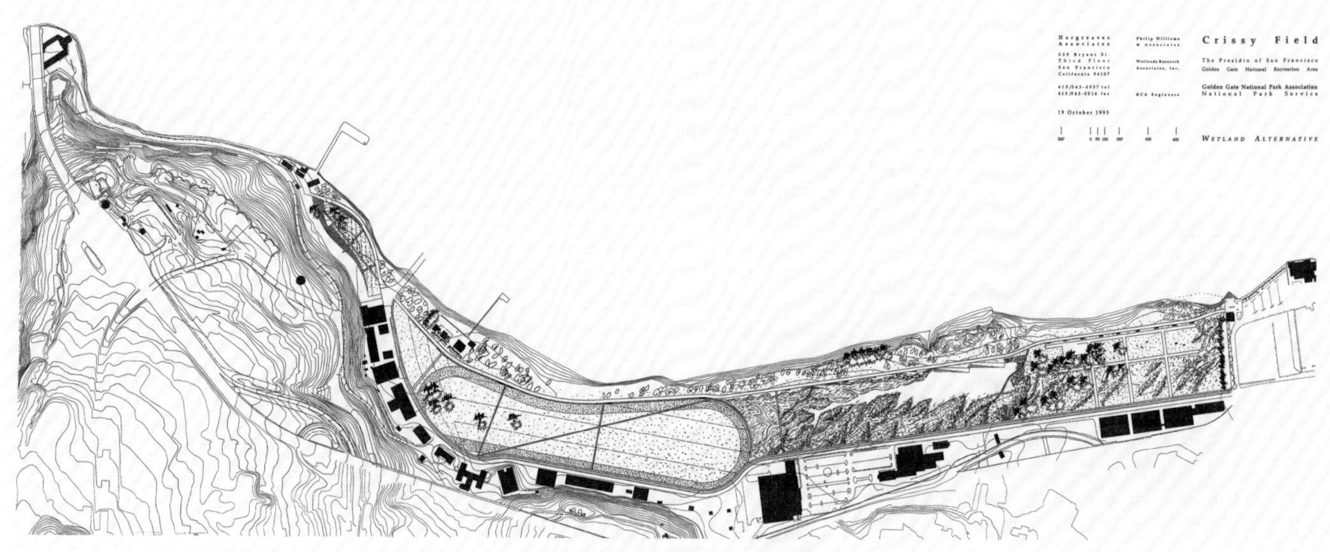

2.12

48.8742° N，2.3470° E
让—查尔斯·阿道夫·阿尔方德，巴黎布特斯–绍蒙特公园等高线图。巴黎（J. Rothschild），1867–1871年。

在乔治–尤金内·豪斯曼（Georges-Eugène Haussmann）的指导下，工程师兼公园总监让—查尔斯·阿道夫·阿尔方德将一个以前的采石场和垃圾场改造成浪漫的公园。将前后等高线叠加在一起，以红色突出显示，显示了单个图像中的动态过程。曲线设计语言从粗糙的场地出现，强调和放大现有的地形，同时故意留下粗糙的边缘。随附的雕刻使用阴影和纹理来完全渲染地平面的特征。这对图纸展示了设计中发现的技术和美学的结合。

2.13

37.7833° N，122.4167° W
哈格里夫斯联合公司，克理斯场公园，1985年。

地形操纵是哈格里夫斯事务所（Hargreaves Associates）工作的核心，例如克理斯场公园（Crissy Field），一个沿旧金山湾的线性公园。地形设计以二维表示进行研究，强调地势、纹理和编排。夹在海岸线和高地的连续等高线之间，设计的地形提供一个反向尺度和方向，通过图纸指导风、人和视线在现场的运动。

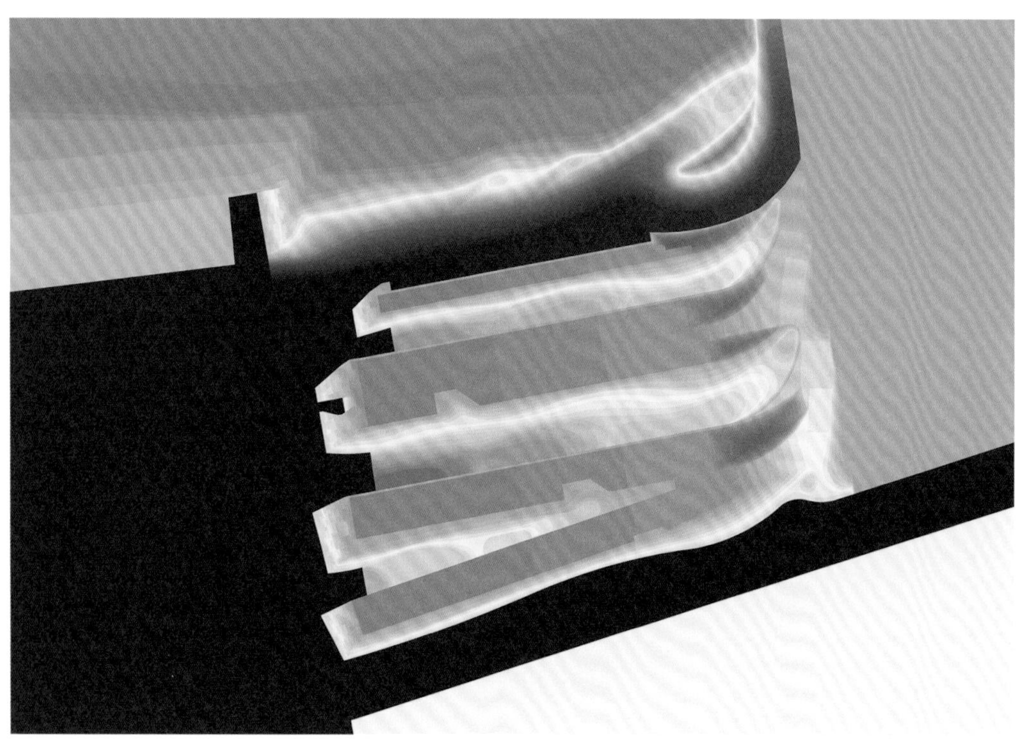

2.14

43.6481° N，79.4042° W
OLM；Girot工作室；ARUP；J. Mayer H.建筑师联合公司；ReK制作；应用生态服务，多伦多—下唐，2007年。

这种低温色调的双斜坡，创造了对多伦多延伸到唐河口的港口的城市结构土地地形的戏剧性解读。OLM以其地形驱动的设计方法而闻名，它将水的边缘破开，重新引入湖泊沼泽并扩大城市水界面。图纸进一步模糊了城市与水的边界。较低的海拔从较暗到较浅，但梯度有所重复。结果用白色突出了陆地和水之间的界面，并产生了发光边缘的效果。

2.15

40.7697° N，73.9735° W
建筑研究办公室（ARO）和dland工作室，MoMA Rising Currents：纽约滨水项目，2010年。比例：1：3000（以半尺寸显示）。

这幅图是一项适应曼哈顿海平面上升的建议，它将水深信息显示为等值线，并通过从深蓝色到深绿色的颜色梯度连接两栖盐沼。颜色和等高线都指示高程水平，表示洪水的可能性。旱地集水策略在类型上表现为每个策略分配不同的绿色值。高程变化仅由等高线表示。

通过使用等高线和色调两种技术来描述加强陆地-水界面的细微分级，将观察者集中在最易受涨潮影响的区域。

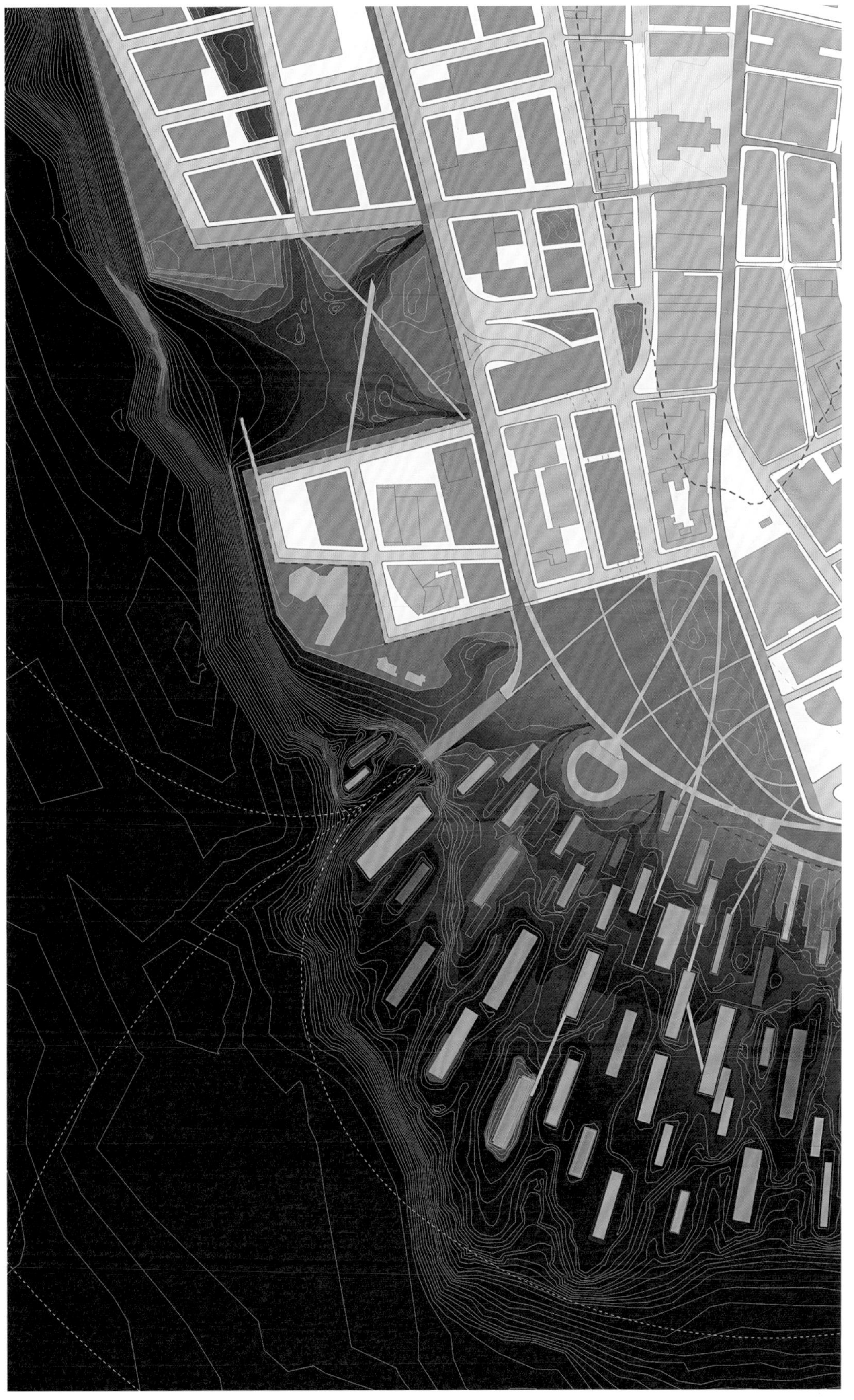

2100 CATEGORY 2
STORM SURGE AREA
2010 EXISTING
BUILDINGS
2100 PROPOSED
BUILDINGS
2010 RECREATIONAL
OPEN SPACE
2100 WATERSHED
PARK
2100 WATER BASIN
2100 LEVEL
ONE STREET
2100 LEVEL
TWO STREET
2100 LEVEL
THREE STREET
2100 SALT MARSH

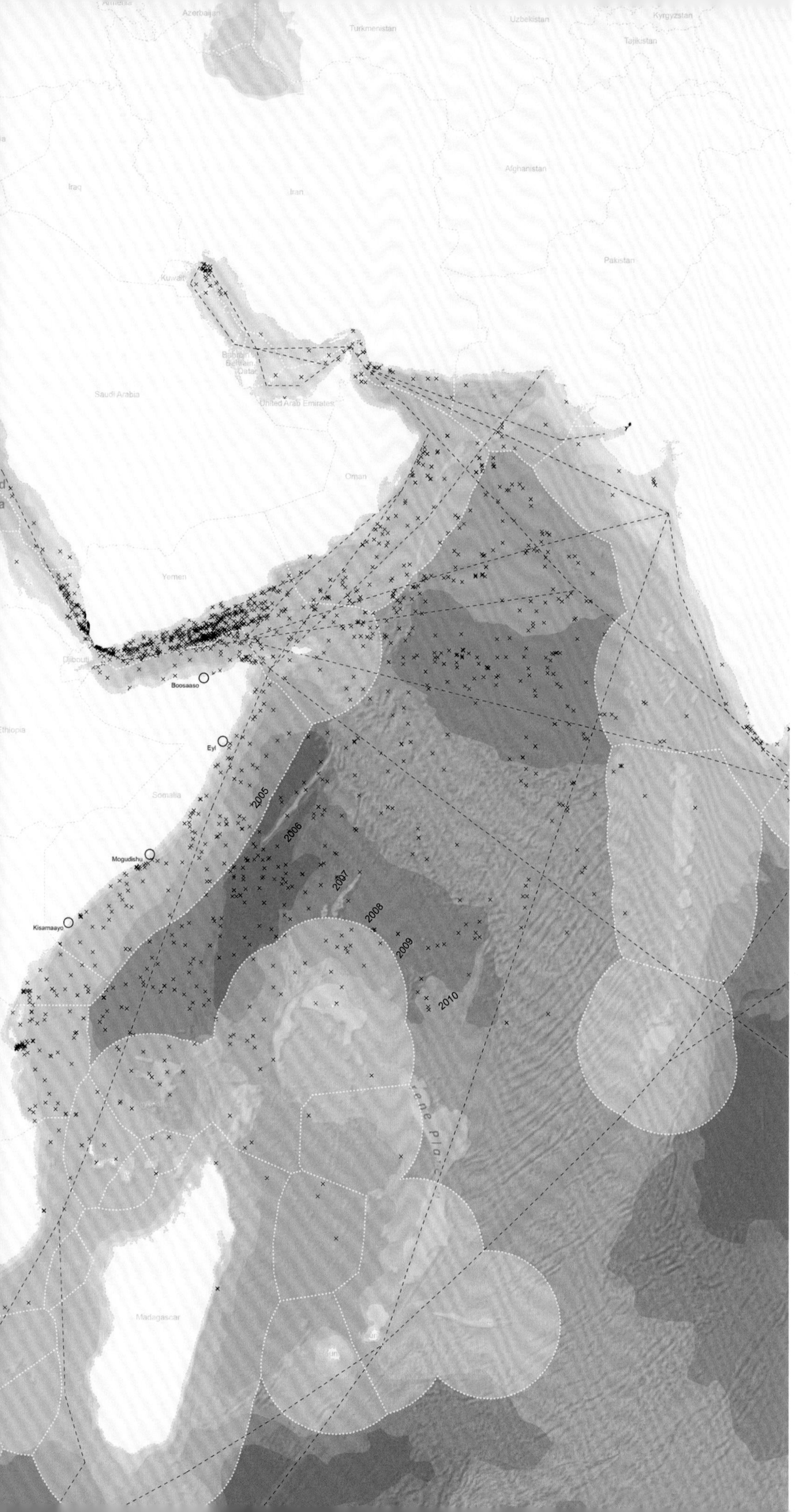

2.16

12.5458° N，48.1456° E
OPSYS / 亚历山德拉·高扎（Alexandra Gauzza），沿海海盗或海岸警卫队，2012年。

该地图显示，沿着主要航道的攻击越来越多，并将沿海海盗事件与索马里沿海海上航线并列。图纸直观地反映了3300km长的海岸线防御所涉及的复杂的社会、经济和政治环境的结果，通过对土地信息的模糊近似，以及对海岸线的透明偏移，突出了这条长长的海岸，同时引起人们对水驱动活动的关注。海洋及海底采用地貌晕渲进行丰富的渲染，以展现错综复杂的地形和测深色调，以使整体形态清晰。

2.17

52.2066° N，5.6422° E
克莱门斯·斯坦伯格（Clemens Steenbergen），约翰·范·德·茨瓦特（Johan van der Zwart），约斯特·格罗滕斯（Joost Grootens），新荷兰水防地图集（鹿特丹：nai010出版社，2009），68，132。

新荷兰水防地图集中包含的地图使用经典的制图技术—颜色，晕滃，等高线，线符号，传统的标志，以创新方式来检查135km防御工事线的复杂性包括阿姆斯特丹和乌得勒支的城市历史。第一张地图显示了圩田排水系统。第二张地图显示了在洪泛区内圩田的位置和高度，运用色调描述地形细微之处并突出在荷兰控制下的区域。

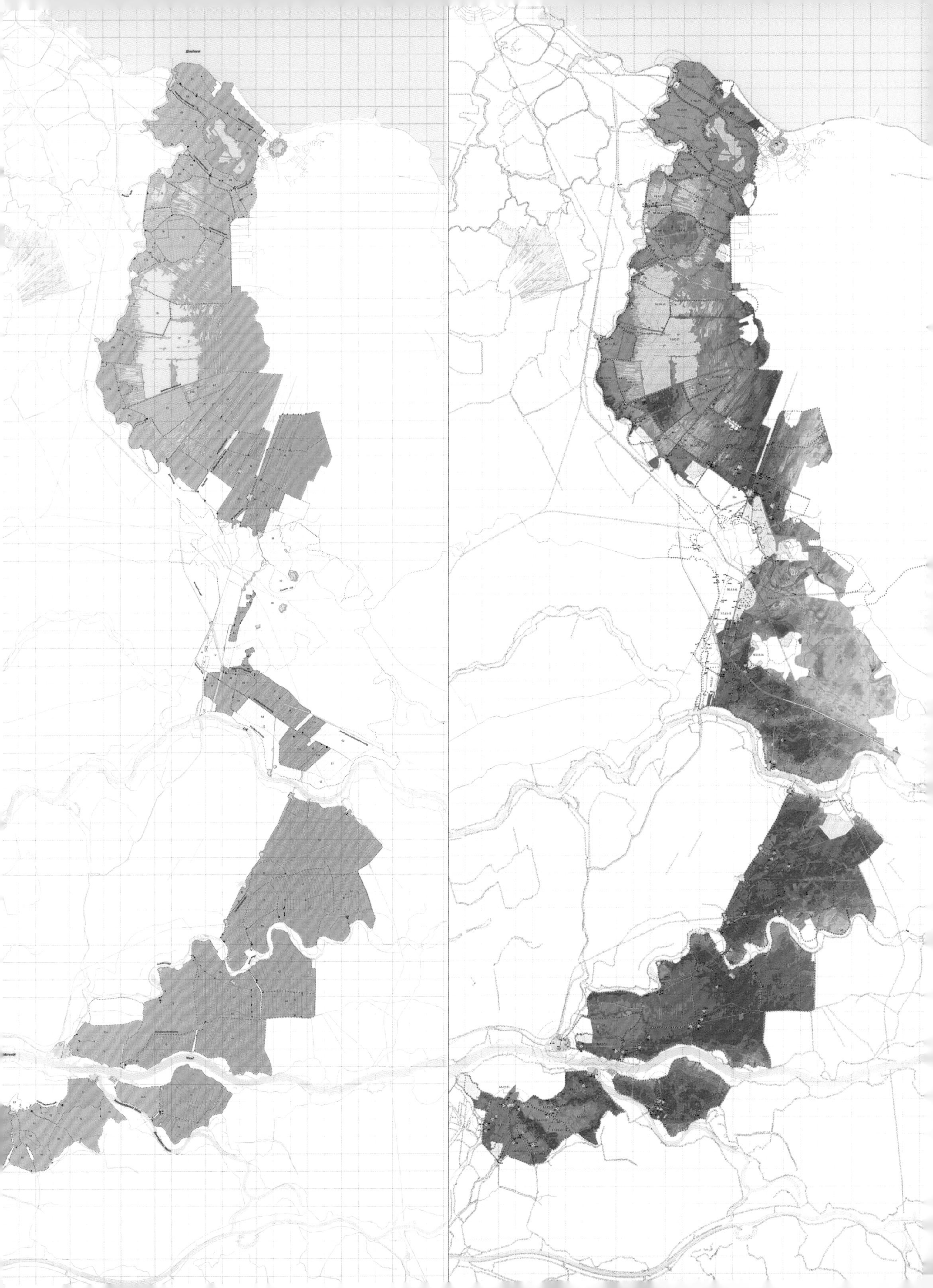

2.18

81.3500° S，163.0000° E
美国地质调查局（USGS），尼姆罗德冰川，南极洲地形勘测地图，1963年。比例：1∶250000（全尺寸显示）。

1957年USGS（美国地质调查局）开始派遣测量员每年到南极洲与海军合作建立大地测量控制系统并收集测绘质量的航空摄影。由此产生的地形勘测图具有非凡的视觉效果，结合了地形渲染技术，为偏远环境带来内在品质。等高线、阴影、色彩和颜色都用于描述地形和地面条件（冰碛、冰川、裂缝、冰架、冰山、速冰）。

2.19 （见第64页）

36.0574° N，112.1428° W
美国地质调查局（USGS），大峡谷：光明天使，1903年。比例：1∶48000（以全尺寸显示）。

弗朗索瓦·埃米尔·马特斯（François Emile Matthes）是著名的地形学家和地质学家，他在1902年至1904年间完成了对大峡谷光明天使地区的第一次真实调查。他的方法是从非常有利的位置通过交通工具拍摄多个景点，然后绘制土地的大致形状，从而产生了美丽的草图、精致的轮廓线和通过景观的新路线。从1903年开始的美国地质勘探局四角地图突出了仅有等高线的Matthes地形。绘图语言简单，可以将注意力集中在地形上。通过线条的密度表现峡谷的陡峭度，表达了这个地方的三维质量，而不需要进一步的阴影和纹理。

2.20 （见65页）

36.0574° N，112.1428° W
威廉·T·皮尔（William T. Peele），理查德·K·罗杰斯（Richard K. Rogers），布兰德福特·沃斯本（Bradford Washburn），蒂博尔·G·托特（Tibor G.Tóth），大峡谷的中心，1978。比例：1∶24000（以半尺寸显示）。

布拉德福德和芭芭拉·沃什伯恩的灵感来自于马特斯的作品，他们的灵感来自于自己对地图的探索，他们于1974年带领探险队绘制了大峡谷的地图。这项工作的重点是峡谷中心170平方英里，游客最常去的区域，以及1902–4 Matthes调查中包含的区域。测绘探险需要146天的实地考察，需要四年半的时间。这个过程包括广泛的攀登和探索、有记录的695架直升机飞行，以及最近推出的激光束探测，可在很远的距离内实现新的精度。最终的地图是国家地理经典的经典之作，无论是在基础调查还是在绘图技术上，都体现了难以置信的精确性。

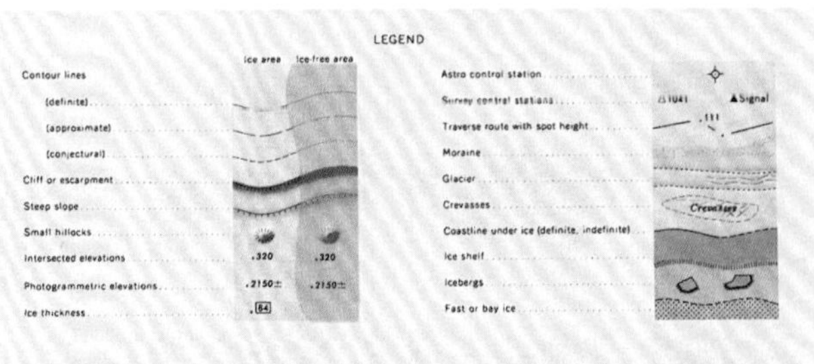

NIMROD GLACIER
PRINCE PHILIP GLACIER
HOLYOAKE RANGE
ERRANT GLACIER
COBHAM RANGE
GRAY GLACIER
Gargoyle Ridge
Cambrian Bluff
Half Dome Nunatak
Crevasses
Cooper Icefalls
Kon-Tiki Nunatak
Inaccessible Cliffs
Svaton Peaks
OTAGO GLACIER
Hamilton Glacier
Prince Edward Gl
Prince of Wales Glacier
Kohmyr Ridge
Hochstetter Ridge
Panorama Point
The Palisades
COTTON PLATEAU
MARKHAM PLATEAU
QUEEN ELIZABETH RANGE
FRIGATE RANGE
KENT GLACIER
LOWERY GLACIER
Taylor Hills
Oliver Glacier
Campbell Hills
Kieffer Knoll
Heindemann Glacier
Nottarp Glacier
Dorsey Glacier
Rowland Glacier
Trafter Glacier
Dobs Glacier
Mt Chivers
Mt Boman
Mt Damm
Mt Heiser
Koopman Pk
Mt Wyss
Mt Rotoiti
Mt Pulaski
Mt Rowed
Mt Lysaght
Mt Markham
Mt Hofmann
Mt Sandved
Mt Dougherty
Mt Cara
Mt Tedrow
Mt Predoehl
Haven Hill
DeBreuck Glacier
Sherwin Pk
Silver Ridge
Russell Bluff
Adams Bluff
Hunt Mtn
Peters Pk
Melrose Pk
Ricker Dome
Smith Bluff
Babis Spur
Bail Spur
Crevasses

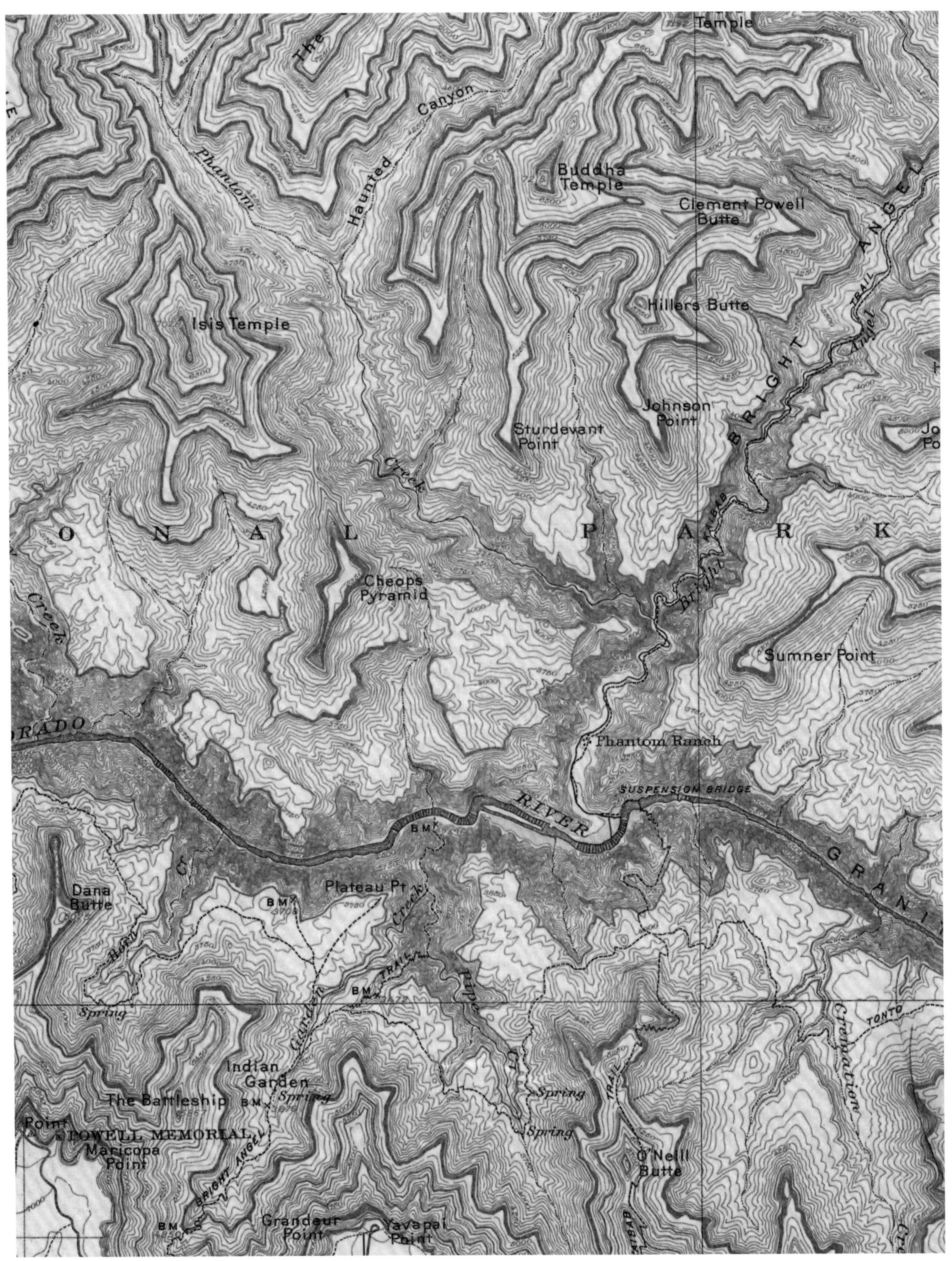

Temple
The
Canyon
Haunted
Phantom
Buddha Temple
Clement Powell Butte
Hillers Butte
Isis Temple
BRIGHT ANGEL
TRAIL
Angel
Johnson Point
Sturdevant Point
Creek
O N A L
P A R K
Cheops Pyramid
Bright
KAIBAB
Sumner Point
Phantom Ranch
SUSPENSION BRIDGE
RIVER
Dana Butte
Plateau Pt
Creek
Horn
Spring
Garden
TRAIL
Pipe
Indian Garden
Spring
The Battleship
POWELL MEMORIAL
Maricopa Point
BRIGHT ANGEL
TRAIL
Spring
Spring
O'Neill Butte
TONTO
Cremation
Grandeur Point
Yavapai Point

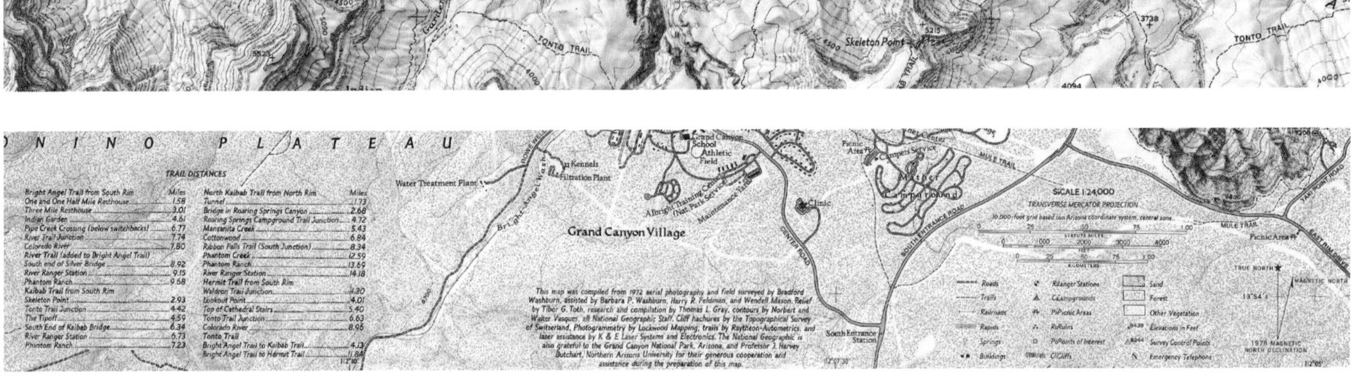

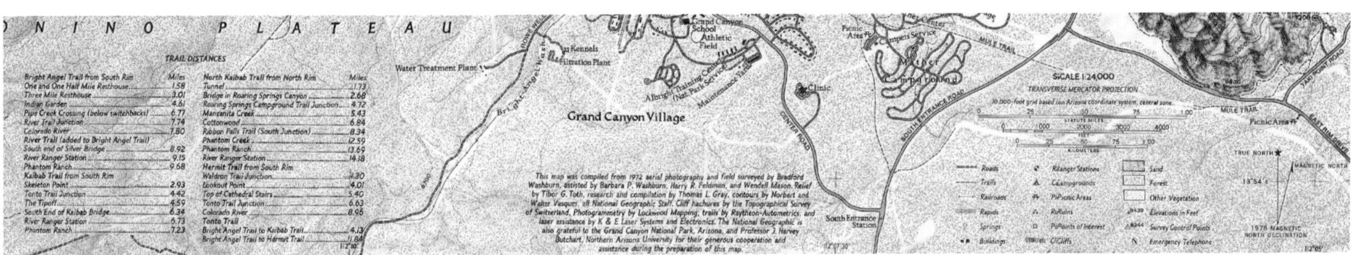

第3章

晕滃线 / 填充线

线，通常很短，遵循最大坡度的方向，用一系列线的排列来表示阴影、浮雕和纹理。

晕滃线（hachure）是一种垂直填充在等高线空间之间的线条，在制图中用来表示斜率和阴影。作为一个可复制的色调阴影，该系统是简单而有效的。尽管目前印刷技术取得了进步，但这种技术仍然未完全消失。通过实验，这种经过验证的真实技术仍然是描绘地形和阴影的一种手段。

在设计文化中，晕滃线等同于填充线，两者都来源于版画。填充线最初是用于表达阴影的一系列间隔紧密的平行线，现已在建筑绘图实践中演变成由点，线和形状组成的图案样本（图3.1）。填充线不用于描述阴影或地形起伏，而是用来描述纹理和材质。随着时间的推移，特定的标记代表了特定的建筑材料，例如，用于混凝土的点画和小三角形等。由此产生了设计师和建筑商之间共享的一种清晰语言。作为一种绘图技术，填充线和晕滃线是十分相似的；但作为一种部署在规划和剖面中的概念，填充线的制图应用是在土地分类技术中被发现的（见第5章）。

在制图中，早期毛毛虫般的晕滃线形式来源于绘图传统中对山峰和山脉海拔的表现（见第4章）。这些形状是凭直觉地绘制的，并不遵循精确的规则。此外，这些早期的晕滃线不仅对表达形式进行了概括，它们也见证了当测量和绘图技术发展并能更好地反映关键物理特征的地理位置时，地形表示向大尺度和更精确的方向发展。

随着时间的推移，晕滃线直接从等高线中衍生出来，遵循清晰的规则，变得不那么主观和戏剧化。继而出现了两个非常简单但功能强大的系统：坡度表示系统（slope hachuring）和阴影表示系统（shadow hachuring）。撒克逊军事制图师约翰·乔治·莱曼（Johann Georg Lehmann）是坡度表示系统的创始人，根据伊姆霍夫（Imhof）的说法，这个系统成功地解决了晕滃线表达中混乱的局面。[1]等高线构成了他的系统的基础，沿着最陡的斜坡方向绘制，由严格垂直于等高线的均匀线条组成。倾斜角决定了线条的粗细或黑白关系。角度越陡，呈现的黑色百分比越大，画幅的颜色也就越深，因此在阴影晕滃线中，被照亮的一侧有细线，阴影的一侧有粗线。这种表现方法使山区的形态像织物中的涟漪一样滚动。虽然用晕滃线表达的地形十分直观，但地图集中的图标随着晕滃线将倾斜角度转换为晕滃间距。用此方法得到的地图显示了简单的线条系统如何能够产生丰富的地面描绘效果。

晕滃线的表现是实验性的开创，但也有其限制因素。在表现中，颜色很少被使用，而当使用时，通常选择中性的棕色调用于所有晕滃线。在更罕见的情况下，会使用各种颜色来表示不同的海拔高度或地面条件。因此，该方法适用于使用线来进行物体描绘的方式中，而非线本身的图形变化。例如，原位横截面（见第8章），被认为是一种不遵循最陡坡度方向的晕滃形式，通过使用在地形中切割紧密连接的截面切片来表示地形。其结果描述了具有一系列紧密间隔的剖面在平面上的地理位置。随着数字三维建模在设计中产生的二维线形工作量的增加，通过非传统等高线和晕滃加工的方式来表示地形已成为一种趋势。

然而，从制图学的角度来看，晕滃技法仍然有其局限性。由于线是垂直于等高线绘制的，为了便于阅读，需要对地形几何形状进行概括。等高线半径必须平滑，以显示岩石和粗糙地形，从而避免重复。在此基础上，等高线，即晕滃线的轮廓骨架，才能更加精确地表达地形。通过柔和色调和阴影晕滃线提供了更平滑的形状和阴影，在等高线之间产生了均匀的色调。尽管存在诸多限制，这些限制却恰恰表明了晕滃线强大的功能以及通过约束实现复杂性表达的能力。如以下示例所证明的，晕滃手法的美存在于单个元素的简单变化和重复。这种表现不会掩盖它所描绘的景观，而是以一种敏锐的方式展现它。迄今为止，经过几个世纪的精致雕琢和和谐抽象过程，晕滃的制图技术成为一种比建筑填充线更复杂的代表性工具，它的图案虽粗糙但又往往十分逼真。本章通过与晕滃线及其丰富的历史对比来展示填充线在设计图中的重要性。

注释:

[1] 爱德华·伊姆霍夫（Eduard Imhof），《制图救济演示》（Cartographic Relief Presentation）（Redlands, CA: Esri, 2007），111.

3.1

吉尔·德西米妮，影线类型学，
2014年。

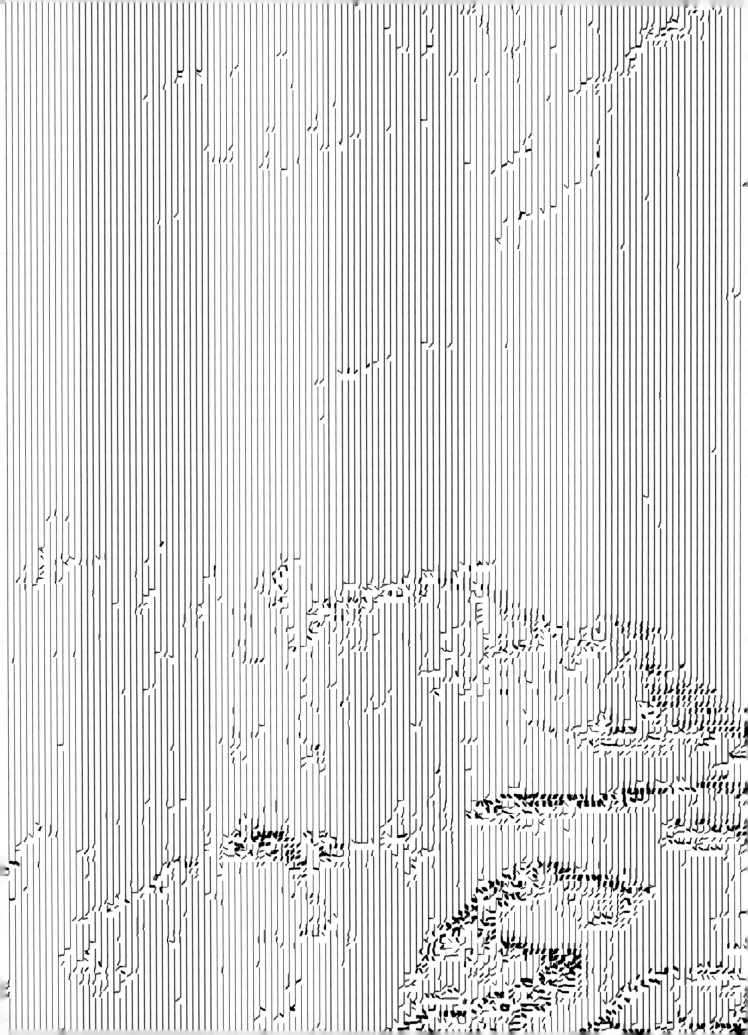

3.2（见70~71页）

47.1167° N，9.2000° E
罗伯特·杰拉德·皮特鲁斯科，动画片，2012年。

3.3

46.2000° N，122.1892° W
帕特里克·肯纳利（Patrick Kennelly），圣海伦斯火山，2011年。比例：约1：15000（以全尺寸显示）。最初发表于“交叉阴影线图”（Cross-Hatched Shadow Line Maps）地图杂志49期（The Cartographic Journal，49），2号刊（2012年5月）：135-142。

美国地理学家帕特里克·肯纳利的交叉影线阴影线图并不代表具有传统特征的晕渲；相反，它们只通过参数变化的交叉标记显示地形投射的阴影。他的地图使用多种地形绘制技术混合而成，照明角度决定了线条的长度和粗细（较高的角度会产生较粗和较长的线条）。交叉影线是晕渲线和填充线的后代，是在认识到通过不连续线表示地形连续性的固有困难后产生的。

Caschlon
St Antoni
Mompertavetsch
Cavardiras
Uraun M
Sunwixer Thal
St Antoni
Gafria M
Salina
Medels
THAL
Platta
Valezthal
Nubsus M
Buzasch
Medels Th.
Rhin du Milieu
Rocco
Kristallina Th.
La Greina
Wederto
St Gallo
Lukmanier M.
Dach M
Porta Alp
Serpie M
Largario
Pescata
Campo
Aradra Th
Sust M
Broch
Girone
Olivona
Buno
Daverne
Castro
Donchio
Leontica
Dore
Vogelberg
8820
Osco
Ternoglio
Calpiogna
Campel
Brugiasco
Ponte
Rossura
Grumo
Maralta
Chigiogna
Lotigna
Aquila
Calonico
Gribio

3.4（见73页）

46.5592° N，8.5614° E
约翰·海因里希·韦斯（Johann Heinrich Weiss），瑞士阿特拉斯，圣哥达山和格劳宾登州的一部分地图，1786—1802年。比例：1：120000（以全尺寸显示）。

地图是团体协作努力的结果。瑞士地图集（Atlas Suisse）是富裕的实业家约翰. 鲁道夫（Johann Rudolf）的愿景，他在看到弗朗茨（Pfyffer）的浮雕模型（图3.6）之后受到启发，通过建模和绘图来进一步描述阿尔卑斯山。最终的地图是由约翰·海因里希·韦斯（Johann Heinrich Weiss）创作，他是用由约阿希姆·尤金·穆勒（Joachim Eugen Müller）建造的地形模型作为其他地形渲染的基础。这个三角预测量图谱依靠建模来描绘山体形态并指导它们的表现形式。通过水平描绘，倾斜照明和晕滃来表现地形。与后来更系统的例子不同，此案例中的填充线是随机的。它们并不总是垂直于等高线绘制；它们在某些情况下交叉，并且它们的渐变不均匀。

3.5

46.5592° N，8.5614° E
吉勒姆—亨利·杜福尔（Guillaume-Henri Dufour），瑞士地形图，1833—1863年。

瑞士地形图（Topographische Karte der Schweiz），通常被称为杜福尔地图（Dufourkarte），是阴影晕滃技术的典型例子。作为联邦地形局的主任，在1832年至1864年间，吉勒姆—亨利·杜福尔指导创建了第一个由瑞士国家赞助制作的地形图。

从众多三角测量中得出的瑞士地形图是一份25页的统一作品，可以对整个国家地形进行全面的可视化，为后续的瑞士测绘工作奠定了基础。瑞士地形图的早期草稿包括等高线、颜色和绘图细节，达到1：50000的比例规模，但出版的版本是流线型和单色的，只使用晕滃线突出了瑞士的地形。

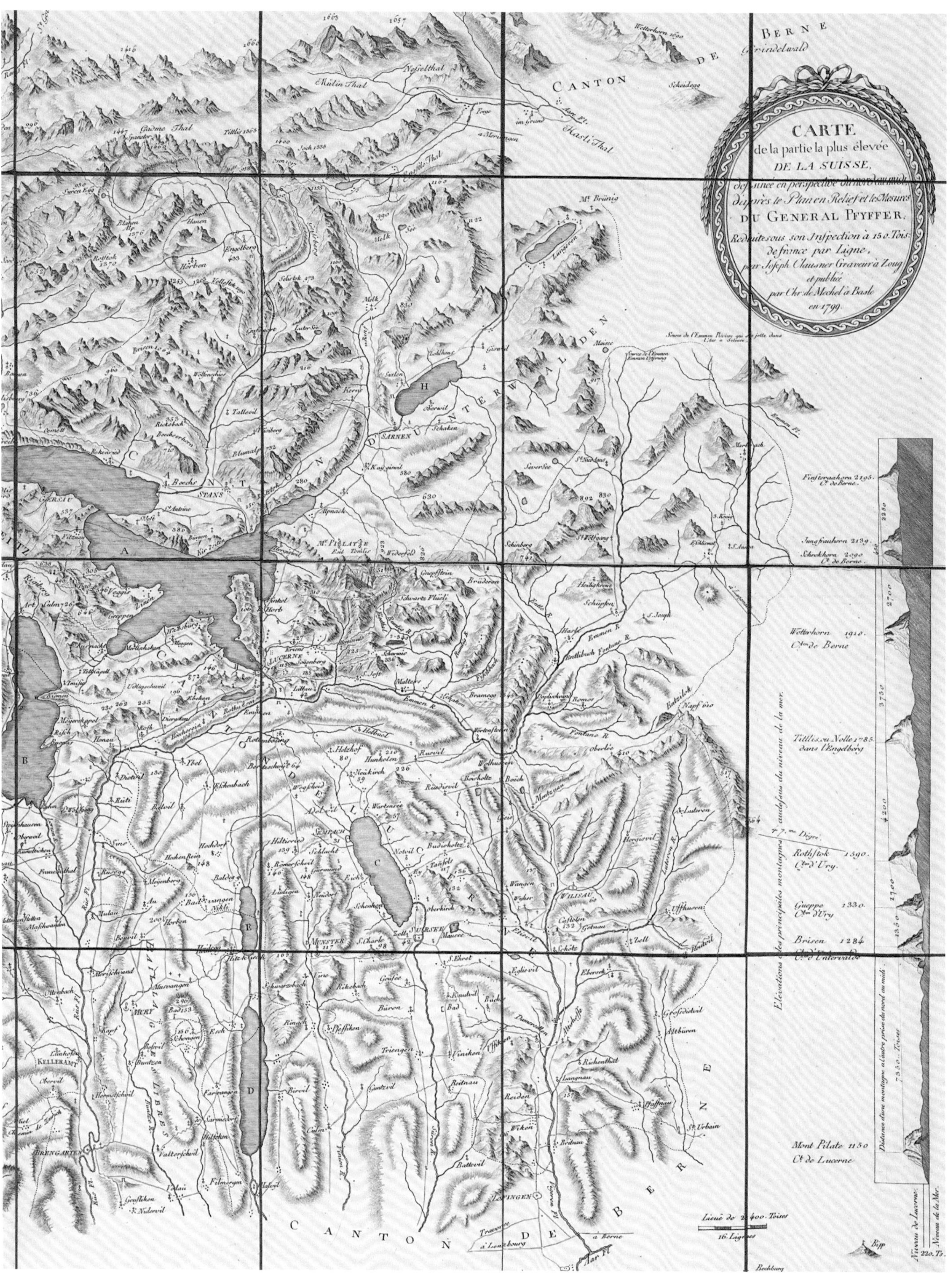
CARTE
de la partie la plus élevée
DE LA SUISSE,
dessinée en perspective du nord au midi,
d'après le Plan en Relief et les Mesures
DU GENERAL PFYFFER,
Reduite sous son Inspection à 150. Tois:
de france par Ligne,
par Joseph Clausner Graveur à Zoug
et publié
par Chr: de Mechel à Basle
en 1799.
CANTON DE BERNE
Grindelwald
CANTON DE BERNE
LUCERNE
STANS
SARNEN
UNTERWALDEN
Wetterhorn 1910.
Ct.n de Berne
Rothstok 1590.
Ct.n d'Ury.
Gueppe 1330.
Ct.n d'Ury
Brisen 1284
Mont Pilate 1150
Ct. de Lucerne
Lieuë de 2400. Toises
16. Lignes

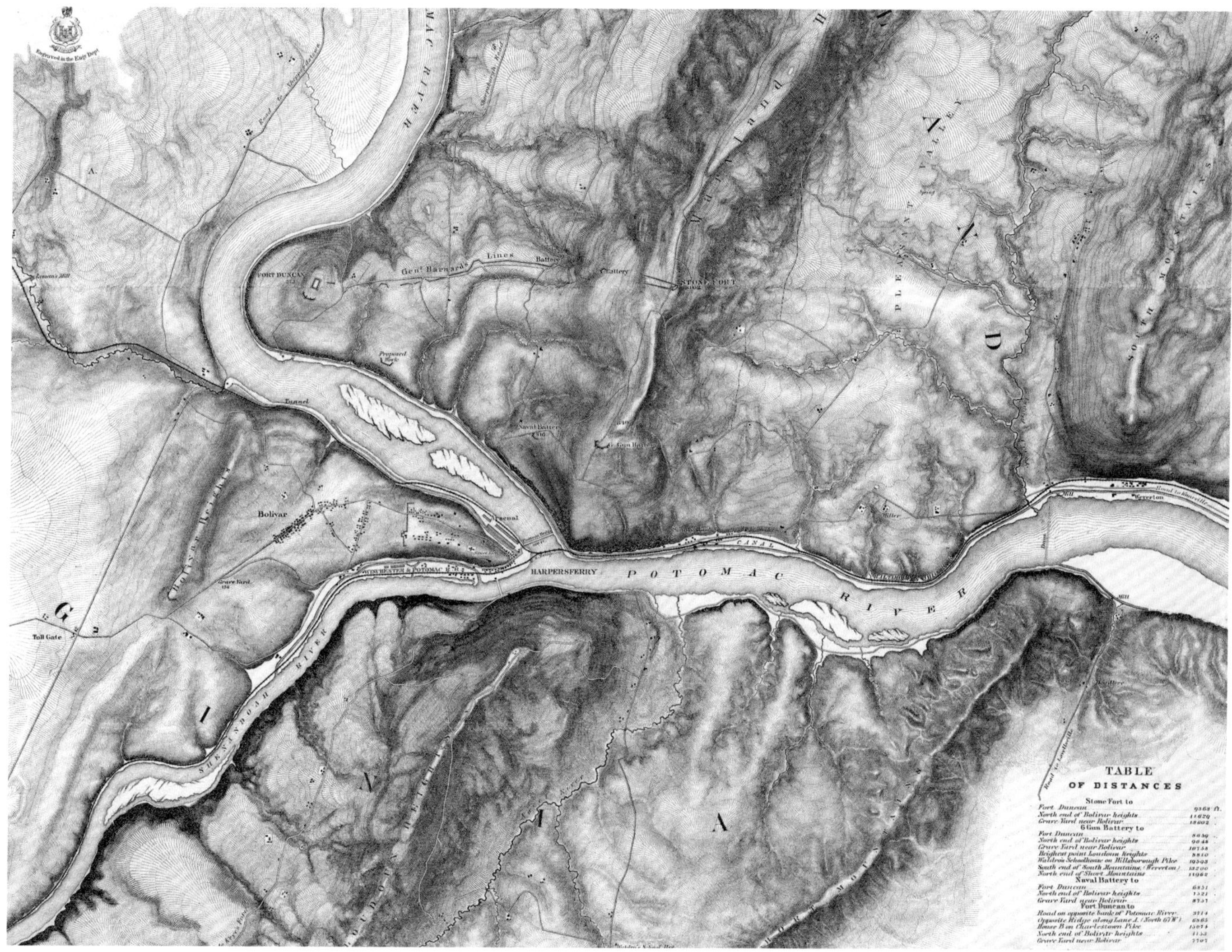

3.6

46.8637° N，8.1028° E
约瑟夫·克劳斯纳（Joseph Clausner），瑞士最高地区地图，1799年。比例：约1：150000（以半尺寸显示）。

这张阿尔卑斯山高海拔核心区的地图是将景观模型转化为平面图的早期范例。该模型由弗朗茨·路德维希（Franz Ludwig）建造，体量非常大，尺寸近13乘22英尺，比例尺为1：11500。由约瑟夫·克劳斯纳（Joseph Clausner）绘制的这幅地图，更多地使用了绘画方法来表现地形的不规则性，并用类似毛虫状晕滃来描绘地形起伏区域。额外绘制的表格补充了当地的海拔高度，使得该图纸成为早期使用这种绘图技术和测量方法的证据。

3.7

39.3253° N，77.7392° W
约翰·E·韦斯（John E. Weyss），军事地图显示1863年弗吉尼亚州哈珀渡（Harper's Ferry）附近国家的地形特征。比例：1：15840（显示为一半大小）。

弗吉尼亚州哈珀渡轮的韦斯地图有着典型的坡度晕滃线。由等高线推导而来的晕滃线遵循着标准的晕滃规则：它们沿最陡的坡度方向绘制，形成垂直于等高线的行，且在行内间距一致。较粗的线表示较陡的斜坡，整个地图的绘图密度均匀。短单色线系统有效地指示了连续地形的坡度和形态。河流也被赋予纹理，提高了画面的整体流动性和蜿蜒地形在视觉上的吸引力。

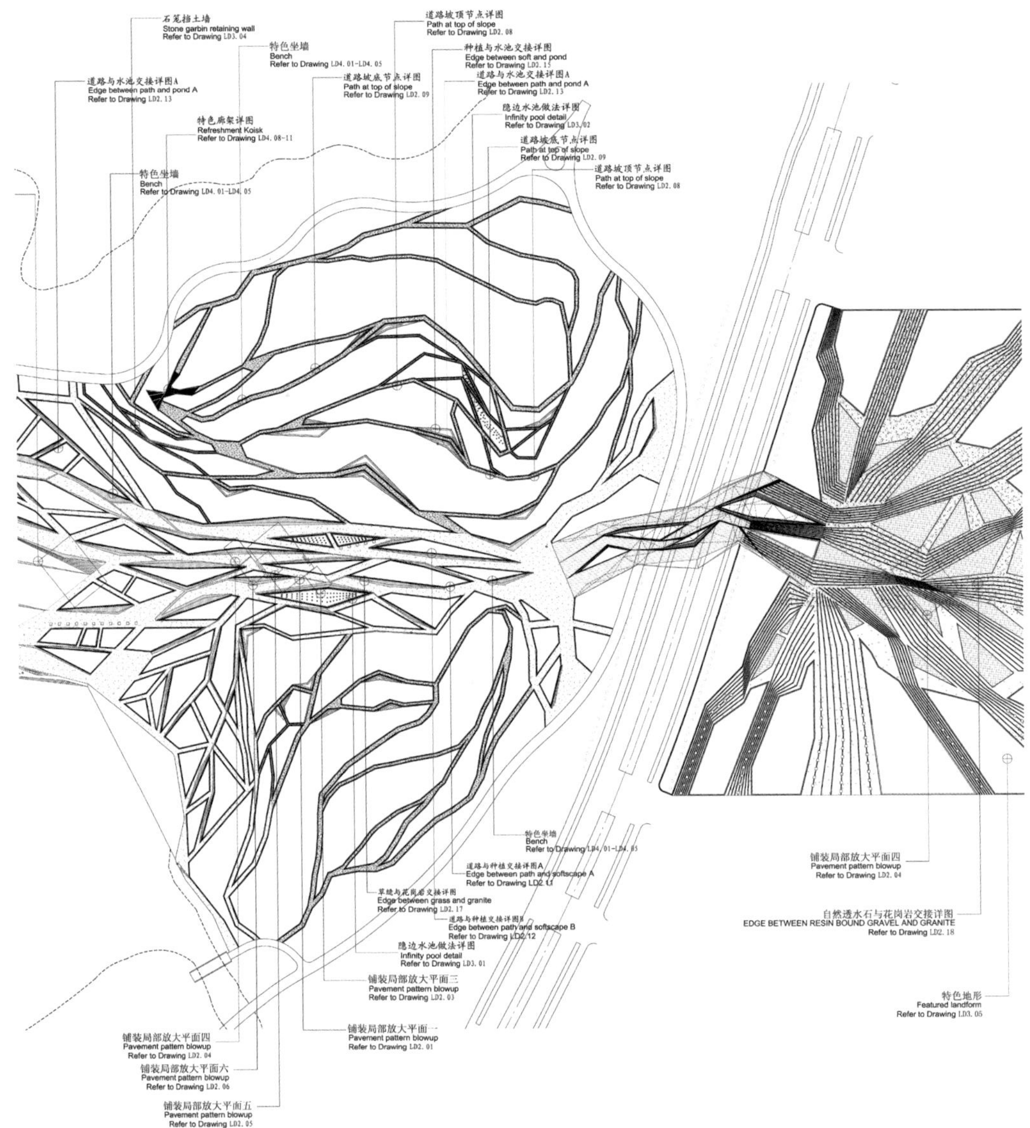

3.8

34.2683° N，108.9419° E
Plasma工作室和Groundlab工作室，流动的花园—西安国际园艺博览会总体规划，2011年。

“流动的花园”是园艺博览会的校园竞赛获奖作品，该作品强调动感。场地平面图通过强调动态空间，将内部走廊与场地的其余部分区分开来，从而引起人们对流线的关注。为了迎合场地条件约束，设计的地形线条会进行收缩和扩展，从而为绘图提供整体动力。建筑形式和景观通过综合体的表现、设计和执行融合在一起。

3.9

34.2683° N，108.9419° E
Plasma工作室和Groundlab工作室，地面种植规划，2011年。比例：1：300（以半尺寸显示）。

这里的填充线表现的是在展览花园里种植的郁金香和风信子品种。填充线常作为设计师和建造者之间对于材料使用意图的一种沟通手段。虽然建筑材料通常具有标准图例，但种植类填充线是多种多样的。在此示例中，有大量纹理和对填充边界的响应。有些图案是独立的，而另一些图案则随着外轮廓变化而改变方向，给图画带来一种近似地形的感觉。

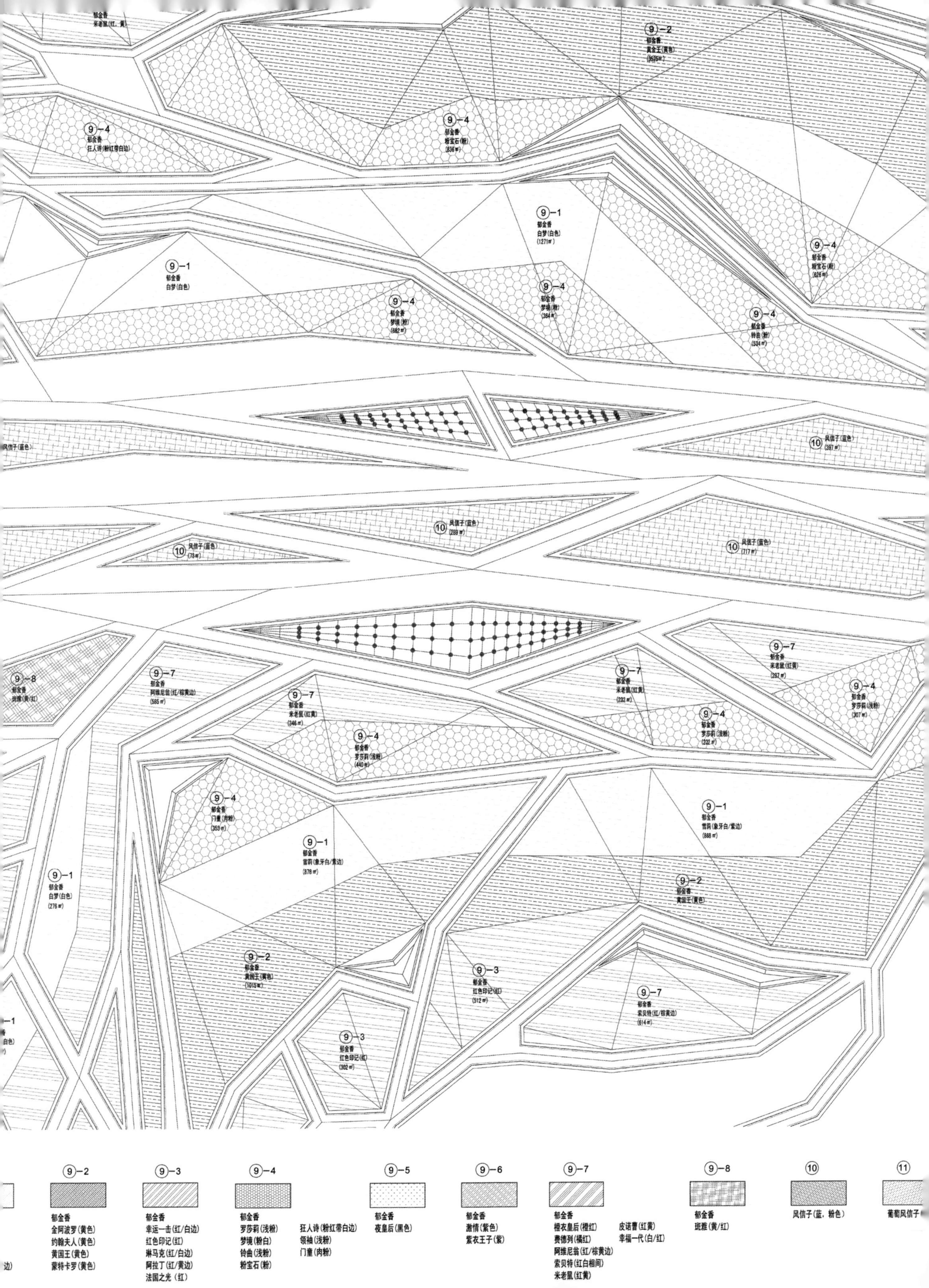

郁金香
米老鼠(红，黄)
⑨—2
郁金香
黄金王(黄色)
(3525㎡)
⑨—4
郁金香
狂人诗(粉红带白边)
⑨—4
郁金香
粉宝石(粉)
(836㎡)
⑨—1
郁金香
白梦(白色)
(1271㎡)
⑨—1
郁金香
白梦(白色)
⑨—4
郁金香
梦境(粉)
(682㎡)
⑨—4
郁金香
梦境(粉)
(384㎡)
⑨—4
郁金香
粉宝石(粉)
(626㎡)
⑨—4
郁金香
铃曲(粉)
(534㎡)
风信子(蓝色)
⑩ 风信子(蓝色)
(397㎡)
⑩ 风信子(蓝色)
(289㎡)
⑩ 风信子(蓝色)
(78㎡)
⑩ 风信子(蓝色)
(717㎡)
⑨—8
郁金香
斑雅(黄/红)
⑨—7
郁金香
阿维尼翁(红/棕黄边)
(585㎡)
⑨—7
郁金香
米老鼠(红黄)
(346㎡)
⑨—7
郁金香
米老鼠(红黄)
(232㎡)
⑨—7
郁金香
米老鼠(红黄)
(287㎡)
⑨—4
郁金香
罗莎莉(浅粉)
(307㎡)
⑨—4
郁金香
罗莎莉(浅粉)
(232㎡)
⑨—4
郁金香
罗莎莉(浅粉)
(440㎡)
⑨—4
郁金香
门童(肉粉)
(359㎡)
⑨—1
郁金香
雪莉(象牙白/紫边)
(868㎡)
⑨—1
郁金香
雪莉(象牙白/紫边)
(878㎡)
⑨—1
郁金香
白梦(白色)
(276㎡)
⑨—2
郁金香
黄国王(黄色)
⑨—2
郁金香
黄国王(黄色)
(1015㎡)
⑨—3
郁金香
红色印记(红)
(512㎡)
⑨—7
郁金香
索贝特(红/棕黄边)
(614㎡)
⑨—3
郁金香
红色印记(红)
(302㎡)
⑨—2
郁金香
金阿波罗(黄色)
约翰夫人(黄色)
黄国王(黄色)
蒙特卡罗(黄色)
⑨—3
郁金香
幸运一击(红/白边)
红色印记(红)
琳马克(红/白边)
阿拉丁(红/黄边)
法国之光(红)
⑨—4
郁金香
罗莎莉(浅粉)
梦境(粉白)
铃曲(浅粉)
粉宝石(粉)
狂人诗(粉红带白边)
领袖(浅粉)
门童(肉粉)
⑨—5
郁金香
夜皇后(黑色)
⑨—6
郁金香
激情(紫色)
紫衣王子(紫)
⑨—7
郁金香
橙衣皇后(橙红)
费德列(橘红)
阿维尼翁(红/棕黄边)
索贝特(红白相间)
米老鼠(红黄)
皮诺曹(红黄)
幸福一代(白/红)
⑨—8
郁金香
斑雅(黄/红)
⑩
风信子(蓝，粉色)
⑪
葡萄风信子

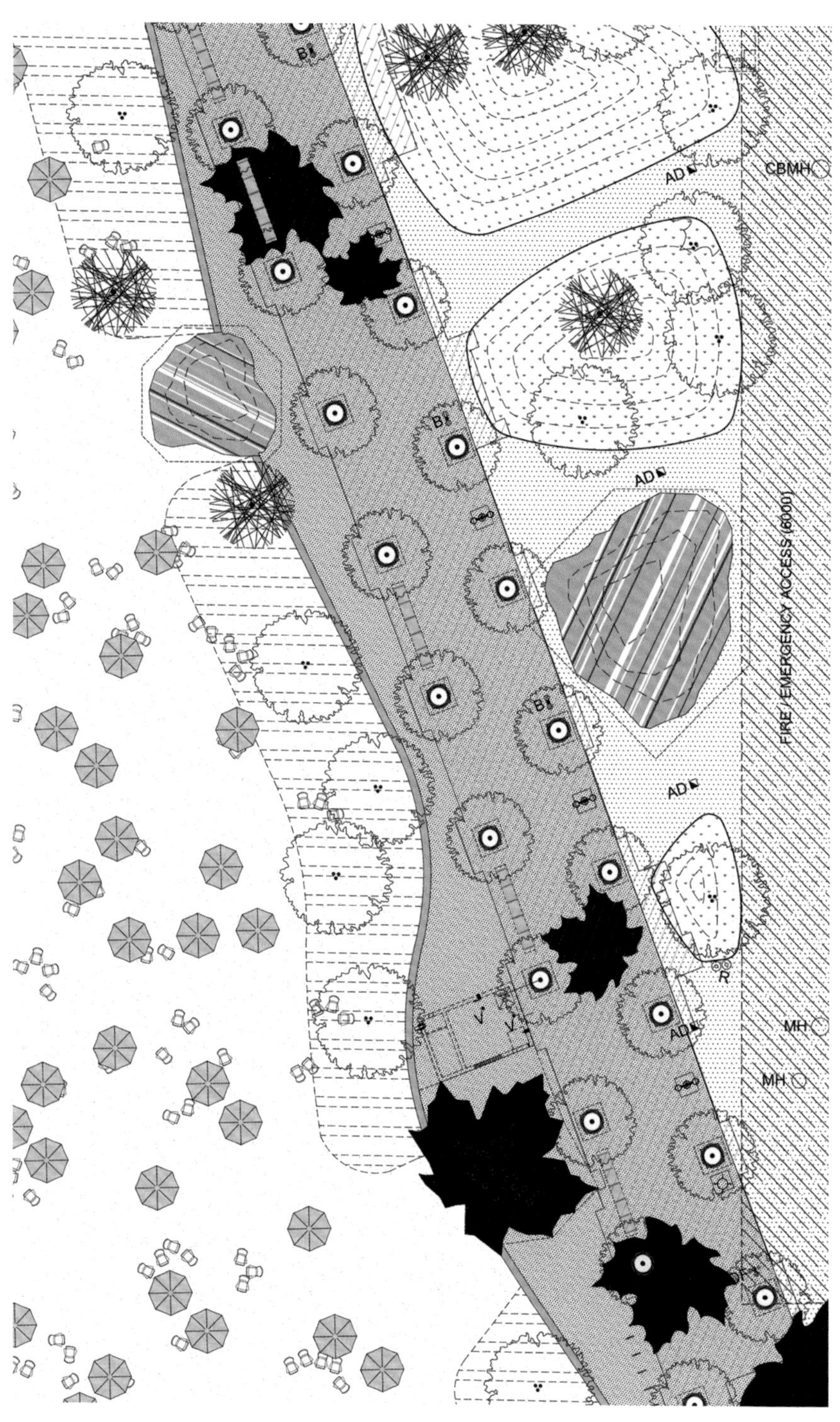

LEGEND

	LIMIT OF WORK
	PROPERTY LINE
	OUTLINE OF TEDCO-CORUS BASEMENT
	TEMPORARY CONSTRUCTION STAGING FENCE
	OUTLINE OF DOCKWALL BELOW WITH APPROXIMATE LOCATIONS OF DOCKWALL JOINTS
	OUTLINE OF CONCRETE PAD FOOTINGS
	PREFABRICATED CONCRETE COPING AT BEACH EDGE WITH TOERAIL
	BEACH - PROMENADE CURB (POURED-IN-PLACE CONCRETE, EXPOSED SURFACES SANDBLASTED)
	TYPE 'A' GRANITE PAVER ±90X90X80 (5-10mm JOINT)
	TYPE 'B' GRANITE PAVER ±90X90X80 (5-10mm JOINT)
	TYPE 'C' GRANITE PAVER ±90X90X80 (5-10mm JOINT)
	TYPE 'D' GRANITE PAVER ±90X90X80 (5-10mm JOINT)
	CONCRETE PAVING
	BEACH SAND
	SOD
	BEDROCK GRANITE OUTCROP WITH DURATHERM MOTIF
	STRUCTURAL TREE CELL SYSTEM
	SOIL SYSTEM FOR TREES IN BEACH
	EXTENT OF SUB-BASE FOR HEAVY DUTY VEHICULES
	TRANSITION SLAB, WIDTH 1000mm
	TEDCO-CORUS GRANITE PAVING (OUTSIDE CONTRACT)
	TEDCO-CORUS STAGE CANOPY (OUTSIDE CONTRACT)
	GRANITE FOUNTAIN PAD WITH 27 NICHED NOZZLE GROUND JETS, BY CRYSTAL FOUNTAINS
LIFE	LIFE SAVING STAND + METAL LADDER, Q=3
M	EXISTING MOORING BOLLARD TO BE RETAINED, SANDBLASTED, AND REPAINTED)
MT	EXISTING MOORING BOLLARD TO BE REMOVED ONLY AT TIME OF BOARDWALK CONSTRUCTION
TB	TWIN MOORING BOLLARDS (EXISTING), TO BE RETAINED UNTIL USE OF SOUTH DOCK WALL IS NO LONGER REQUIRED BY REDPATH FOR ITS OPERATIONS
	TEMPORARY EDGE RESTRAINT
B	BOLLARD - PERMANENT, Q=4
B*	BOLLARD - REMOVABLE, Q=8
B	BOLLARD ELECTRICAL OUTLETS, Q=4
DF	PEDESTAL DRINKING FOUNTAIN, WITH ADA ARM, PET FOUNTAIN, + CONCEALED HOSE BIB, STAINLESS STEEL, BY *MOST DEPENDABLE*, Q=1
JF	JUG FILLER + CONCEALED HOSE BIB, STAINLESS STEEL, Q=1
R	LITTER + RECYCLE BINS, *VICTOR STANLEY* MODEL NSDC-36, STEELSITES SERIES, Q (LITTER) = 3, Q (RECYCLING) = 3
	BIKE SUPPORT, TORONTO STANDARD, SPACING 1.5m, Q=20
	HYDRANT
AD	AREA DRAIN (SEE SITE SERVICING)
MH	MANHOLE (SEE SITE SERVICING)
CB	CATCH BASIN (SEE SITE SERVICING)
CBMH	CATCH BASIN MANHOLE (SEE SITE SERVICING)
EP	ELECTRICAL PANEL (CLAD WITH POLISHED STAINLESS STEEL)
TR	ELECTRICAL TRANSFORMER (SEE ELECTRICAL)
√	MECHANICAL VAULT VENTILATION SHAFT, Q=2
	9m HIGH PROMENADE LIGHT MAST
	AIR INTAKE AT TEDCO / CORUS BLDG - BENCH (OUTSIDE CONTRACT)
	PROMENADE BENCH - BACKLESS, Q=7
	URBAN BEACH UMBRELLA, FIBRE GLASS PARASOL, PINK GEL COAT, STAINLESS STEEL POLE, Q=36
	BEACH CHAIR, 3-SLAT MODIFIED ADIRONDACK CHAIR, ¾" GAUGE, WHITE RECYCLED PLASTIC, BY *LOLL DESIGNS* (WITH HOLE IN EACH REAR LEG FOR THEFT-PROOFING) Q=150
	DECIDUOUS TREE
	CONIFEROUS TREE
	TREE RING WITH CIRCULAR STEEL EDGE AND GRANITE PAVERS
	LEAF PAVING MOTIF
	UNDERGROUND VAULT - WATER CONNECTION (SEE SS1) - FOUNTAIN PUMP ROOM
	TREE OUTSIDE CONTRACT

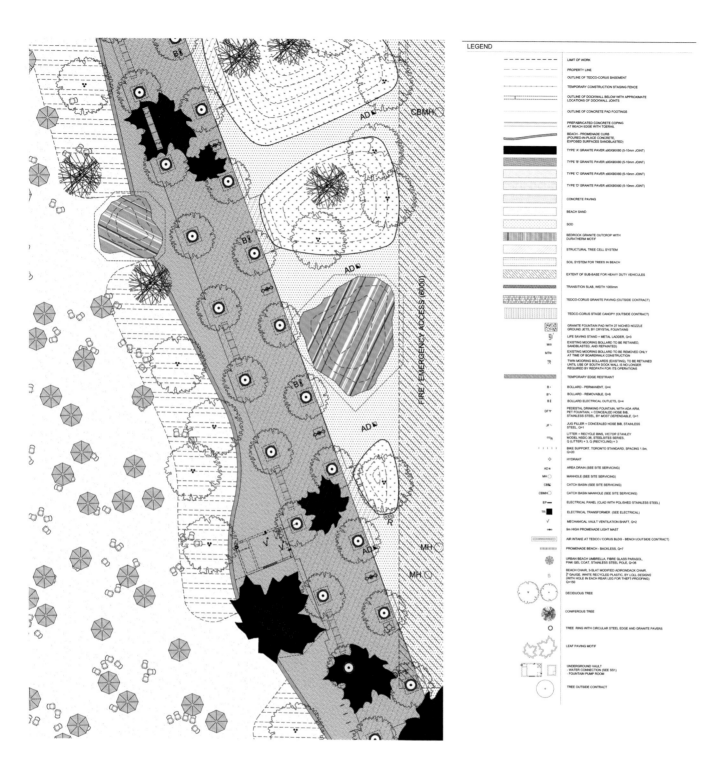

3.10

43.6434° N，79.3676° W
《糖果海滩》，克劳德·科米尔出版社，2008年第10期。

图例的绝对长度表明糖果海滩设计中材料的丰富性。克劳德·科米尔及其合伙人（Claude Cormier + Associés），以其大胆的、图形化景观而闻名，红白条纹的裸露基岩，叶子铺设的图案主题，粉红色的沙滩伞，糖果海滩的建设平面突出了这些元素。

3.11

6.2359° N，75.5751° W
LCLA办公室，战术群岛，基辅，2012年。

晕滃线与实心填充在土地与水，植被和开阔地面之间形成了鲜明的对比。种植在海拔上呈现出密度的变化。在这个景观设计中，规划的单元系统被部署成微型岛屿的形态，并作为场地内的景观主体。通过聚集和重复，小型建筑占据了陆—水界面，为场地边缘增加了复杂性和图案性的景观。

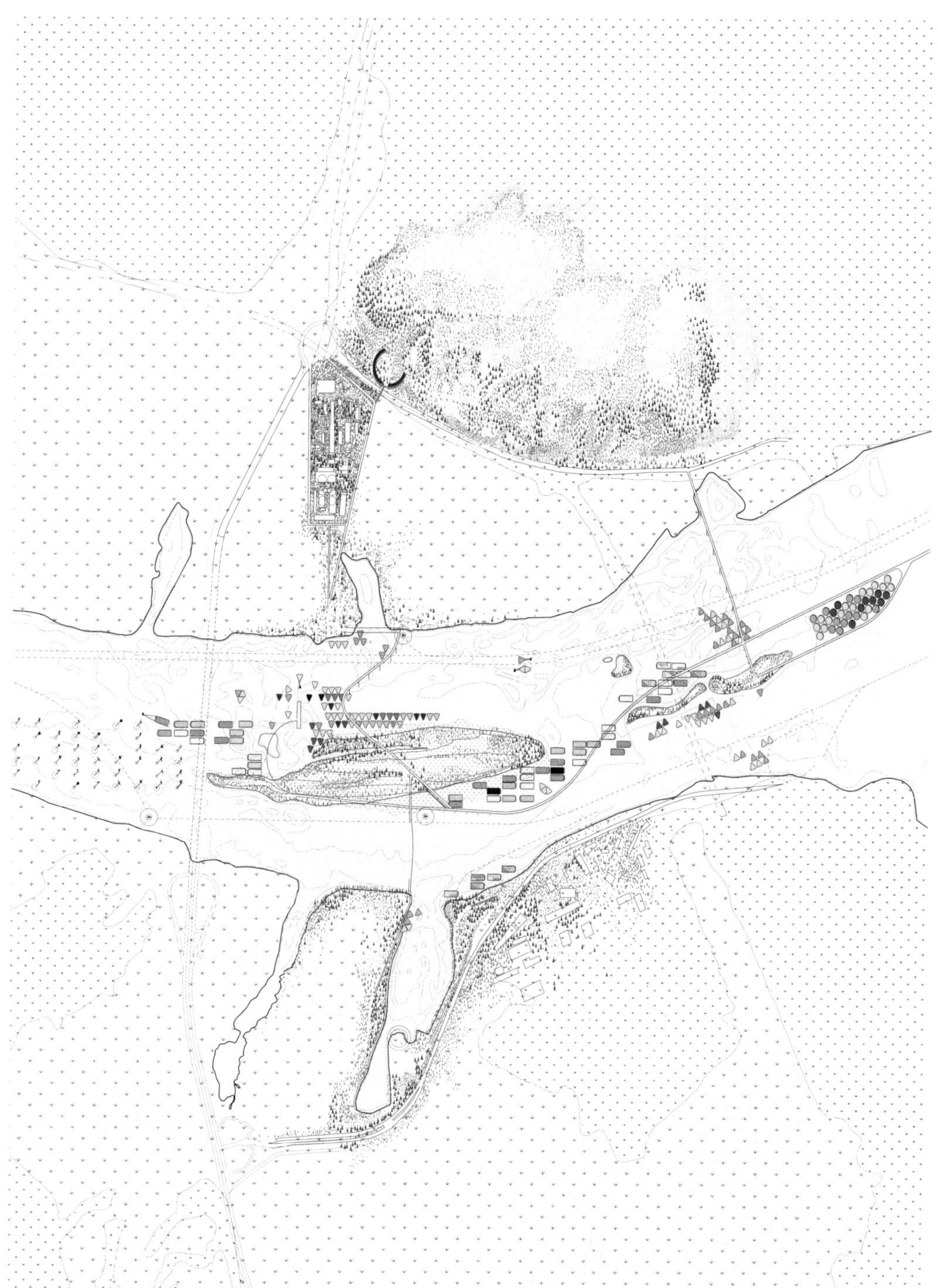

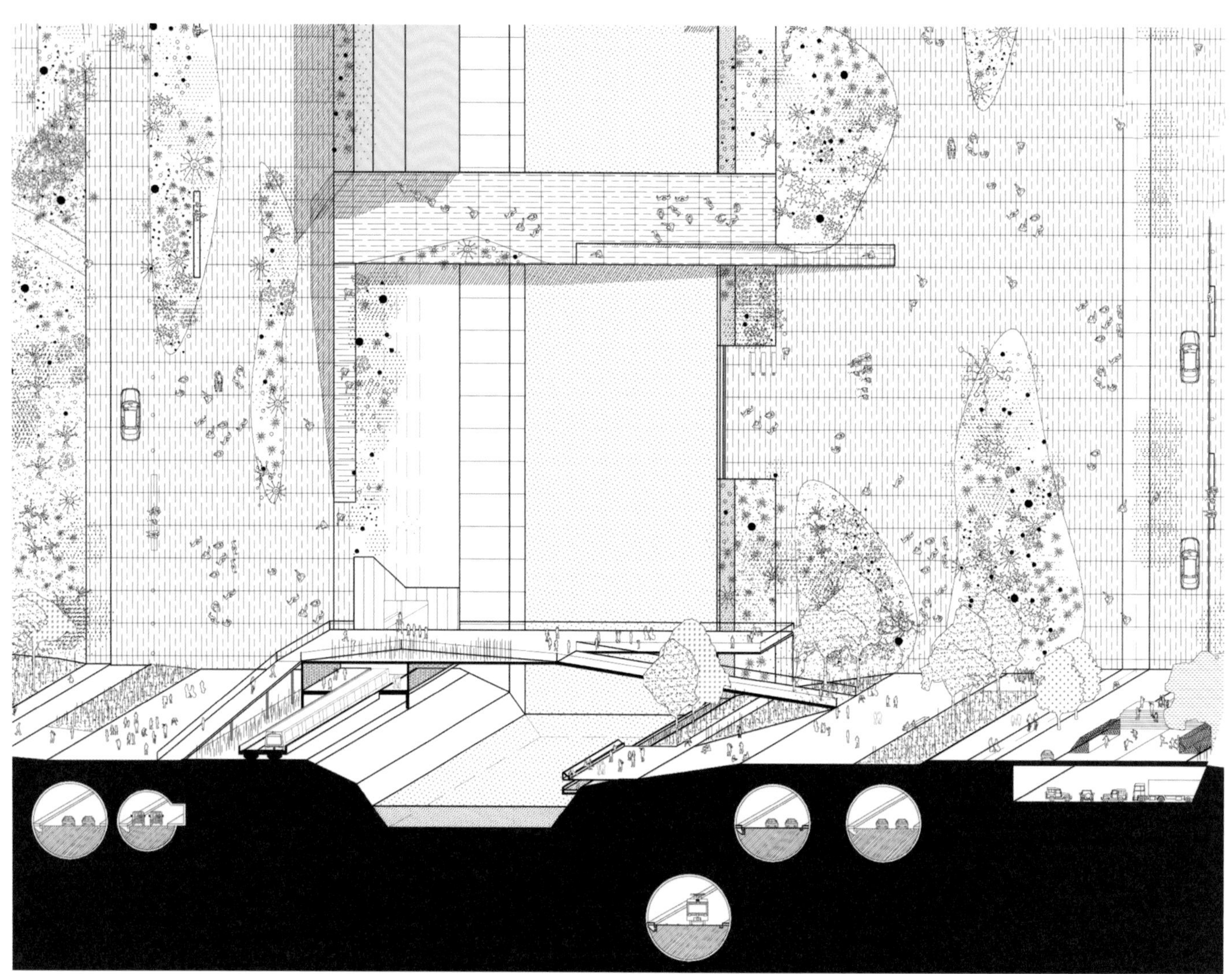

3.12

6.2359° N，75.5751° W
《LCLA办公室与议程》，《非河流：麦德林河总体规划》，2013年。

这种混合绘图将三个平行投影：平面图，剖面图和轴测图折叠成一个图像。通过视点的分层，河道、基础设施、规划、种植和地面材料之间的关系变得清晰。填充线在这里不是索引，而是描述与项目相关的纹理和细节。这种结构给公共领域带来了活力，就像设计给河岸带来的一样。

3.13

35.4856° N，139.3433° E
Junya Ishigami + associates，Horizon：神奈川理工学院自助餐厅，2011年。最初发表于Junya Ishigami，另一个建筑尺度（京都：Seigensha，2011年），96~97。

该图叠加了楼层和屋顶平面图，以图形方式展示了两个层面之间的关系。这幅图展示了网格结构，无定形的岛屿状雕塑屋顶、树冠和叶子，并点缀标记着拉丁物种名称和地点海拔。此方案中所展示的效果不是一个清晰的建筑规划，而是一种沉浸在空间中的感觉。多种图案和纹理的重叠以及细小的间隙或缝隙突出了在森林中的感觉。

+1910
+1905
+1925
+1930
+1940
+1955
Gibasis pellucida
Cynodon x magennisii
Cynodon x magennisii
Cynodon x magennisii
+1610
+1605
Rosa multiflora
+1620
+1625
+1640
+1650
Trachelospermum asiaticum
Cynodon x magennisii
Cynodon x magennisii
rmum asiaticum
+1410
+1400
Gibasis pellucida
+1395
+1405
Gibasis pellucida
+1415
+1425
Gibasis pellucida
Cynodon x magennisii
Gibasis pellucida
+1200
+1190
+1195
+1205
+1195
+1205
Jasminum grandiflorum
Phyla nodiflora
Cynodon x magennisii
+1120
+1110
+1095
+1105
+1115
+1125
Phyla nodiflora
Cynodon x magennisii
Phyla nodiflora
+1115
+1105
+1090
Phyla nodiflora
+1100
+1120
+1140
Cynodon x magennisii
Phyla nodiflora
Gibasis pellucida
Phyla nodiflora
+1180
+1170
+1160
+1165
+1175
+1180
Gibasis pellucida
Phyla nodiflora
+1345
+1340
+1330
+1340
+1345
+1350
Gibasis pellucida
Phyla nodiflora
Trachelospermum asiaticum
+1520
+1525
+1530
+1530
+1535
+1540
Cynodon x magennisii
Phyla nodiflora
Cynodon x magennisii
Trachelospermum asiaticum
Gibasis pellucida
+1820
+1815
+1810
+1825
+1835
+1840
Phyla nodiflora
Trachelospermum asiaticum

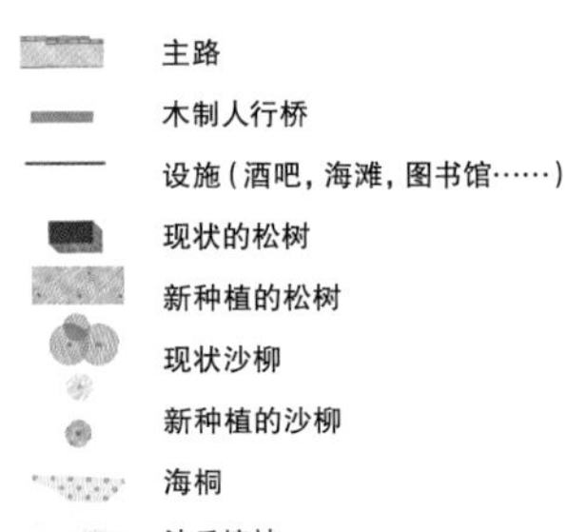

3.14

41.0740° N，1.1787° E
埃斯图迪·马蒂·弗朗克（Estudi Martí Franch），拉皮内达公园，2010年。

拉皮内达公园项目通过一系列平面图表现，这里显示的最后一个平面图表明了项目随着时间推移而发生的变化。分层景观用不同颜色的对角阴影线表示现有的松树植被、三种拟用树木和各种地面材料。晕滃线具有非实体的特性，允许材料重叠而不会模糊清晰度。

3.15

6.2359° N，75.5751° W
古斯塔夫斯·贝克勒（Gustavus Bechler），1872年斯内克河源头地图。比例：1∶316800（以四分之三大小显示）。

斯内克河源地图上的晕滃线特别柔软且温暖，让山脊线逐渐消散到高原。提顿河景观的沙质色调与水道微妙的蓝色调相得益彰。这张地图很吸引人，让眼睛可以探索和追踪1872年由费迪南德·海登（Ferdinand Hayden）和詹姆斯·史蒂文森（James Stevenson）领导的探险队的发现。史蒂文森负责绘制斯内克河的地图，他的团队包括地形学家古斯塔夫斯贝克勒，以及地质学家、鸟类学家、植物学家和摄影师。

第 4 章

地貌晕渲

一种连续的色调，通过模拟投射在凸起的地形图或模型上的阴影，来表示高程和地形变化。

作为地形描绘的最生动和最具说明性的形式，地貌晕渲描绘了更完整的景观图景，使用颜色和色调渐变来区分不同的海拔高度。在这里，地形不像晕滃线那样抽象为一系列表示陡度的白色空间减少的线条，也不像等高线那样抽象为表示不存在台阶和梯田的同心水平切片。相反，地貌晕渲是在色调变化的流畅渐变中应用的最复杂的形式。

在莱昂纳多·达·芬奇1502年绘制的托斯卡纳西部鸟瞰地图中，山丘的形状被单独描绘出来，以莫尔山状和圆锥形的图形传统来代表晕渲的特征（图4.4）。然而在这种情况下，地貌也在不断地相互关联，相互融合，以显示出较小的山丘聚集成较大的群集，形成了河谷。明暗对比技术以其强烈的对比而闻名，它允许起伏地面的大量特性通过明暗的相互作用显现出来。正是这最后两个特点，地形的连续性和阴影的熟练使用，是地貌晕渲图的关键特征。

从描绘晕渲的绘画传统到使用晕滃线作为唯一线条近似的色调，地貌晕渲是一种绘画技巧般的地形描绘技术。有两种类型的晕渲阴影：坡度阴影和斜面阴影（山体阴影）。使用坡度阴影时，色调根据现在熟悉的原理分级，坡度越陡，颜色就越深。在斜面阴影中，色调对应于从倾斜角度照射的阴影，模仿太阳在某个位置的航拍照片；此时光线是漫反射的，根据半球和地形的类型的不同，阴影在西方或西北方向的照明下光线表达最佳。坡度阴影和斜面阴影有时结合起来以提高表达效果。在这种情况下，两者相互矛盾的要求违反了各自严格的规则，特别是当涉及陡峭、阳光充足的斜坡时，需要作出妥协，因为在这些陡坡上，斜坡阴影通常是深色的；而阳光充足时，阴影通常很浅。

因为地貌晕渲会影响我们对光与影的感知，所以数学上准确的表示可能出现错误。例如，在同一角度下，阳光充足的斜坡与平坦地区的对比，要小于相同角度的阴影笼罩的斜坡。这样的结果在技术上是站得住脚的，但在视觉上并不具有代表性。在这两个系统中，斜坡阴影产生更大的一致性，但即使是它们也无法清楚地表示无数的地形变化。因此，尽管（或可能因为）无缝的表示，地貌晕渲可能具有欺骗性。事实上，绘图时的遗漏或等级区分不清是地貌晕渲的局限性。因此，在这种情况下，完全渲染的平面图相当于地貌晕渲图。

在航空、谷歌技术出现之前，制图师在将三维特征投影到二维绘图中表现出很高的技巧和想象力。大型实体浮雕模型是这一努力的成果，并形成了阴影地形模拟的基础。如今，目前这些模型都是数字化的。

同样，设计实践也非常强调模型作为最终的空间设想工具。地形模型是众多设计实践工作的基础和核心，尤其是那些由景观设计师凯瑟琳·古斯塔夫森（Kathryn Gustafson），菲利普（Philippe）和乔治·哈格里夫斯（George Hargreaves）领导的设计实践。该实践模型有助于设计景观的生成、测试和构建。在这里，制图的过程是相反的。虽然历史上的地图绘制者通常从景观到模型再到绘图，但设计师经常从绘图到模型（或模型到绘图）再到景观。

一个表达良好的地貌晕渲绘图有可能唤起情绪，感觉，构图和氛围等多种元素。这在很大程度上受到色调和色调选择的影响。地貌晕渲的着色在制图学科中受到了广泛的关注，但在适当的方案上存在着相互矛盾的观点。在最基本的层面上，使用颜色来描述物理和文化特征，或者简单地使用颜色来定义海拔高度，这是有区别的。此外，试图模拟地球自然颜色的色板可以与那些使用基于惯例而非物理特性的色板区分开。一种惯例是，低海拔地区用绿色，高海拔地区用棕色。相比之下，另一种则使用热图光谱，低海拔地区用绿色，高海拔地区用红色或白色。第三种方法则是使用单一颜色的明暗色调来区分高低海拔。

当连续渲染的景观偏离了现实和准确复制的目标时，它是最有帮助的。为了充分激发想象力，绘画的生动性必须超越现实，拓展人的思维。随着航空影像的普及，人们几乎可以造访地球的任何遥远角落。借助绘图和建模工具，计算能力和数据可用性，还可以生成完整和准确的景观图。为了主观反映和激发读者，图像的编辑是必要的。在图像编辑中平衡真实与想象是十分重要的，例如平衡充分描述与故意省略，平衡表达模糊或使人身临其境之间的关系。数字建模有助于景观渲染，它允许在阴影地形图像上叠加材料和文化特征。我们面临的挑战是，如何绘制出一幅既不平庸、也不一般、但能引人入胜且具体的平面图，例如波尔图海滨的PROAP图（图4.12）。本章包括从图形到平面，从地形模型到绘图，从灰度到颜色，从现象学到材料等多方面的地貌晕渲。

4.1

吉尔·德西米妮，配以浮雕调色板，2014年。

4.2（见90~91页）

47.1167° N，9.2000° E

罗伯特·杰拉德·皮特鲁斯科（Robert Gerard Pietrusko），动画片，2012年。

4.3

国家地理学会，珠穆朗玛峰，1988年。比例：1∶50000（以一半大小显示）。

在布拉德福德·沃什伯恩（Bradford Washburn）的指导下，《国家地理》的珠穆朗玛峰地图结合了先进的测量、熟练的渲染技术和与当地的政府合作。该项目由中国、尼泊尔和美国制图团队的共同努力完成，三种语言的地名标注反映了绘图者们的多元文化。国家地理人员制图师保罗·埃利希（Paul Ehrlich）通过在瑞士传统绘图中阴影，等高线，海拔高度和悬崖的绘制来展示地形。这些等高线区分了山地形态和流动的冰川。

4.4（见94页上图）

43.4100° N，11.0000° E

达·芬奇，西部托斯卡纳的鸟瞰地图，1503—1504。

达·芬奇的绘画以其独特的地形渲染、光学效果以及蕴含其中的工程信息而闻名。他在佛罗伦萨和比萨之间的战争期间广泛调查和描绘了阿尔诺河地区，并提出了宏伟的运河改造计划，以便将河流作为马基雅维利式工程的一部分。西托斯卡纳的鸟瞰地图拥有令人难以置信的山坡阴影，是明暗对比应用于地形最好例子之一，使其成为后来地貌晕渲图纸的先驱。

4.5（见94页下图）

36.2833° N，136.3670° E

山桥市（Yamashiro no Kuni ezu），1800年。

该地图是一个全国性的，经过多年政府协调的绘图工作产物，旨在标准化和协调日本各省的地图表述以描述物理特征（地形，水体，道路，海岸线），经济利益（水稻作物产量）和政治实体（边界和行政单位）。图中村庄用小椭圆形表示，农田用纯色表示，河流用蓝色表示，道路用不同粗细的红色表示等级。这幅图周边都是山区，等高线从中心向外辐射。这种形式的地面测绘是由天体测绘发展而来的，其效果与多方位的类星系团表示有相似之处。

4.6（见95页）

布鲁诺·陶特，《阿尔卑斯建筑师》（Folkwang，Germany：Hogeni，1919），第13版。

为了应对第一次世界大战，德国—犹太建筑师布鲁诺·陶特（Bruno Taut）设想了一个乌托邦，主要通过他的五部分宣言《阿尔卑斯建筑师》（Alpine Architektur）来表达。这一愿景在一系列带注释的插图中展开，整体主张用水晶结构增强阿尔卑斯建筑。图特将优雅的组件：玻璃拱门，神龛，金属刺，水晶球嵌入地形以美化阿尔卑斯山，使地形更加显著壮观。其表达结果是地形，建筑形式和山地形式的整合。

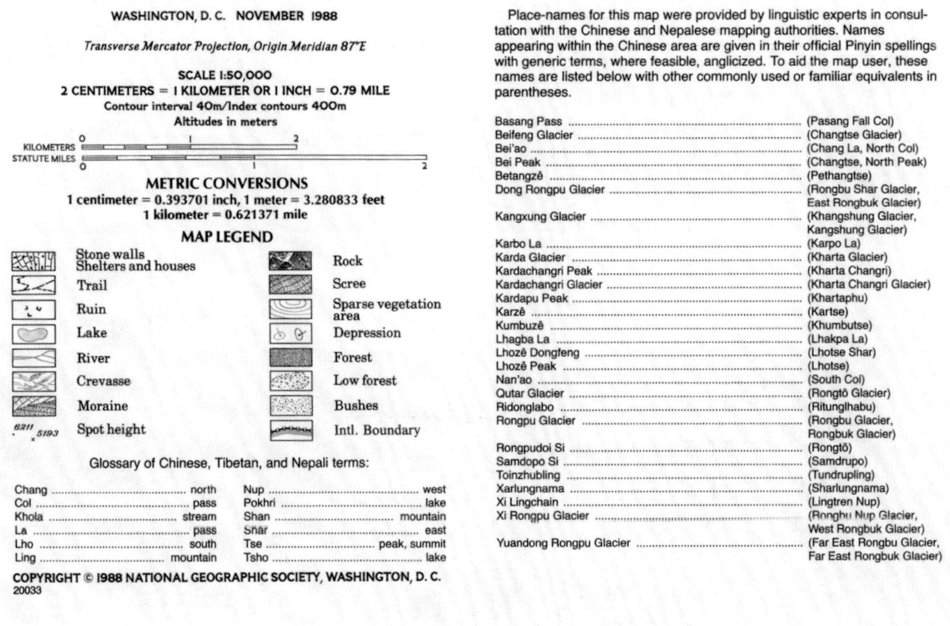

WASHINGTON, D. C. NOVEMBER 1988

Transverse Mercator Projection, Origin Meridian 87°E

SCALE 1:50,000
2 CENTIMETERS = 1 KILOMETER OR 1 INCH = 0.79 MILE
Contour interval 40m/Index contours 400m
Altitudes in meters

KILOMETERS 0 1 2
STATUTE MILES 0 1 2

METRIC CONVERSIONS
1 centimeter = 0.393701 inch, 1 meter = 3.280833 feet
1 kilometer = 0.621371 mile

MAP LEGEND

Stone walls Shelters and houses	Rock
Trail	Scree
Ruin	Sparse vegetation area
Lake	Depression
River	Forest
Crevasse	Low forest
Moraine	Bushes
6211 5193 Spot height	Intl. Boundary

Glossary of Chinese, Tibetan, and Nepali terms:

Chang	north	Nup	west
Col	pass	Pokhri	lake
Khola	stream	Shan	mountain
La	pass	Shar	east
Lho	south	Tse	peak, summit
Ling	mountain	Tsho	lake

Place-names for this map were provided by linguistic experts in consultation with the Chinese and Nepalese mapping authorities. Names appearing within the Chinese area are given in their official Pinyin spellings with generic terms, where feasible, anglicized. To aid the map user, these names are listed below with other commonly used or familiar equivalents in parentheses.

Basang Pass	(Pasang Fall Col)
Beifeng Glacier	(Changtse Glacier)
Bei'ao	(Chang La, North Col)
Bei Peak	(Changtse, North Peak)
Betangzê	(Pethangtse)
Dong Rongpu Glacier	(Rongbu Shar Glacier, East Rongbuk Glacier)
Kangxung Glacier	(Khangshung Glacier, Kangshung Glacier)
Karbo La	(Karpo La)
Karda Glacier	(Kharta Glacier)
Kardachangri Peak	(Kharta Changri)
Kardachangri Glacier	(Kharta Changri Glacier)
Kardapu Peak	(Khartaphu)
Karzê	(Kartse)
Kumbuzê	(Khumbutse)
Lhagba La	(Lhakpa La)
Lhozê Dongfeng	(Lhotse Shar)
Lhozê Peak	(Lhotse)
Nan'ao	(South Col)
Qutar Glacier	(Rongtõ Glacier)
Ridonglabo	(Ritunglhabu)
Rongpu Glacier	(Rongbu Glacier, Rongbuk Glacier)
Rongpudoi Si	(Rongtõ)
Samdopo Si	(Samdrupo)
Toinzhubling	(Tundrupling)
Xarlungnama	(Sharlungnama)
Xi Lingchain	(Lingtren Nup)
Xi Rongpu Glacier	(Ronghu Nup Glacier, West Rongbuk Glacier)
Yuandong Rongpu Glacier	(Far East Rongbu Glacier, Far East Rongbuk Glacier)

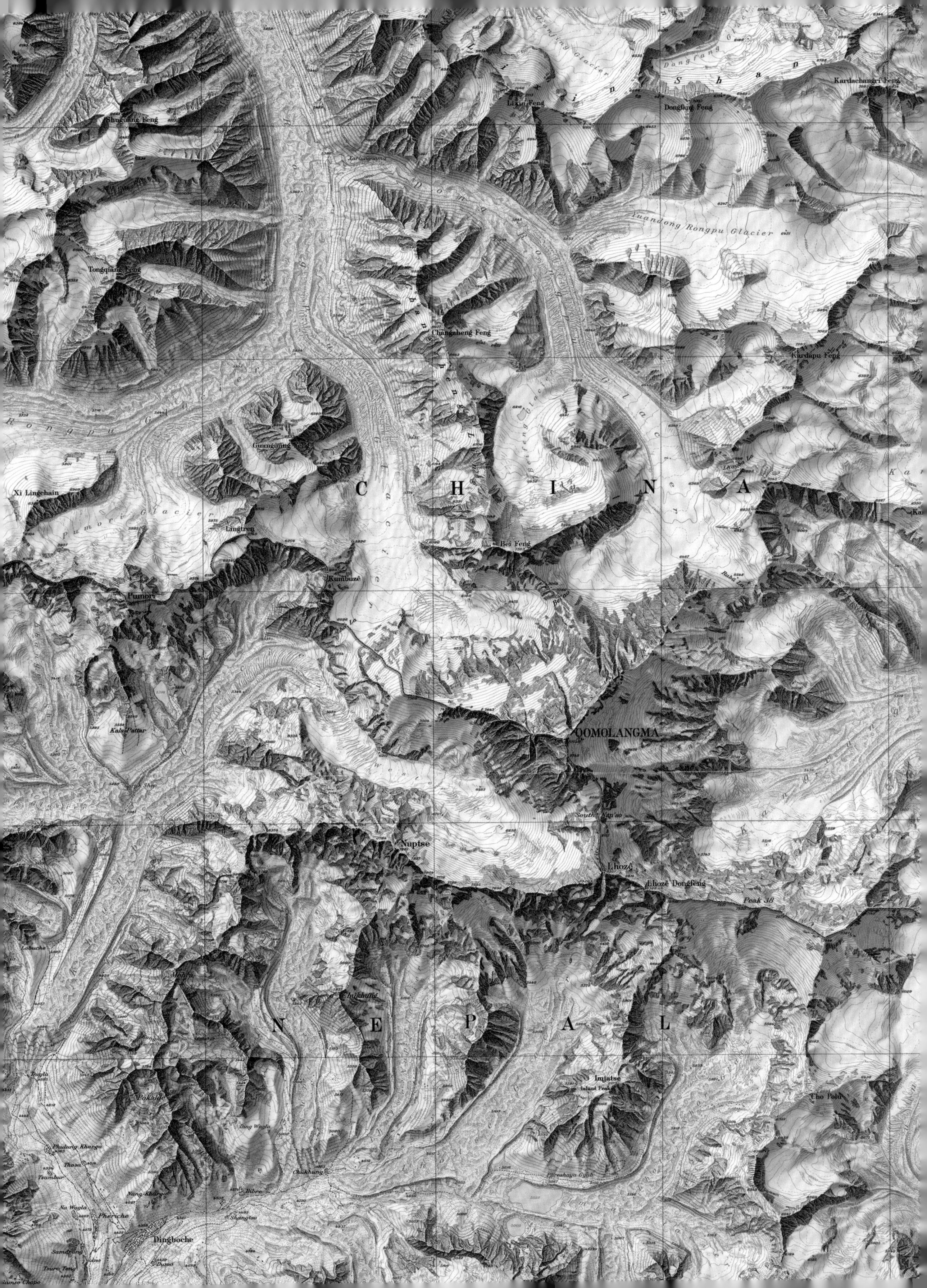

Shuguang Feng
Lixin Feng
Dongfang Glacier
Dongfang Feng
Kardachangri Feng
Xarlungnama
Dongfang Rongpu Glacier
Tongqiang Feng
Changzheng Feng
Kardapu Feng
Rongpu Glacier
Guanghong Feng
Xi Lingchain
Pumori Glacier
Lingtren
Bei Feng
Kumbuzê
Pumori
C H I N A
QOMOLANGMA
Kala Pattar
South Col
Nuptse
Lhozê
Lhozê Dongfeng
Peak 38
Lobuche
Chukhung
N E P A L
Imjatse
Island Peak
Cho Polu
Pokalde
Phulung Kharga
Pheriche
Dingboche
Nang Kharag
Shangtso
Dibre

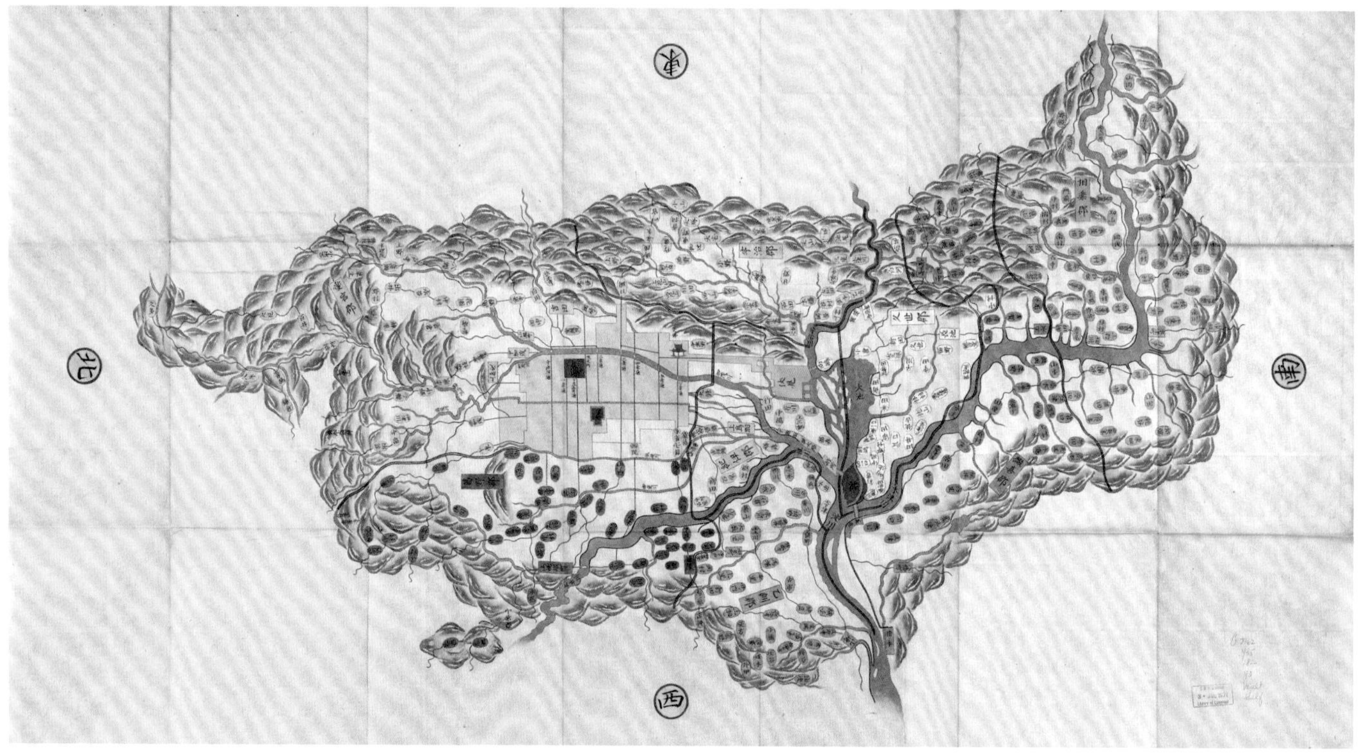
北
西

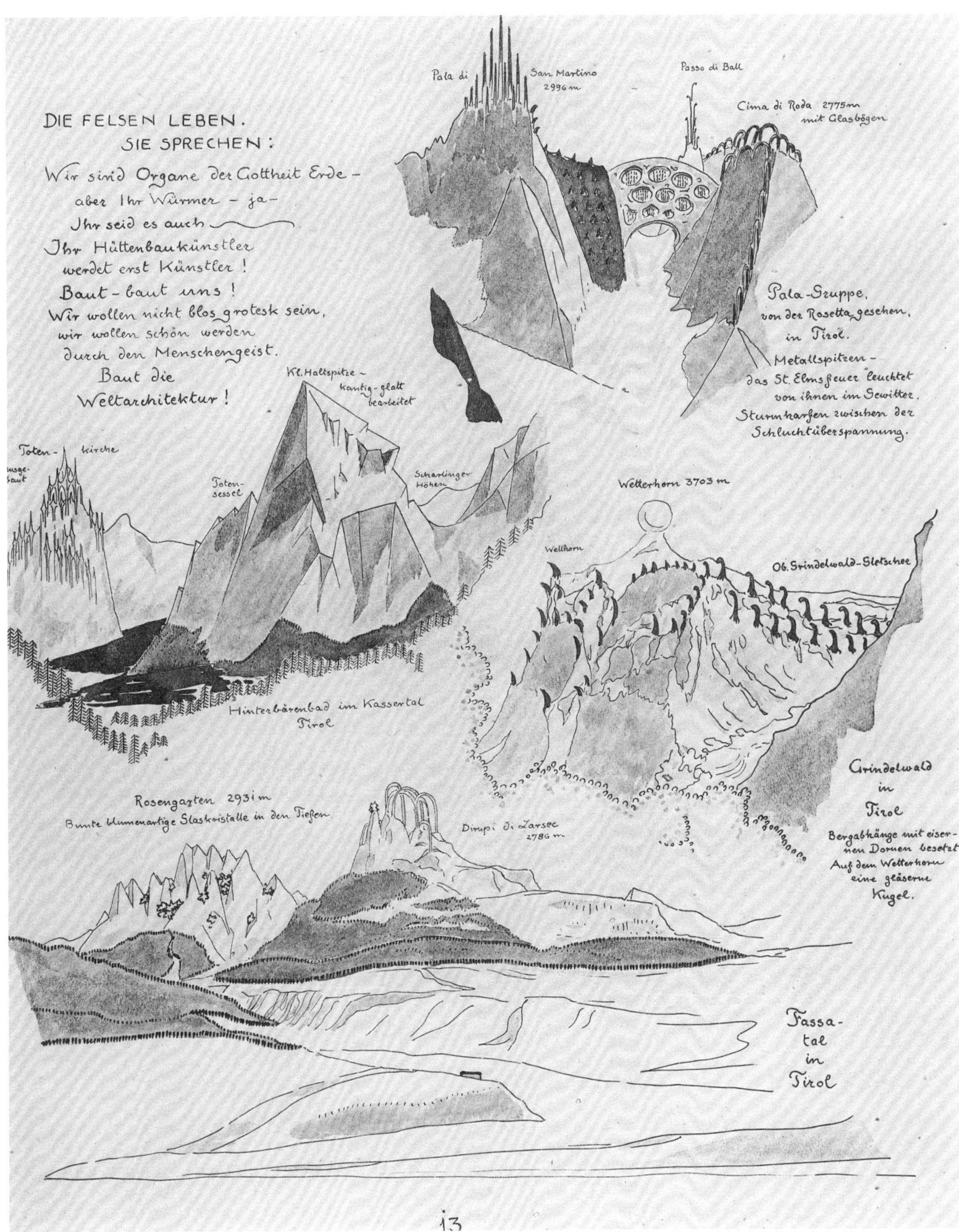
DIE FELSEN LEBEN.
SIE SPRECHEN:
Wir sind Organe der Gottheit Erde –
aber Ihr Würmer – ja –
Ihr seid es auch
Ihr Hüttenbaukünstler
werdet erst Künstler!
Baut – baut uns!
Wir wollen nicht blos grotesk sein,
wir wollen schön werden
durch den Menschengeist.
Baut die
Weltarchitektur!
Pala di San Martino 2996 m
Passo di Ball
Cima di Roda 2775 m mit Glasbögen
Pala-Gruppe,
von der Rosetta gesehen,
in Tirol.
Metallspitzen –
das St. Elmsfeuer leuchtet
von ihnen im Gewitter.
Sturmharfen zwischen der
Schluchtüberspannung.
Kl. Haltspitze – kantig-glatt bearbeitet
Totenkirche
ausgebaut
Totensessel
Scharlinger Höhen
Hinterbärenbad im Kassertal
Tirol
Wetterhorn 3703 m
Wellhorn
Ob. Grindelwald-Gletscher
Grindelwald
in
Tirol
Bergabhänge mit eisernen Dornen besetzt
Auf dem Wetterhorn
eine gläserne
Kugel.
Rosengarten 2931 m
Bunte blumenartige Glaskristalle in den Tiefen
Dirupi di Larsec
2786 m
Fassa-
tal
in
Tirol
13

4.7

46.9791° N，8.2562° E
艾克塞弗·伊费尔德（Xaver Imfeld），《阿尔卑斯全景》，冯·皮拉图斯，1888年。

艾克塞弗·伊费尔德是一位富有创新精神的工程师，一位天才的高山全景绘图师，还是一位晕渲造型大师。1875年后，伊费尔德完成了40多幅山景图，其中的许多图纸为阿尔卑斯山脉正在进行的铁路开发提供了帮助。他对高山景观多样化的表达训练和个人经历使得他创作了许多精心渲染的制图作品。其中大部分图纸都是基于现场调查，但呈现出了一种不可能的景象。其结果是山区地形的一种高程表示，每个山峰都有相同的细节和它自己的特征。

4.8

47.1167° N，9.2000° E
爱德华·伊姆霍夫，1938年瓦伦湖周边地区的地图。

随着时间的推移，这幅地图作为对经验现实准确描述的相对真实性受到了质疑，特别是瑞士制图师爱德华·伊姆霍夫。伊姆霍夫运用他对地形的感性理解，对阿尔卑斯山进行了精确、有效且易于理解的图形表达。他认为，以前的地图依赖于数学，并没有描述人眼所感知到的地形。伊姆霍夫将比例模型和航空摄影测量相结合，开发了一个地形晕渲系统，来传达瑞士山区景观的物质表达和非凡感受。

4.9

22.3000° N，114.1667° E
1982—1983年，扎哈·哈迪德，山顶。

扎哈·哈迪德（Zaha Hadid）在中国香港山顶休闲俱乐部项目（Peak Leisure Club project）创作的蓝色石版画，以丰富的色块描绘了其设计意图和设计背景。这幅画和设计灵感来自俄罗斯至上主义和当地的地质条件。扎哈的提议是在香港密集的环境下，在山和海港之间建造一座人造花岗岩板山，这看起来就像一幅风景画。该方案要求将地面平整到当地的最低高度，并将挖掘出的岩石重建成一座光面的山。画中的蓝色色调与淡红棕色和粉红色形成鲜明的对比。

4.10

威廉·莫里斯·戴维斯（William Morris Davis），哈佛地理模型（波士顿：波士顿自然历史学会，1897年），第1页。

为了应对地理教育中使用的物理模型质量差的问题，威廉·莫里斯·戴维斯及时捐款，监督了哈佛大学三个模型的建设。这些模型是由高度详细的地形晕渲图复制在蜂蜡中并用石膏铸造。这些模型相对较小，只有24英寸×18英寸，但高分辨率的幻灯片可以将细节投射到课堂上。他的愿望是创造出示范的原型，以证明精确建模的潜力和教育传播的价值。这些模型描绘了理想化的景观，旨在解释精确而普遍的地理条件。

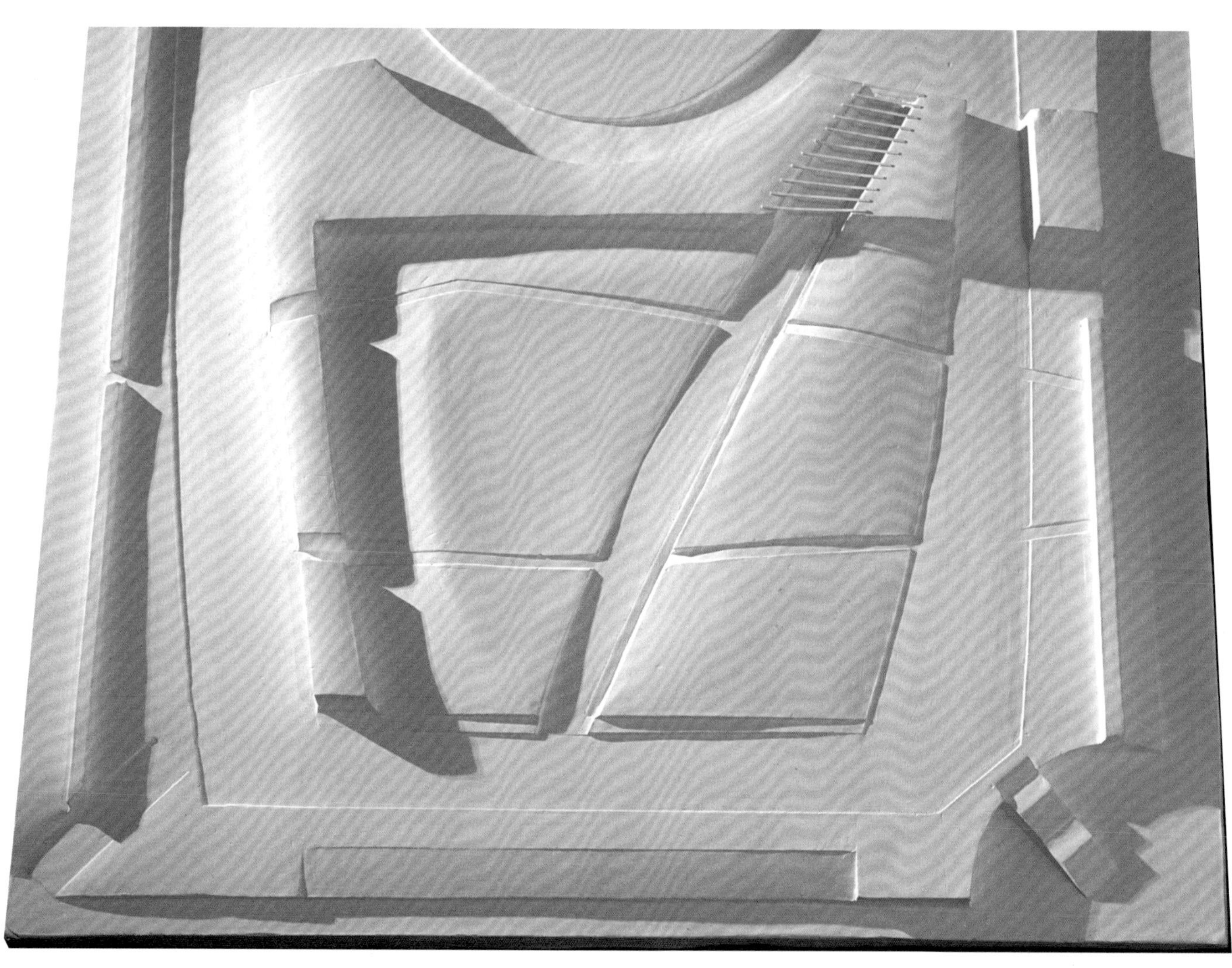

4.11

41.8819° N，87.6278° W
古斯塔夫森。格思里尼科尔的卢瑞花园，2006年。

景观设计师凯瑟琳·古斯塔夫森因其流畅的地形设计而闻名，她的地形形成过程很大程度上依赖于建模。地形的抽象形式是通过三维黏土模型来探索的。从黏土模型，橡胶模具产生到石膏模型创建。该项目的起源在于石膏模型，石膏模型经常被转换成数字形式，最终被切割、雕刻并形成景观。它的肌理通过石头、水、泥土和植物来表现。

4.12

41.1621° N，8.5830° W
里拜尼哈·多·波尔图，普罗普，2007年。

通过平面和透视的并列和倒置，作者探索了土地和水之间的边界。在这里，重点回到波尔图海滨的边缘，从工业化的过去恢复到娱乐的未来。一系列的建筑项目通过沿着整个3.5km长的城市战略联系在一起。到达和景观的概念，为城市重新创造的城市立面，通过巧妙地融合规划中显示的组织意图和人工体验的质量，以代表性的方式表达出来。

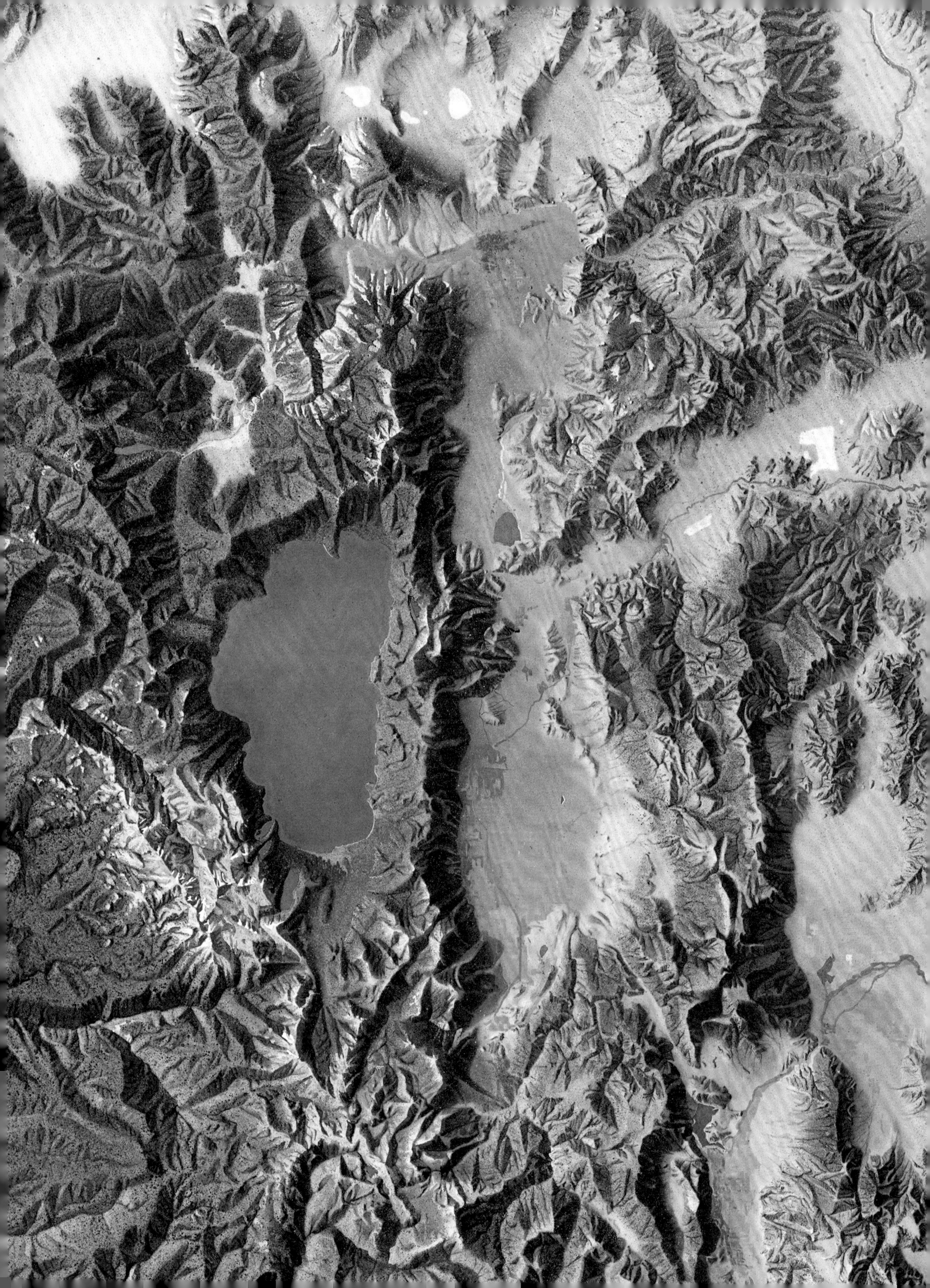

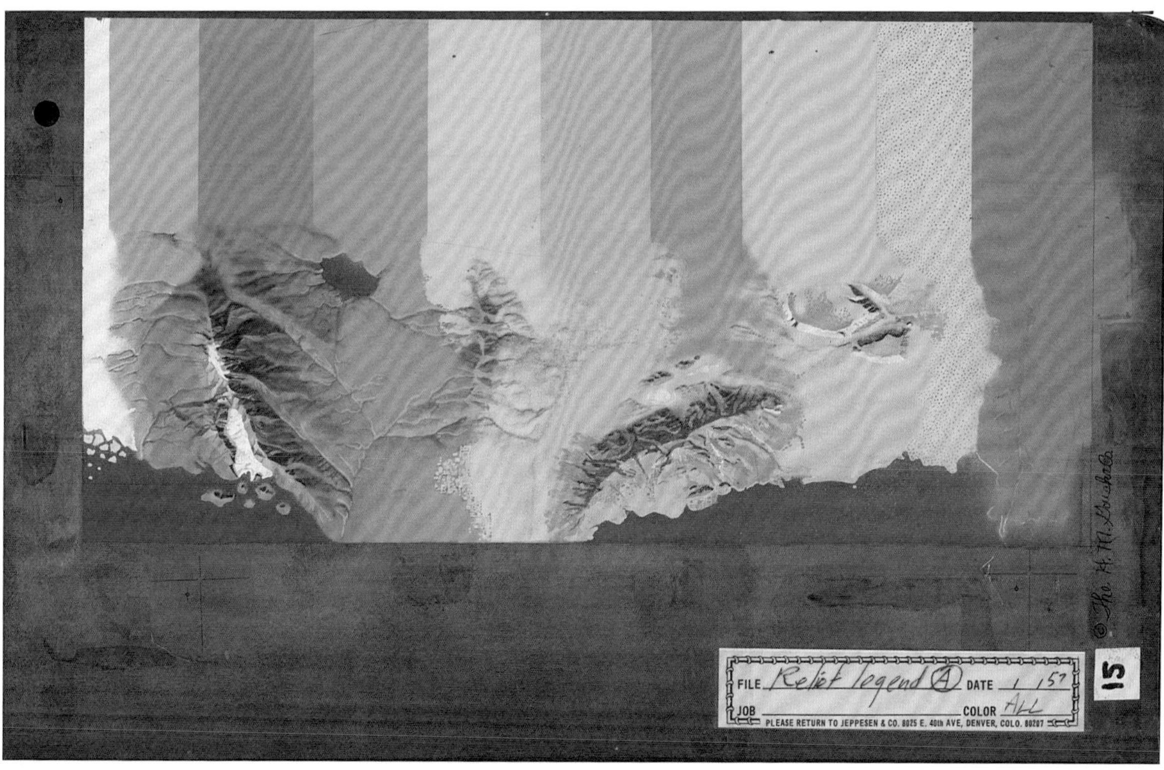

4.13

39.5274° N，119.8134° W
哈尔·谢尔顿（Hal Shelton）和杰普森地图公司，雷诺地区，1953年。比例：1：50000（以半尺寸显示）。

4.14

哈尔·谢尔顿，色彩比例，1957年。

哈尔·谢尔顿是美国最杰出的制图家和地形图艺术家之一，他深受航空影像及其与地形图不一致的影响。他提倡没有重点的易读性和逼真性地图，主张地形晕渲应该类似于景观主题绘图。谢尔顿发明了一种自然色系统来描述地球表面。他的地图通常是小比例尺，包括国家尺度和大陆尺度的地图，除了少数例外，例如这张雷诺地区的地图。

4.15

47.3314° N, 9.4076° E
爱德华·伊姆霍夫，《阿彭策尔国家地形图》，1923年。比例：1：75000（以半尺寸显示）。

阿彭策尔（Appenzell）乡村地形图是1922年至1973年间制图师爱德华·伊姆霍夫绘制的12幅瑞士各州详细学校地图之一。这些地图采用了不同的制图技术。阿彭策尔地图是水彩画表达地形信息的模板。它平衡了清晰的线条与丰富的、半透明的、绘画般的色调。阴影渲染了景观的纹理，比底层等高线更引人注目。

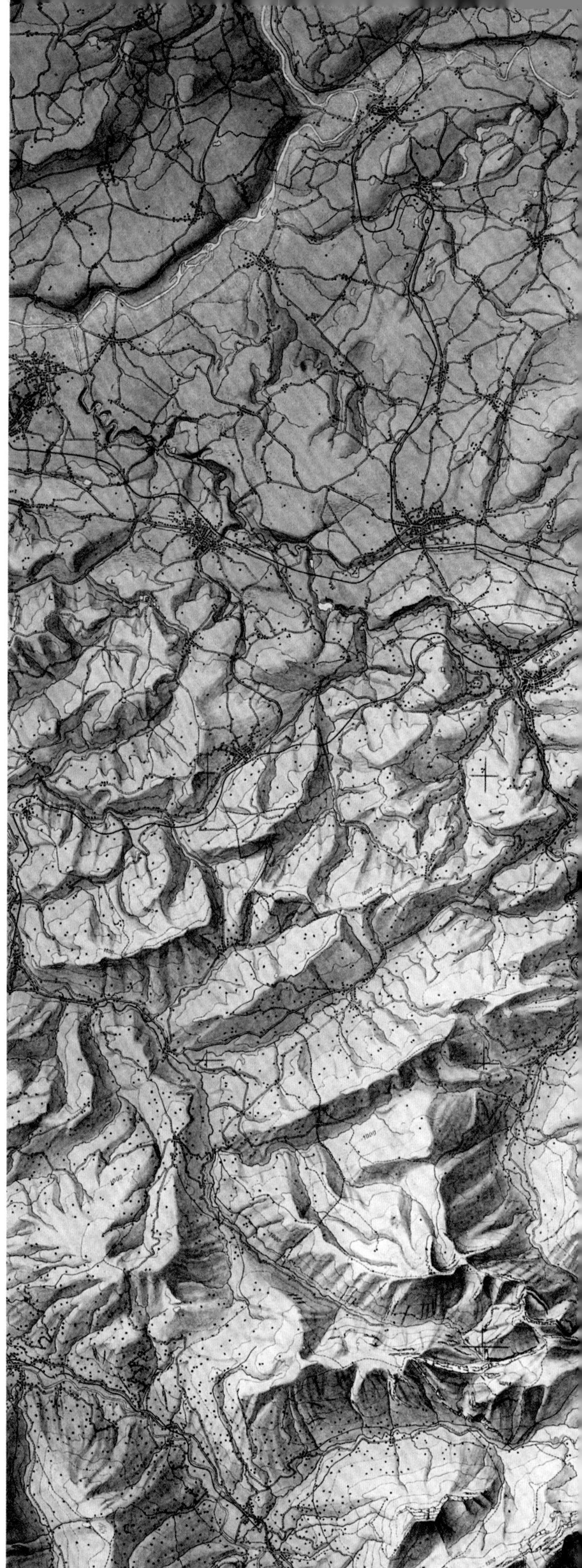

第5章

土地分类

描述各种植被的空间分布和土地利用的分类学方法。

土地有多种物理组成：地形形态、表面材料及其利用方式，描绘地面就是描述上述这些。土地分类脱离了地形对土地占用形式进行描述：文化和农艺用地、植被和地球表面的物质特征。土地使用地图标明了土地的实际和可能用途；它们是解释性和投射性的。土地分类是基于指标的，包括设置符号、字母、颜色或图案，以表示土壤、植被或活动的类型。分类和容差代表了如何选择和在什么地方划分类别，创造了地面的视觉差异。这些数据可能是由测量员徒步收集或者是通过一系列由于收集土地数据的卫星远程获取的。分类本质上是减少性的，需要在自然连续的景观中进行划分。这个想法是为了平衡清晰度和描述型，找到一个将土地利用情况转化为明确分类的层次结构。一旦类别确定下来后，必须选择如何绘制地图：平面或高纹理，鲜艳或暗淡，真彩色或红外线（图5.1）。

分类和描述土地覆盖和使用类型的地图需要进行简化和归纳。这些地图看似静态，掩盖了土地占用的动态过程：土地所有者的变化，土地用途的变化，植被的不断出现与消失。它们在被绘制之前就已经过时了——这一限制以前是通过物理方式更新地图来解决的，目前是通过发布订正数据集来解决的。土地分类最为普遍的在大尺度上进行，显示出区域，国家甚至全球范围，而不是对某一区域分析其细碎，难以辨别的细微差别。数据是远程生成的，被简化分类并输出到地图上的区域。地面实况调查是验证航空遥感的一种方法——将通过航空摄影、卫星雷达或红外图像收集的数据与科学家小组收集的实地数据进行核对。将该地区的土地利用或覆盖情况与遥感图像进行比较，然后对数据和地图进行相应调整。

直到20世纪上半叶，自然资源的清查都是从地面调查开始的。加州大学伯克利分校的林学教授罗伯特·科尔韦尔（Robert N. Colwell）作为早期采用航空摄影测量技术的人员，曾在1968年1月对《科学美国人》的读者说，他曾使用航空摄影测量来评估帝王谷的作物。“地质学家们广泛地探索矿物；林业工作者和农学家仔细检查树木和作物，以评估其状况；测量员在准备必要的地图的过程中走遍了乡村。航空摄影的出现是向前迈出的一大步。”科尔韦尔与美国国家航空航大局合作，为从太空进行资源的测绘推荐了特定的波段，被认为是第一批为基于遥感的土地分类地图作出贡献的人之一，后来被奉为典范。[1]

与此同时，由霍华德·费舍尔（Howard Fisher）于1965年创立的哈佛大学计算机图形学和空间分析设计实验室的计算机绘图方面取得了重大进展。“实验室”致力于将以地理为参考的生态学、地形学、社会学和人口统计学数据结合起来，并通过数字制图输出将其可视化。景观设计师兼规划师卡尔·斯坦尼茨与该团队合作，为一个学术工作室制作了一个有影响力的德尔马瓦（Delmarva）半岛地图。这些地图反映了当时计算机输出的技术限制，并通过黑白点密度来呈现信息（见第1章）。当时该校的学生杰克·丹格蒙德（Jack Dangermond）在实验室工作，后来又创建了Esri，他是GIS（地理信息系统）技术创建和传播的领导者。地理信息系统（GIS）是一个促进空间数据聚合并允许将其转换成地图的软件平台，它是当代地图学的基础。随着地理信息系统的出现，地图可以被理解为允许数据分层的数据库，遵循景观设计师查尔斯·艾略特和伊恩·麦克哈格等人的传统，促进特定景观的全面系统的表达。这些层是叠加的，可以在同一个地图上同时打开和关闭，隔离和聚合信息。

随着数据的增加和计算机制图的发展，国家土地数据库（NCLD）成为在美国全国范围内编制土地利用数据的系统。詹姆斯·R·安德森（James R. Anderson）在1976年提出了标准化的请求，希望就公认的术语、更容易的信息传递和一致的分类达成共识。他提出了9个主要的土地利用类别，分为37个种类。[2]可以在地方一级进行进一步细分。该系统演变为国家土地数据库，这是一个土地利用分类数据集，目前有20个类别，分为8个主题。类别的选择对所产生的地图起到推动作用，产生了对利用和分布的非常具体的理解。

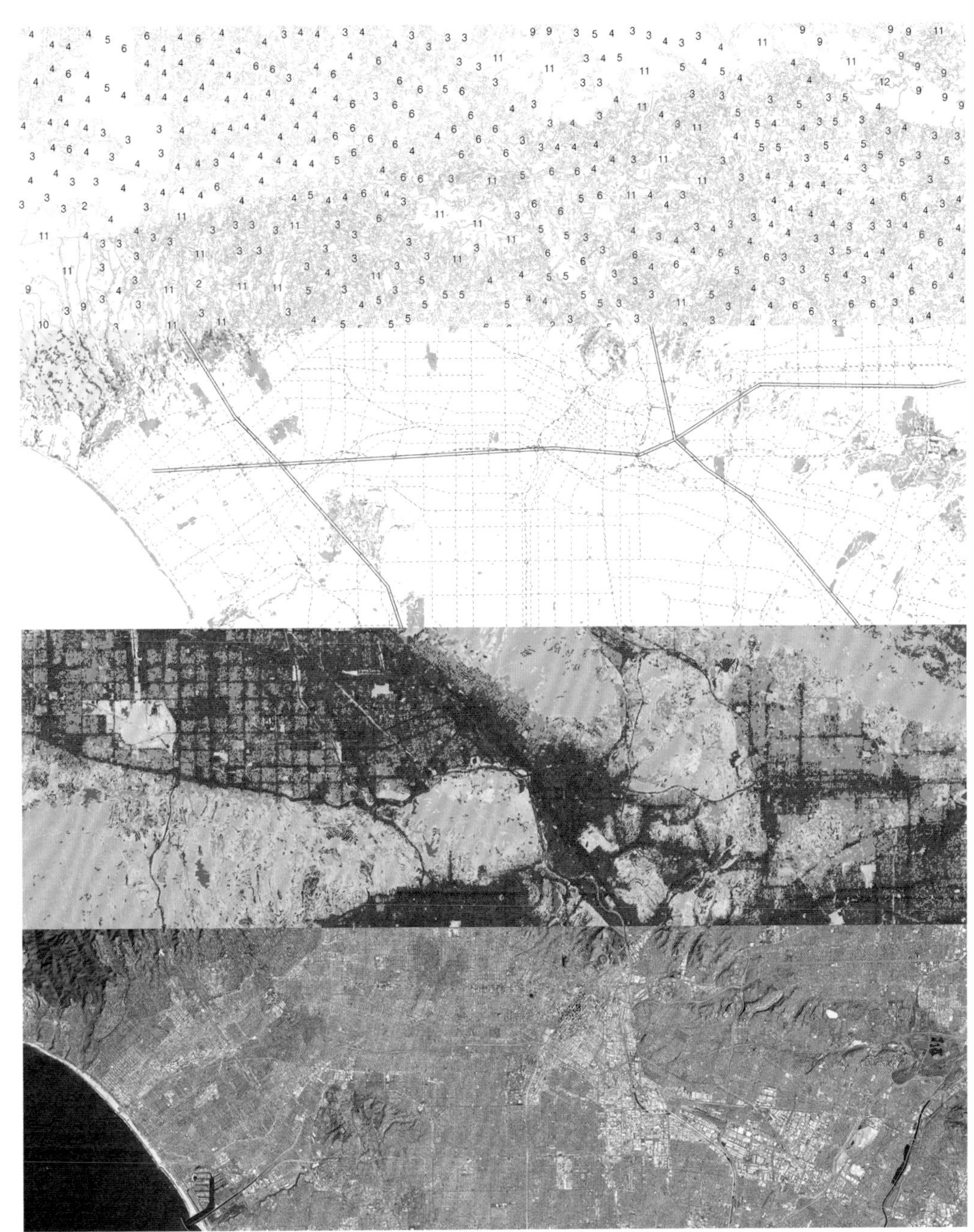

5.1

34.0500° N，118.2500° W
吉尔·德西米妮，土地分类技术：洛杉矶，2014年。

在米尔恩（Milne）之后（图5.3），皮特鲁斯科（Pietrusko）和格加·贝斯克（Grga Basic）（图5.2），美国国家航空航天局，洛杉矶和及邻近区域卫星图，2001年。

从字面上和形象上而言，土地分类的固有任务是绘制边界。土地分类图属于衡量人类土地利用和活动的一类地图，其中包括行政和管辖地图、地籍图和保险地图等。土地分类图不是简单地描绘自然现象，而是暗示了殖民化，商业化和文化控制。早期的财产调查包括土地使用信息以及边界、位置、规模、价值和财产所有权。土地分类方法的实践从黑白线条图和注释演变为在16世纪后期通过颜色显示边界和占用，现在仍然用于房地产和产权地图。

由于复制的限制，旧地图依靠线条、文字、字母数字注解和黑白图案的填充来区分不同的土地使用。这些地图是与早期调查相联系的，代表了第一批测绘到的房产或城市的图纸。手工着色也很普遍，有助于从背景调查资料中提取土地用途。随着彩色印刷的出现，无论是纹理覆盖还是平面填充，色彩都成为主导系统。当代设计师已经尝试了很多描述土地或设计的分类，项目的材料和程序特征的方法。虽然色彩填充仍然是常态，但对纹理图像、数字编码和填充以及GIS数据、线条处理、颜色和光栅图像组合进行的研究表明了动态渲染地图的潜力。

早期的土地分类地图是一个叠加的过程，从一个空白的地形图开始，在测量师收集信息以填充地图时绘制土地利用和覆盖。而现在，这些信息是从卫星获取的完整图像中提取出来的。其中的土地分类是通过将一个连续的区域简化为不同的类别推导出来的。这是制图和设计共同的过程。表现工具是索引式的，是为某一种类型指定标记或颜色的简单方法。正是这些索引系统与分类学本身的并列，即映射的类别为景观提供了丰富的背景和主观解读。作为描述土地使用的一种方式，这些地图反映了其制造者的社会自信。本章涵盖了土地利用可视化中明显的技术、分类和文化类型。

注释：

[1] John Noble Wilford, The Mapmakers (New York: Vintage Books, 2001) , 394.

[2] James R. Anderson, Ernest E. Hardy, John T. Roach, and Richard E. Witmer, "A Land Use and Land Cover Classification System for Use with Remote Sensor Data," Geological Survey Professional Paper, 964 (Washington, DC: Government Printing Office, 1976) , 1－28.

LAND COVER 1973 PHILADELPHIA, PENNSYLVANIA

1:250,000

Level 1	Level 2
1. Urban or built-up land	
	11 Residential
	12 Commercial and services
	13 Industrial
	14 Transportation,communication and utilities
	15 Industrial and commercial complexes
	16 Mixed urban or built-up land
	17 Other urban or built-up land
2. Agricultural land	
	21 Cropland and pasture
	22 Orchards,groves,vineyards,nurseries,etc.
	23 Confined feeding operations
	24 Other agricultural land
3. Rangeland	
	31 Herbaceous rangeland
	32 Shrub and brush rangeland
	33 Mixed rangeland
4. Forest land	
	41 Deciduous forest land
	42 Evergreen forest land
	43 Mixed forest land
5. Water	
	51 Streams and canals
	52 Lakes
	53 Reservoirs
	54 Bays and estuaries
6. Wetland	
	61 Forested wetland
	62 Non-forested wetland
7. Barren land	
	71 Dray salt flats
	72 Beaches
	73 Sandy areas other than beaches
	74 Bare exposed rock
	75 Strip mines,quarries,and gravel pits
	76 Transitional areas
	77 Mixed barren land
8. Tundra	
	81 Shrub and brush tundra
	82 Herbaceous tundra
	83 Bare ground tundra
	84 Wet tundra
	85 Mixed tundra
9. Perennial snow or ice	
	91 Perennial Snowfields
	92 Glaciers

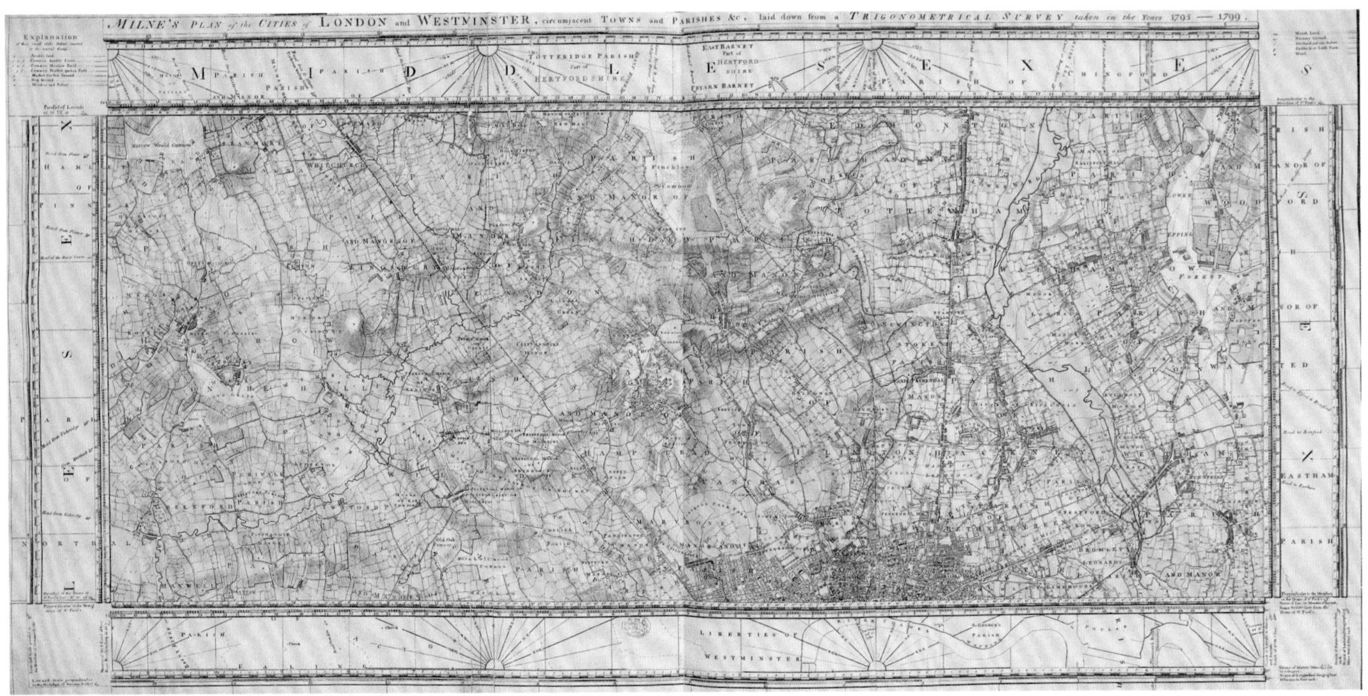

5.2 （见112~113页）

39.9500° N，75.1667° W

罗伯特·杰拉德·皮特鲁斯科（Robert Gerard Pietrusko）和格加·贝斯克，安德森土地分类系统，2014年。

5.3

51.0000° N，0.1000° W

托马斯·米尔恩（Thomas Milne），米尔恩的伦敦和威斯敏斯特城市平面图，1800年。

人们对人类对环境的影响越来越感兴趣，因此产生了新的地图产品类型，包括那些侧重于土地利用的地图。米尔恩计划被认为是最早的土地利用地图之一，它通过标注区分了十七种土地用途（包括耕地，草地，市场花园，啤酒花田，牧场，沼泽地，苗圃，果园，围场，公园和树林）。地图上使用的分类系统侧重于农业和文化景观，制图包括淡水彩，印刷纹理和索引字母。

5.4

40.6905° N，74.0165° W

米歇尔·德维涅·佩加斯蒂（Michel Desvigne Paysagiste），总督岛夏季公园，2007年。

米歇尔·德维涅·佩加斯蒂为纽约总督岛上的夏季公园设计的是一个田野、森林和水基础设施组成的网格镶嵌体。设计及其表现是刻意分层和多样化的。从航拍图像中汲取灵感，该平面采用农田拼凑成纹理，与河流的切割和树木形成的条带相对应。限制在线状结构内的土地用途，与那些连接和延伸到边界之外的土地使用方式之间，存在着相互作用。

5.5 （见116页）

35.6825° N，139.7521° E

Ranzan Takai，Man'en kaisei O-Edo oezu，1860年。比例约1：10000（以一半尺寸显示）。

这幅江户时期地图是一幅手工绘制的木版版画，展示了土地的使用、所有权和建筑利用。地图粉红色和灰色的色调表示使用，而所有权则用文字和符号来表示，包括较大私人住宅的家族徽章。地图设计为从四面均可观看，没有顶部或底部，因此没有文字的单一方向。地图的形态反映了建筑、街区和城市的形态，而信息则揭示了城市生活中的社会阶层。通过对使用和所有权的映射，阶级差别是显而易见的。2008年，谷歌将一些江户时代的历史地图作为一个图层提供给用户，有争议地揭示了过去与当代城市中的对部落民阶层的歧视。虽然过去和现在的叠加使得变化显而易见，但地理和社会信息的一致性指出了作为差异性实践的绘图潜力。

5.6 （见117页）

35.6825° N，139.7521° E

日本地理空间信息局，地形图（东京），1990年。比例：1：10000（以一半大小显示）。

在江户时代的基础上，政府大力推动的制图工作试图描述全国各地财物的生产潜力，日本制图师继续以极高的精度制作地图。当代城市地图编码丰富，包括基础设施和城市建筑形式层面上的区域划分，所有权和物质信息。细节层次为城市的描绘提供了清晰的纹理和材质。随着城市的复杂性和人口数量的增加，城市地图不再具有显示个人所有权信息的能力，但每一栋建筑和每个地块仍然根据材料和用途绘制和编码。

Permanent Infrastructure—Woodlands

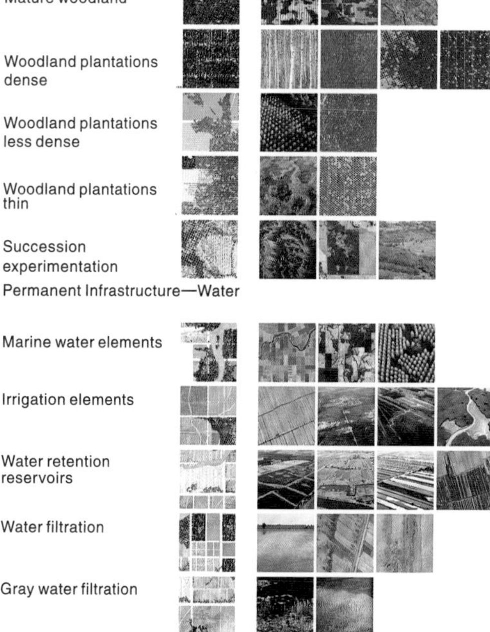

御城
西御丸
井伊
掃部

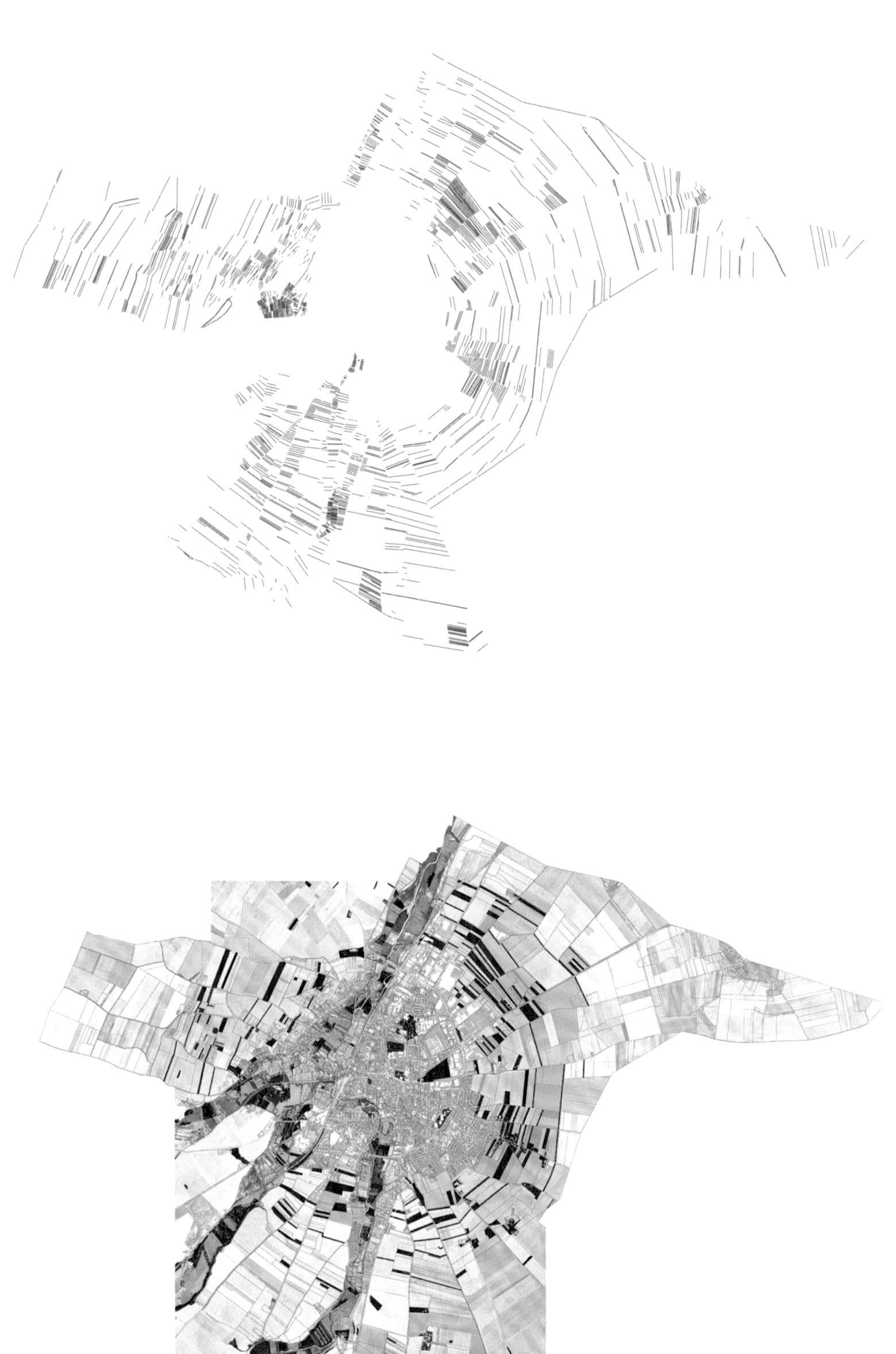

5.7

46.9608° N，1.9944° E
米歇尔·德维涅·佩加斯蒂，伊苏丹区，2005年。

通过调查，视觉分析，隔离和提取，法国伊苏丹出现了一套景观结构，由一组“碎片”构成了未来发展的潜在场所。该项目重新组织了外围的空间，创造了从城市核心到农田的合理，缜密和可识别的过渡。这对平面图显示了可用土地的径向模式，首先是用红色突出这些“看不见的空间”，然后作为连续景观的一部分与建议性的连接走廊。通过绘图，从穿孔的基底状态提取固有的、隐藏的结构，从而出现了一个新的词汇“城市边缘地区”。

5.8

斯坦·艾伦，美国新城市，2013年。

美国新城市是一个对密集，紧凑的城市居住区的提议，其中包括粮食生产，最小化生态足迹，并在一英里的网格内独立运作。以弗兰克·劳埃德·赖特（Frank Lloyd Wright）的广亩城市（Broadacre City）为先例，以杰斐逊主义网格为背景，美国新城市是典型的，可扩展的，可以适应当地的地理和地形条件。通过对角线大道，校园楔形绿地，室内花园，田野和小树林隐含着地形。这个城市具有马赛克的性质，整体结构清晰，但个体差异性很大。

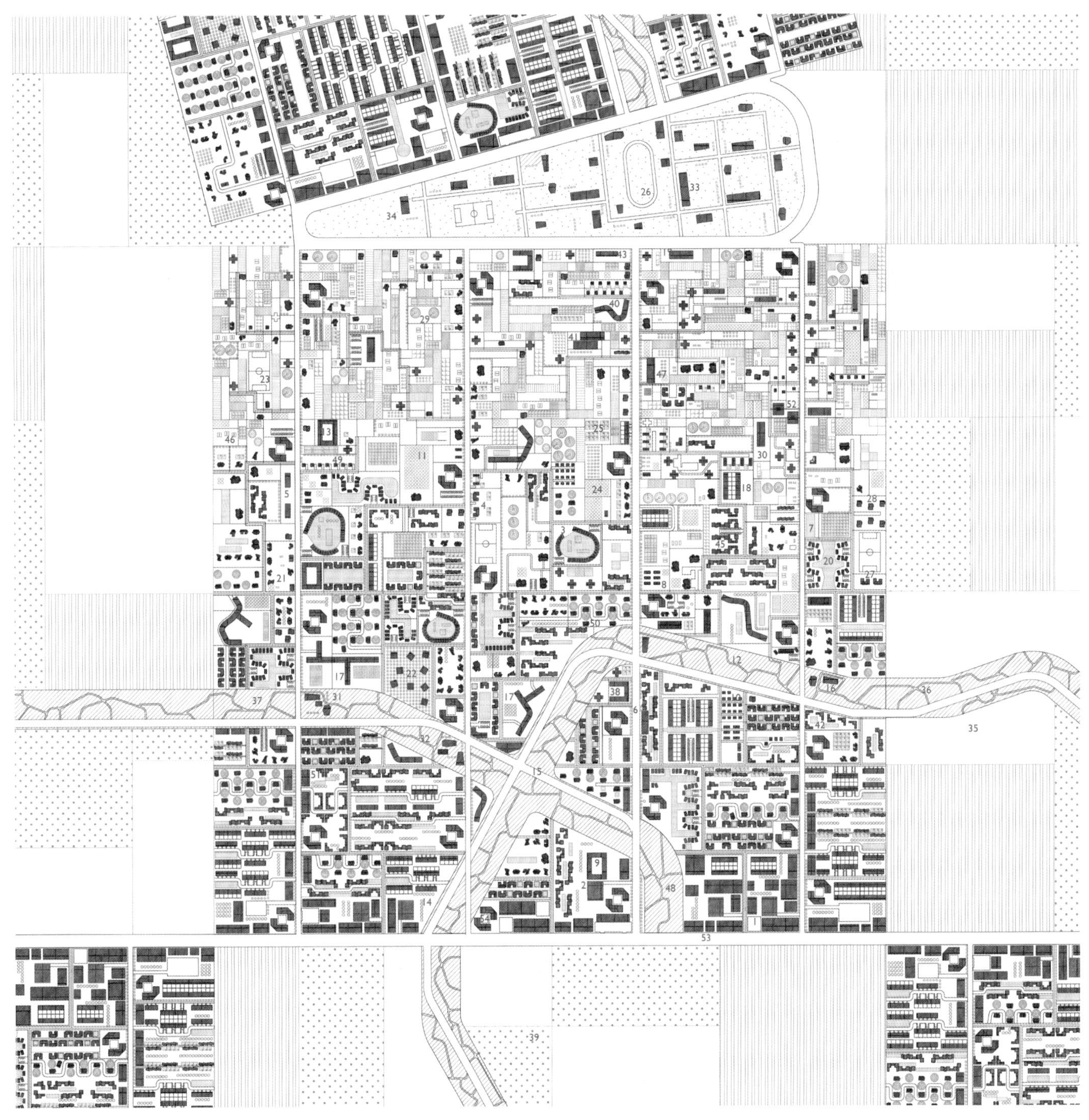

平面图

1.露天市场
2.带生态屋顶的停车场
3.农舍
4.小工厂—上层为居所
5.工厂区
6.主干道，取代现有铁路
7.小农场
8.专业人员和诊所
9.学校
10.邻里招待所
11.室内公园
12.音乐花园
13.浴室和体育场
14.农贸市场
15.停车道
16.学校
17.空中街道住宅
18.庭院住宅
19.大楼
20.超高层住宅
21.双人房
22. villini
23.运动场
24.果园
25.配给花园
26.马厩、围场和赛道
27.体育俱乐部
28.叠层别墅
29.小型农场
30.轻工业
31.文化机构
32.市民中心/县城
33.大学校园
34.科学和农业研究所
35.树木园
36.植物园
37.动物园
38.酒店
39.乡村俱乐部
40.疗养院
41.工匠孵化器
42.小型诊所
43.酒店
44.小型诊所
45.小公寓
46.乳品场
47.儿童学校
48.户外电影院
49.森林小屋
50.双人房
51.教育中心
52.医院
53.商业地带
54.混合功能的开放式塔楼
每平方英里12500居民，75%的开放空间

LAKE
RIVER
EAST
BOAT LANDING
LEE CEM
BM
117
LOGGING
TRAM
DISMANTLED
CAMP STEPHEN FOSTER
ISLAND
123
BM
124
OKEFENOKEE
118
ISLAND
OKEFENOKEE
122
NATIONAL
WILD
BILLYS
120
REFUGE
CHARLTON CO
WARE CO
120
121
119
121
120
ISLAND
NEW
120
ISLAND
125
125
119

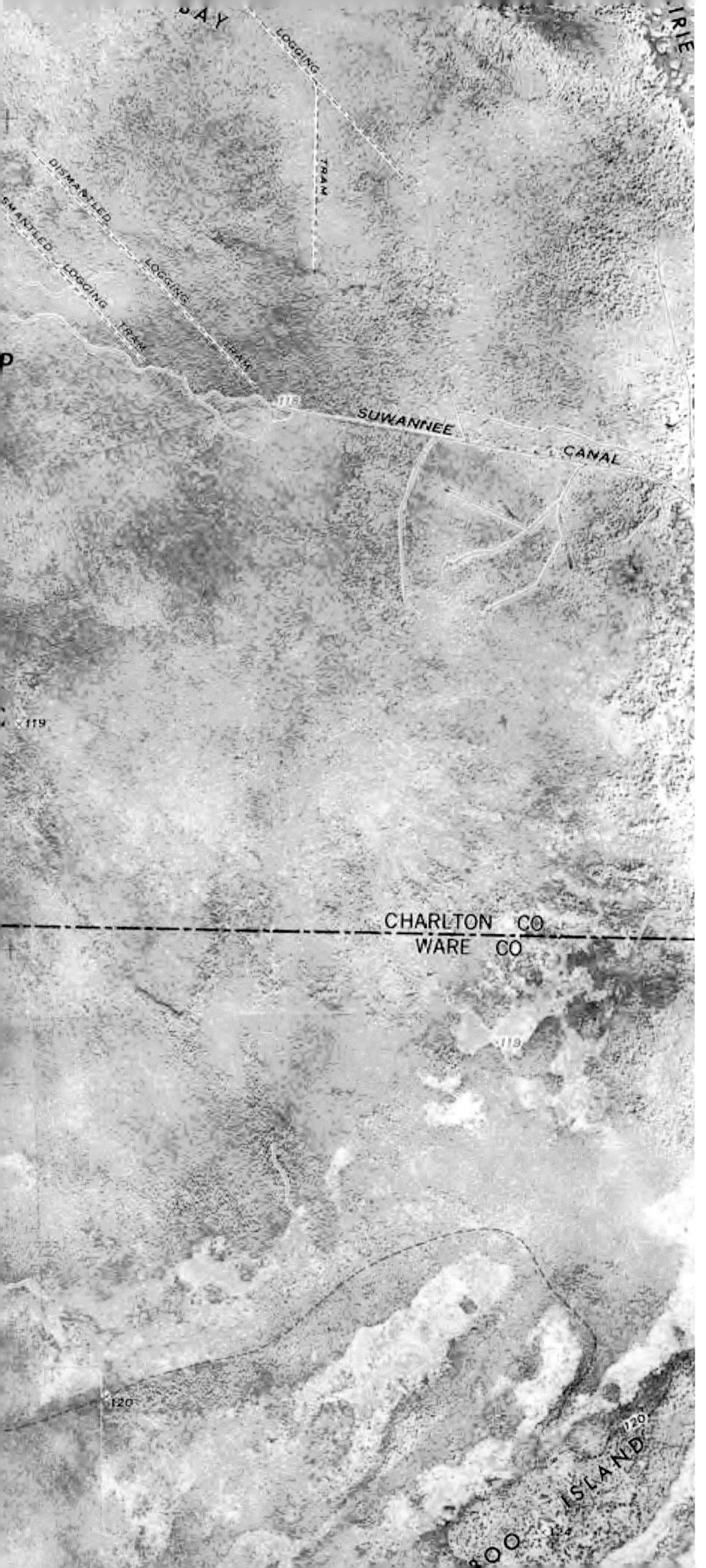

5.9

30.6188° N，82.3210° W
美国地质局（USGS），比利斯岛（Billys Island）四边形地图，1966年。

用于美国地质勘探局的四边形地图的早期正交摄影，可以描述平坦的地形。这些景观没有被地形线的尺度和间隔所描述，而是通过摄影图像德妙辉而生机勃勃。如图所示，第一批出版的图像是20世纪60年代的奥克弗诺基沼泽。正如美国地质勘探局地形部门负责人鲁珀特·B·索瑟德（Rupert B. Southard）所解释的那样，新地图具有启发性，“因为等高线很少，文化特征密度低，标准地图几乎只显示沼泽符号图案。”

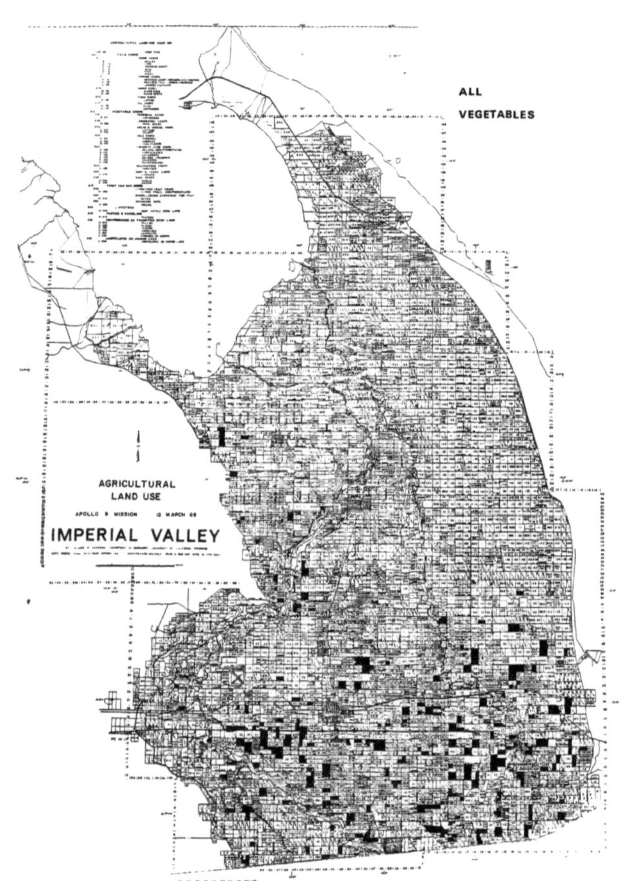

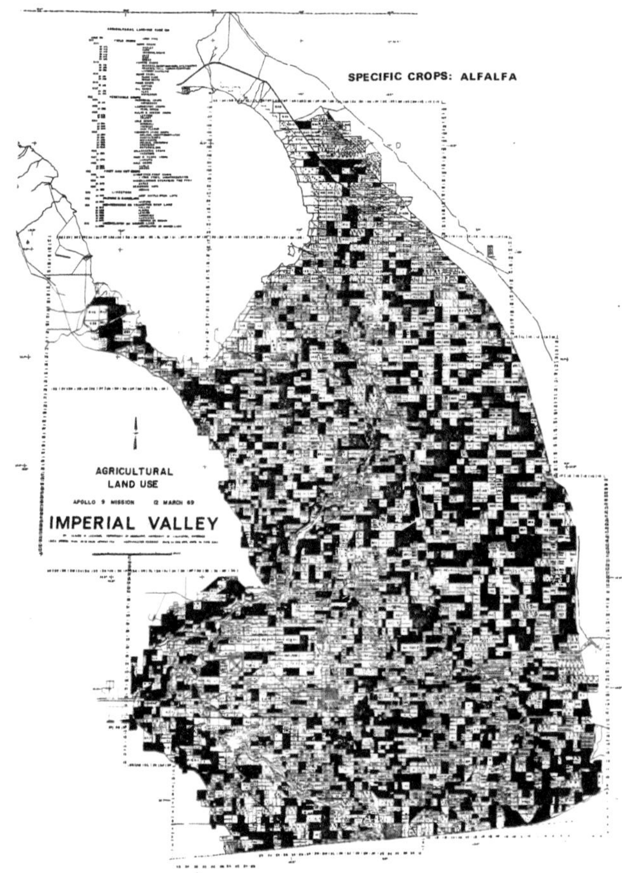

5.10

32.9631° N，115.4876° W
克劳德·约翰逊（Claude Johnson），伦纳德·鲍登（Leonard Bowden）和罗伯特·皮斯（Robert Pease），农业土地利用，帝王谷所有蔬菜和特定作物：阿尔法尔法（Alfalfa），1969年。

遥感数据使测量员从土地测绘中解放出来，同时使景观的整体景致更容易获得。上面的图像已被翻译成地图形式继续焕发生机。如今，通过分析航空照片记录景观的能力对加州大学的农学家来说是革命性的，他们用此方法研究了帝国河谷的作物和作物病害。

FOREST DENSITY

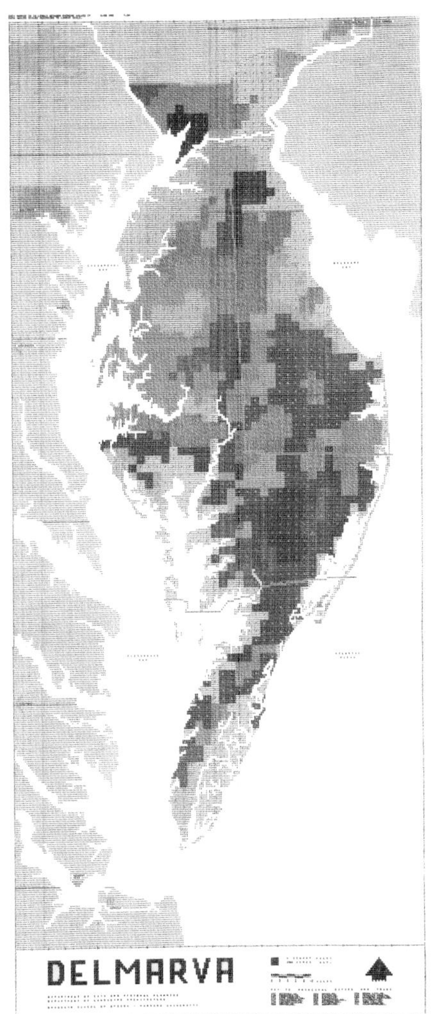

AREAS FOR CONSERVANCY, WITH THE ASSUMPTION THAT THE PRIMARY IMPETUS FOR CONSERVATION COMES FROM AGRICULTURAL INTERESTS

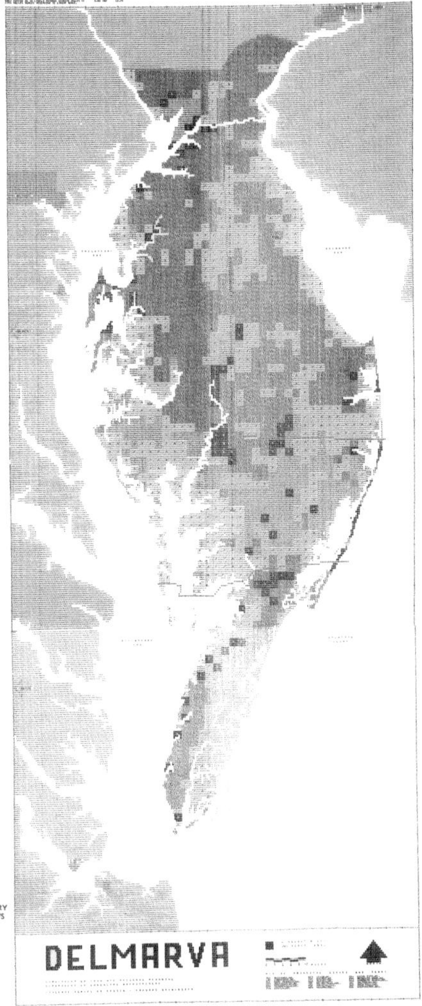

5.11

38.5000° N，75.6667° W
卡尔·斯坦尼茨，计算机制图和区域景观，B区保护区森林密度，1967年。

在景观设计师卡尔·斯坦尼茨的带领下，德尔马瓦（Delmarva）半岛的地图由哈佛大学设计研究生院景观设计和规划专业学生的共同努力而成。学生们使用计算机图形学实验室开发的工具和流程制作了一套地图，用于确定适合开发的位置。地理数据的可用性以及用预定值对该信息进行编码的能力为确定性和实证性工作提供了便利。这里显示了两张地图。第一个是森林密度，是描述性的，从航空摄影中产生，尽可能地作为一个基本层来投射。第二种是多种类型数据的聚合，这些数据映射有不同的加权值 - 高土壤质量（+3），高野生动物潜力（+1），高森林密度（+1）和高海岸线压痕（+1）- 以获得最佳保护区域。这些地图使用符号的组合来创建用以标记数据值范围不同的单色色调。

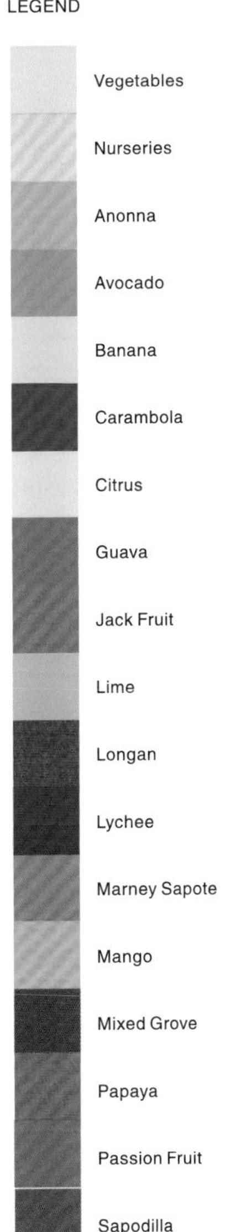

5.12

25.7216° N，80.2793° W
瓦莱丽·英布鲁斯（Valerie Imbruce），农业生物多样性研究，佛罗里达州，2004年。

农业生态学家瓦莱丽·英布鲁斯（Valerie Imbruce）利用佛罗里达大学的数据绘制了迈阿密地区小规模生产性地块的物种分布图。一系列热带水果，蔬菜和观赏植物指出了城市周边农业实践的多样性。色彩丰富的编码突出了地图中物种的丰富性，而对比鲜明的色彩则突出了空间异质化的都市农业新格局。

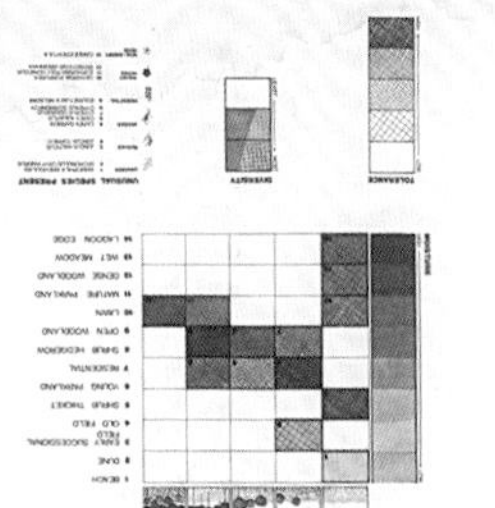

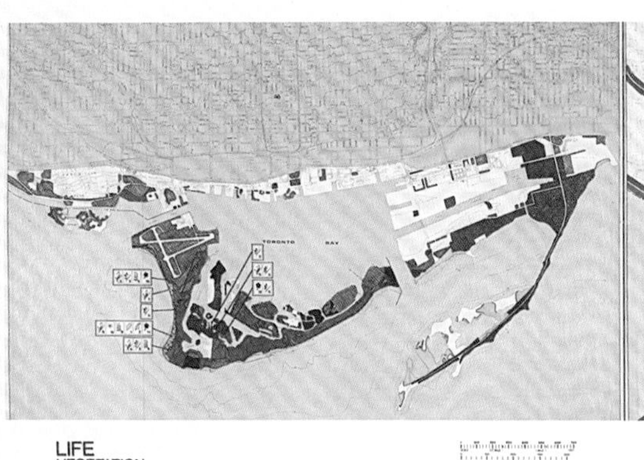

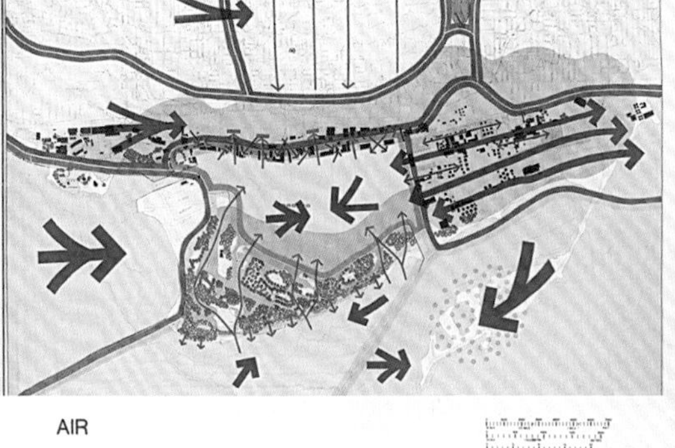

LIFE
VEGETATION
56

AIR
45

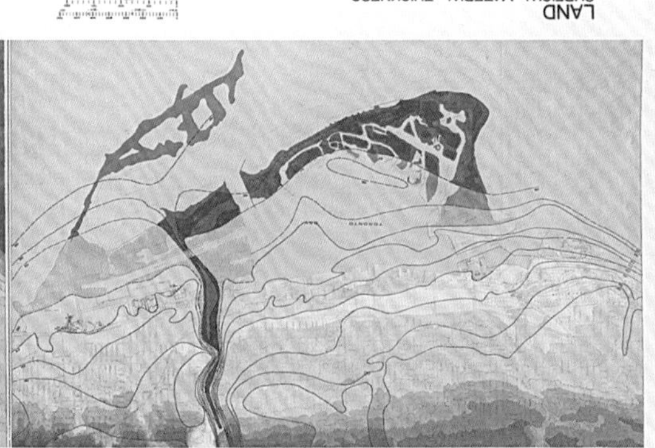

WATER
53

LAND
SURFICIAL MATERIAL: THICKNESS
48

WATER

Lake Ontario dominates the natural environment of the Central Waterfront. Thus an understanding of processes related to water is the key to an understanding of how the waterfront environment functions. Relationships between the Lake and local climate, between lake currents and water-borne sediments, between moisture levels and vegetation, between water and wildlife habitats, and between water and human activities are explored in other parts of this study. In this section, the nature of the water itself—its depth and quality—and the land features which influence its quality are examined.

Features displayed on the Water map relate to water depth (blue), flooding and runoff characteristics of land (purple), and contamination of water, lakebottom sediments, and soil (yellow). Water depth is a result of past and present geologic, climatic, and hydrologic processes which are modified by human activities. The shape and depth of the lakebottom are determined by natural processes of wave action and currents, whereas depths in Toronto Harbour and the Island lagoons are determined by human actions. The dredged ship channel in Toronto Harbour is 27-30 feet deep and requires periodic maintenance. The shape of the Bay bottom has undoubtedly also been affected by dredging as man has mined it for fill material. The Island lagoons and other shallow waters are susceptible to silting, resulting from erosion due to man's activities near the shore. Present knowledge of hydrodynamics is insufficient to permit the prediction of possible changes in water depth.

Shallow water (0-10 feet deep) is most easily developed for man's needs, but being adjacent to the shore it is also most vulnerable to pollution. Moderately deep water (10-30 feet) also has value as a recreation and potential development resource. Deep water (over 30 feet) is not easily developed, but its abundance and depth give it recreation value. Moderately deep and deep water are slightly less vulnerable to pollution since contaminants may disperse more readily than in shallow water.

Since the quality of water in Toronto Harbour and Lake Ontario is also directly affected by man's activities on adjacent land, it is important to determine the relationships between land and water in the Central Waterfront. Water moves from land to the Lake as

52

WATER

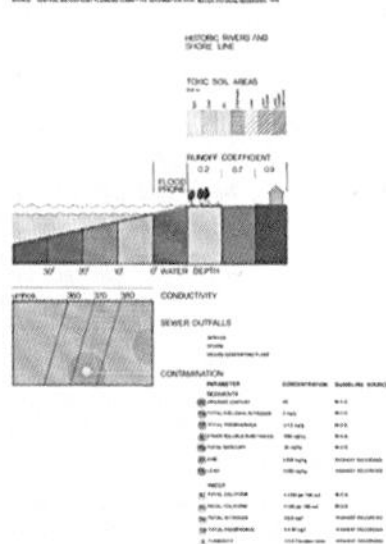

LAND
SURFICIAL MATERIAL: THICKNESS

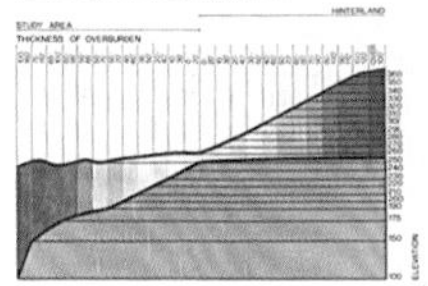

Littoral deposits have accumulated from sediments carried and deposited by longshore currents. The littoral deposits on the Toronto Islands are recent. These beaches are a recreation resource for the Toronto region. The deposits in the Port area are remnants of the spit which once formed at the mouth of the Don River, enclosing Toronto Bay. These ancient deposits have value as an educational resource.

Uncompacted sediments in the Central Waterfront consist of littoral deposits or landfill which have been in place for less than ten years. Since these sediments have not yet achieved their maximum natural compaction, they are prone to settlement. They will provide an unstable support for foundations until they become compacted.

Subaqueous sediments range in texture from sand to clay. Silt and clay subaqueous sediments provide a poor foundation for structures and may also present a potential pollution hazard. Sand and sand-silt sediments are more easily developed. They are also a potential source of high quality fill material.

Most land features relate to social values in terms of safety and development cost or in terms of resource protection. Performance requirements listed on the Land Data Interpretation Chart specify actions necessary to prevent or avoid hazards, to minimize development costs, and to protect resources. These are outlined in Resource Interpretation and are described in detail in Performance Requirements for Future Actions.

49

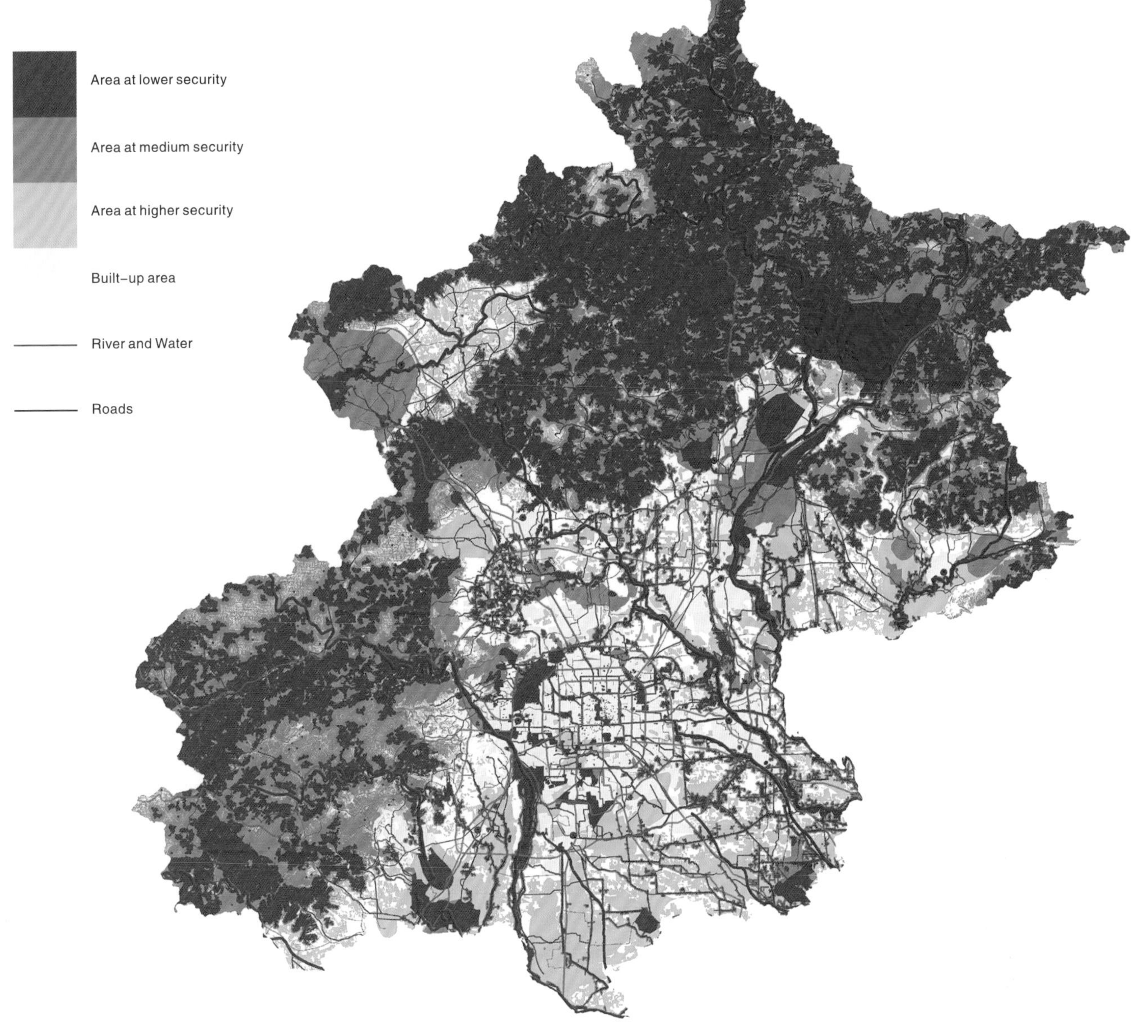

5.13

43.6396° N，79.3800° W
Wallace McHarg Roberts & Todd（WMRT），多伦多中央海滨环境资源地图，1976年。

在1964年开创的山谷计划颁布后，WMRT以其环境规划方面的专门知识而闻名于世。WMRT在景观设计师纳伦德拉·朱内贾（Narendra Juneja）的指导下，在1976年对多伦多中央海滨进行了广泛的环境综合研究，以指导该城市滨水区的未来发展。该小组收集了与气候、空气质量、噪声、地质、地形、水文、沉积物、植被、野生动物和土地利用有关的大量环境数据。这些数据基于其对城市生活质量的直接或间接影响进行加权。形成了一个广泛的矩阵，将环境资源与社会目标等同起来。矩阵被转换成一系列描述城市空气、土地、水文和生活的地图。

5.14

39.9100° N，116.4000° E
土人景观，让景观引领城市化——北京城市发展规划，2008年。

中国景观设计师俞孔坚，基于他在土人公司及其在北京大学和哈佛大学设计研究生院的教学，提出了先进的生态规划方法，用于制定北京地区乃至中国各地的生态安全规划和发展指南。地理空间数据是分层的，以揭示城市内建筑、铺装和景观空间之间的潜在空间关系。土地用途根据其与长期的水管理、抗地质灾害能力、生物多样性、文化遗产和娱乐潜力有关的表现，被评估并分为低、中、高安全区域。

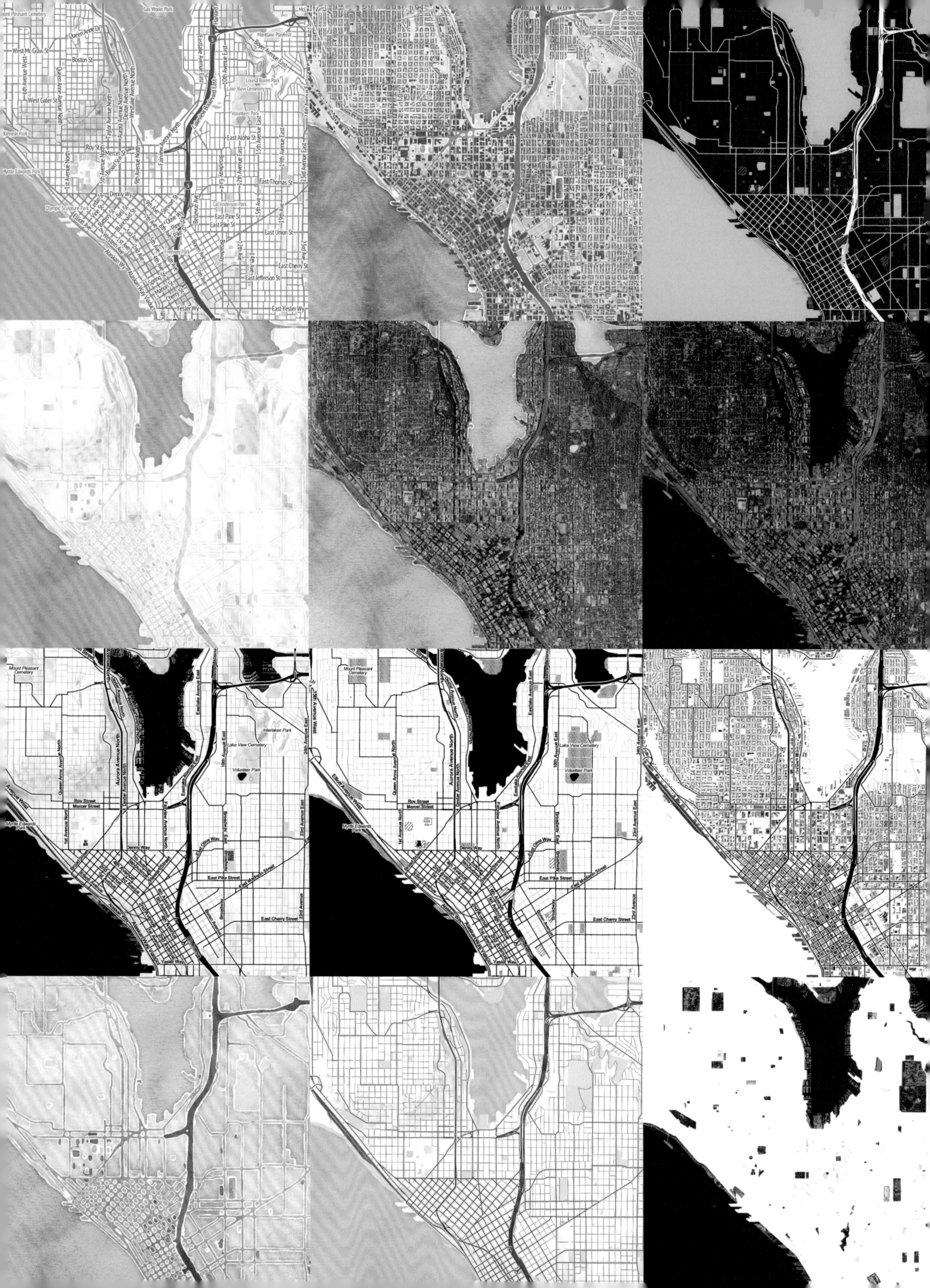

Queen Anne Dr
West Mc Graw St
Boston St
West Galer St
Roy St
Mercer St
Denny Wy
Olympic Sculpture Park
Myrtle Edwards Park
Kinnear Park
Lake View Cemetery
Volunteer Park
Cal Anderson Park
East Aloha St
East Thomas St
East Pine St
East Pike St
East Union St
East Cherry St
East Jefferson St
Yesler Wy
Eastlake Avenue East
Fairview Avenue North
Aurora Avenue North
Broadway
Mount Pleasant Cemetery
Interlaken Park
Roy Street
Mercer Street
Denny Way
East Olive Way
East Pike Street
East Madison Street
East Cherry Street
Yesler Way
Dexter Avenue North
Queen Anne Avenue North
1st Avenue North
10th Avenue East
15th Avenue West
Elliott Avenue West
24th Avenue East
23rd Avenue East

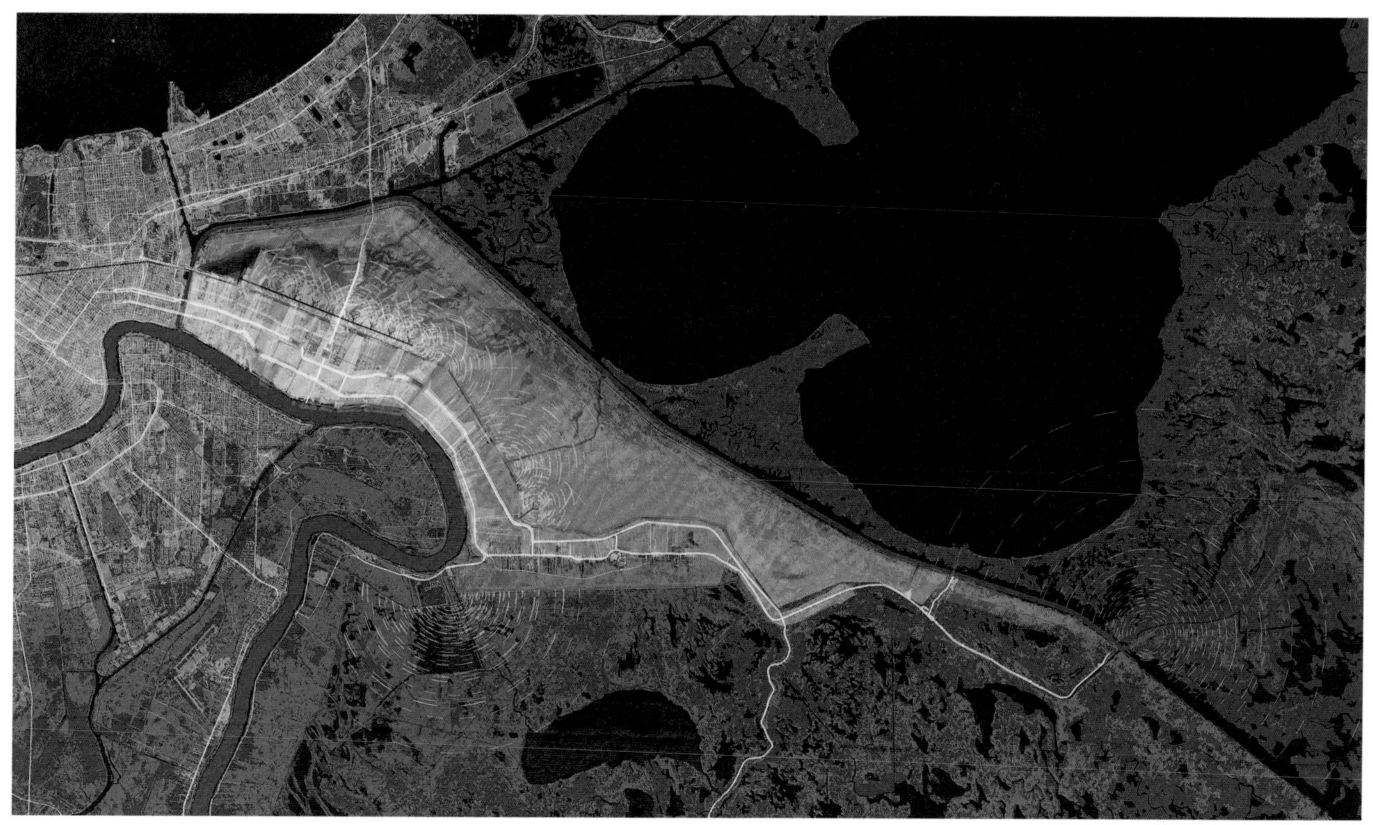

5.15

37.6374° N，122.3601° W
Stamen设计，地图集，2013年。

Stamen设计致力于提高数字地图的地图表现质量，这些地图被设计成交互式的、多尺度的、多层次缩放的、用户操纵的、可以屏幕上显示的形式。Stamen使用OpenStreetMap数据创建地图，并提供一个简单的、用户友好的、免费的、随时可用的地图制作Web界面。该公司提供三种表现风格的地图：碳素风格（高对比度的黑白地图），地形风格（有阴影的浮雕和自然的土地分类颜色）和水彩风格（具有栅格效果的区域清洗，有机化边缘和纸张纹理的地图）。MapStack接口允许在受控制的表现环境中进行变化，以满足业余制图师的需求。

5.16

37.6374° N，122.3601° W
LSU沿海可持续发展工作室，Bayou Bienvenue，2010年。

该图像为大新奥尔良东部提出了一系列恢复和保护策略，重点集中在以绿色表示的圣伯纳德教区中央湿地单元。这幅图对预计的土地用途等策略进行了编码——包括蓝色的泥沙转移策略、废水处理，在辐射的白色线条中产生的柏树森林再生，以及在远离黄色沼泽地的地方搬迁和密集的社区开发。走廊的发展以白色实线显示。该图形将数据与颜色编码的线条工作，填充和光栅图像相结合，呈现出一个复杂动态的沼泽环境。

第 6 章

图底关系

空间的一种表现形式，通常用于城市，使用填充或速写来显示建筑结构和网络之间的关系。

图底关系是一种二元方法，为景观的空间性解读提供了一个清晰而强大的方法。物体与场地的分离是所有制图和设计图纸的基础。虽然图形可以代表任何东西，但设计和制图中最基本的图底关系包括三个对立面：陆地与水，地形与平地，以及建筑结构与城市肌理。本章重点介绍后者，它是一种简化的、有揭示性的土地利用划分形式。

图底关系中没有线条，取决于填充和留白感知形状。绘制图底关系图的常用方法是用深色通常是黑色填充图形，或建成空间，将地面留空或留白。也有部分图纸采用相反的白色图形和黑色地面。这个系统的最终可读性取决于眼睛对图形的可识别性。鲁宾的面孔是一个典型的双层次解读的图底关系实例。两种图底颜色的选择也会影响图纸易读性，其中黑白搭配最容易识别，而蓝色和黑色的搭配则要难得多。城市结构、建筑形式通常通过简单的速写清晰可见，其中代表性问题是分类、等级和差异化的问题。图纸的表达从图—底的精确定义开始，然后确定图形或背景是否应该表达得更强烈，或者反差是否应该最小化，最后选择是否在图纸中嵌入更多的时间、材料、结构、用途信息。

传统的图底关系图纸只有两个层次，由实体填充和留出的空隙来描述。然而，设计师和制图员一直在挑战图层的清晰度和数量，同时接受了图底关系的概念，以此作为区分不同类型建筑形式的一种手段。图层越多，图纸对图底关系的二元划分就越不忠实，但它表达等级和细微差别的能力越强。图底关系已经被用来支持意识形态主张，为城市的设计提供信息，重新规划领土，并描述城市形态随时间推移的变化。

图底关系具有简洁性的表达和清楚的图形，因此具有说服力和适应性。它可以单独使用，也可以嵌入其他信息层。传统的黑白图底关系清晰但有限地解读了城市内建筑物和非建筑物的分布情况。它显示出了密度，但却隐藏了建筑的特征——时代，高度，风格和材料。它可以扩容以允许更大的分化。人眼可以处理更多信息，而不会失去建筑和非建筑的明确表达。城市地图集，例如柏林的1906年总体规划，我们很容易通过图底关系之间的基本区别来理解（图6.16）。这些地图集非常清晰，不同的灰色表示建筑类型，浅黄色代表道路，浅绿色代表公园和广场，蓝色代表水道。其余的页面空间是小路和私人开放空间的结合，形成一系列碎片，而不是连续的有组织的结构。图纸信息丰富，但即时性减少了。城市设计的实体和空地，模式和结构，机会和约束并不像在经典的图底关系中那样清晰可辨。然而，在着色中编码信息量的增加使得人们能够更细致、更还原性解读城市形态。在图底关系及其衍生工具中，在丰富的信息和清晰的意图之间存在一种权衡。本章测试了图底关系的局限性和可读性，从经典的单色模式延伸到经过渲染的材质，同时解释出绘画类型的关键作用。

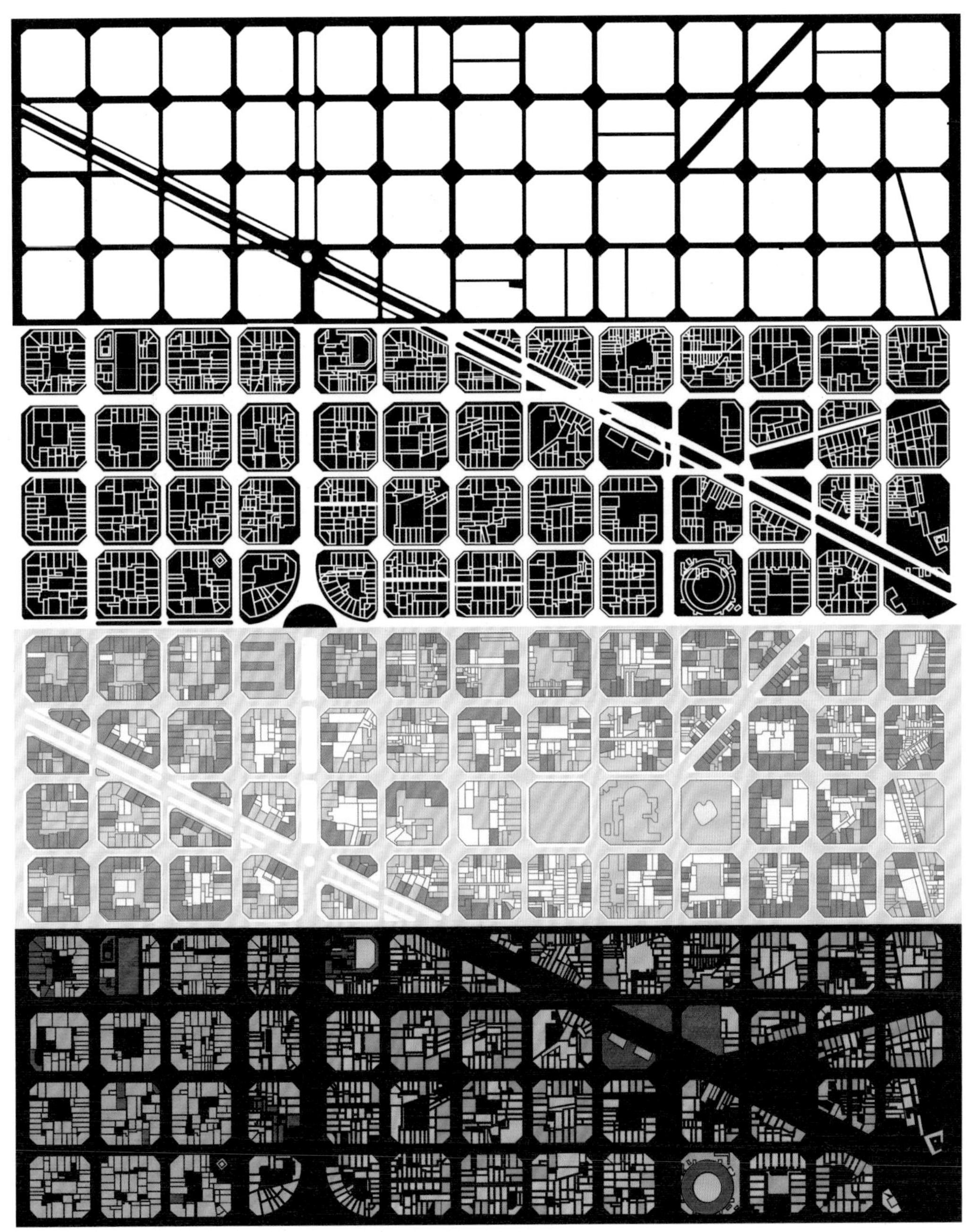

6.1

41.3833° N，2.1833° E
吉尔·德西米妮，图底关系技术：巴塞罗那，2014年。在琼·布斯克茨（Joan Busquets）之后（图6.6），安德烈·马琛茨（Andreas Matschenz）和朱利叶斯·斯特劳布（Julius Straube）（图6.16）和OMA（图6.10）。

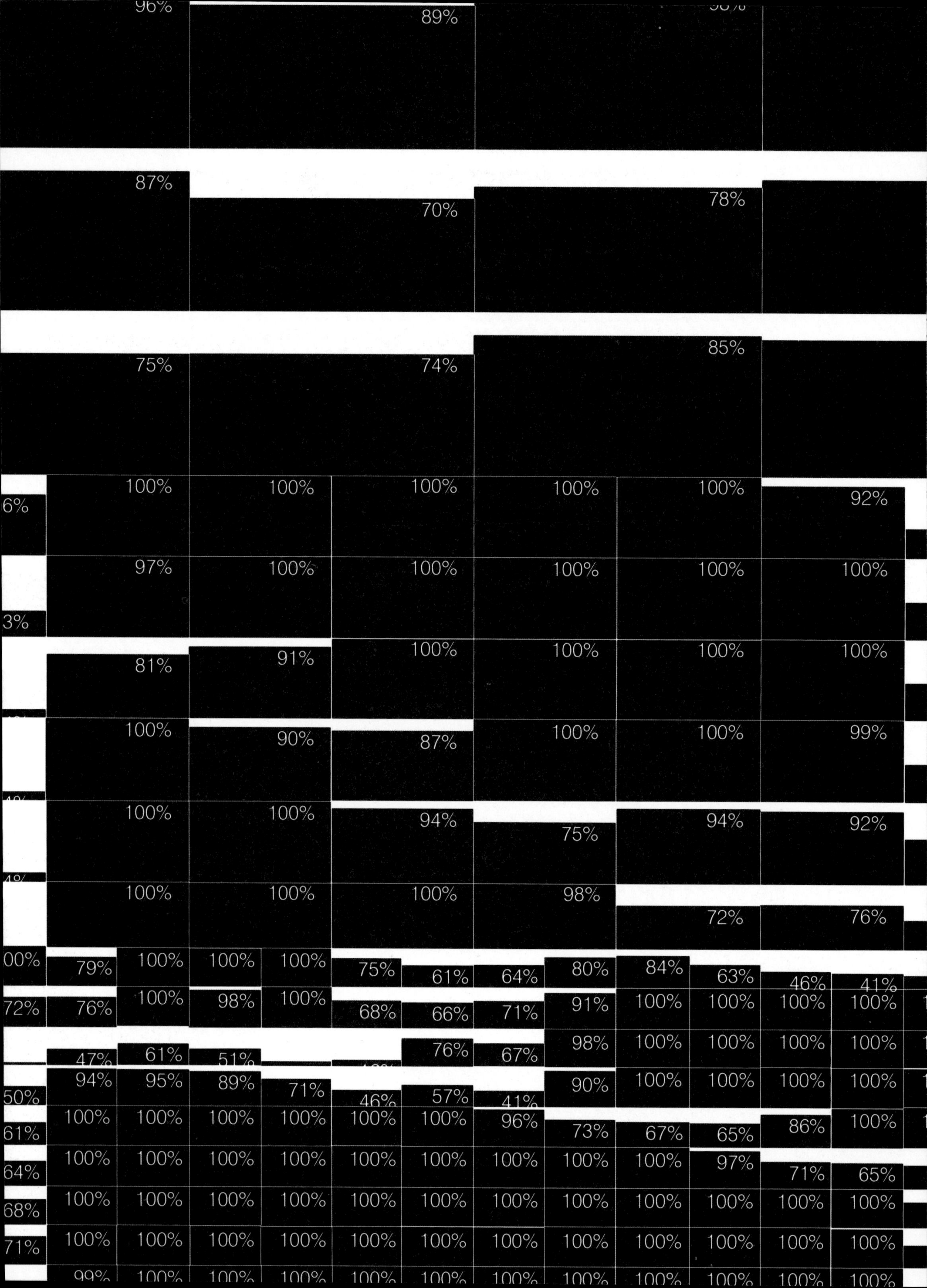

96% 89% 98%

87% 70% 78%

75% 74% 85%

6% 100% 100% 100% 100% 100% 92%

97% 100% 100% 100% 100% 100%

3%

81% 91% 100% 100% 100% 100%

100% 90% 87% 100% 100% 99%

100% 100% 94% 75% 94% 92%

100% 100% 100% 98% 72% 76%

00% 79% 100% 100% 100% 75% 61% 64% 80% 84% 63% 46% 41%

72% 76% 100% 98% 100% 68% 66% 71% 91% 100% 100% 100% 100%

47% 61% 51% 76% 67% 98% 100% 100% 100% 100%

50% 94% 95% 89% 71% 46% 57% 41% 90% 100% 100% 100% 100%

61% 100% 100% 100% 100% 100% 100% 96% 73% 67% 65% 86% 100%

64% 100% 100% 100% 100% 100% 100% 100% 100% 100% 97% 71% 65%

68% 100% 100% 100% 100% 100% 100% 100% 100% 100% 100% 100% 100%

71% 100% 100% 100% 100% 100% 100% 100% 100% 100% 100% 100% 100%

99% 100% 100% 100% 100% 100% 100% 100% 100% 100% 100% 100%

71% 85% 80%

57% 89% 89%

68% 87% 86%

83% 99% 100% 76% 87% 100%

99% 85% 82% 79% 83% 100%

100% 100% 84% 81% 62% 85%

100% 95% 87% 76%

77% 82% 88% 92% 86% 42%

75% 67% 95% 100% 100% 97%

89% 100% 91% 100% 95% 60% 100% 100% 100%

99% 90% 44% 75% 90% 98% 64% 100% 100% 100%

100% 69% 68% 100% 74% 76% 100% 100% 100%

46% 100% 75% 67% 91% 100% 100% 89% 100% 100% 100%

79% 100% 99% 100% 100% 100% 100% 81% 100% 100% 100%

98% 100% 100% 100% 100% 100% 100% 67% 88% 100% 100% 100%

62% 88% 100% 100% 100% 100% 100% 49% 70% 100% 100% 100%

100% 80% 72% 90% 100% 100% 100% 61% 100% 100% 100%

100% 100% 100%

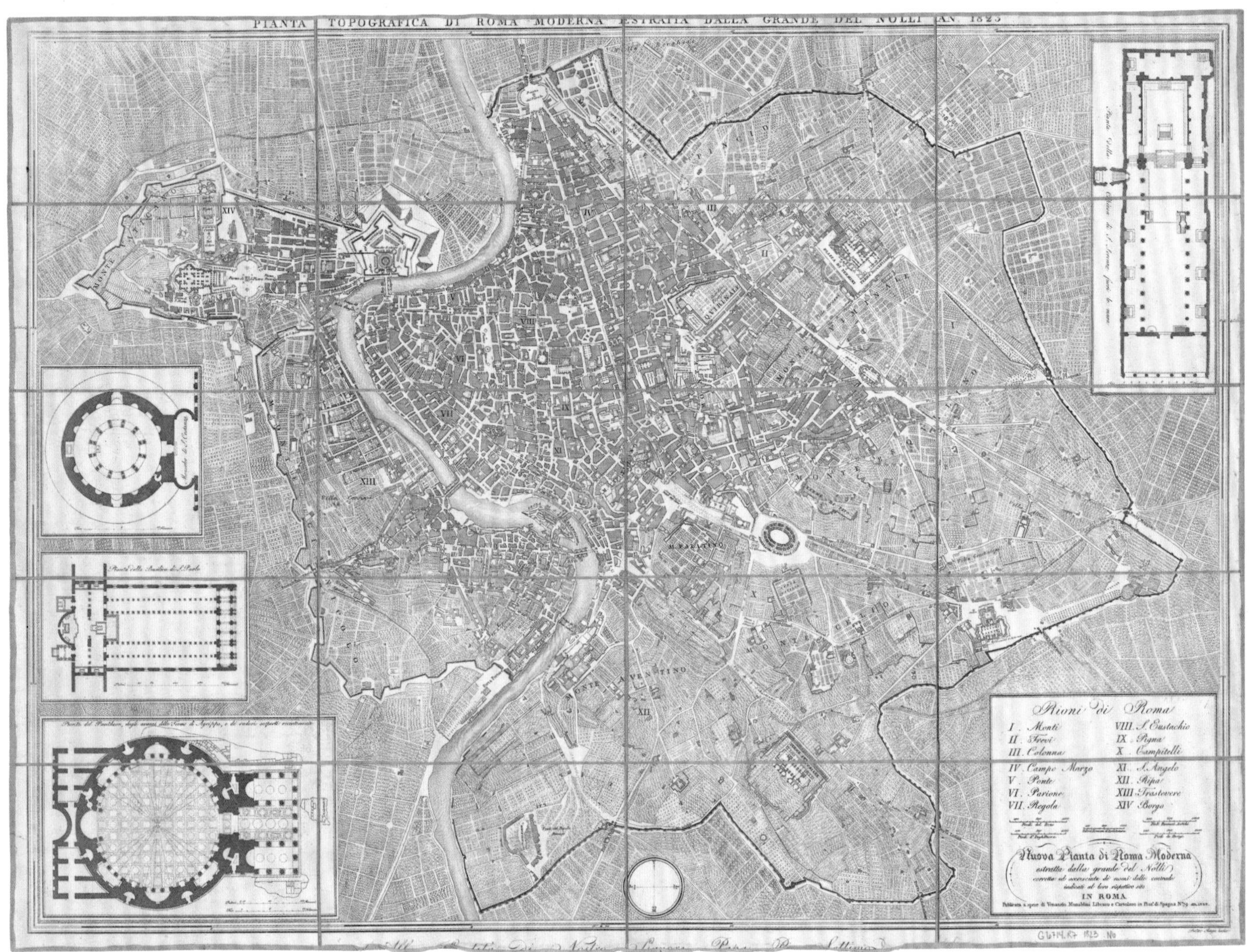

6.2

41.3857° N，2.1699° E
罗伯特·杰拉德·皮特鲁斯科（Robert Gerard Pietrusko），静态动画，2012年。

6.3

41.9000° N，12.5000° E
詹巴蒂斯塔·诺利（Giambattista Nolli），现代罗马的新工厂，1823年。

詹巴蒂斯塔·诺利于1748年首次出版了他的《现代罗马的新工厂》，值得注意的是其测量和绘制城市的革命性方法。诺利画的是地图和平面图的混合体，它通过画出了开放庭院的建筑形象，让市民阶层渗透到了街道之中，改变了罗马的公共空间观念。一个多世纪以来，直到1870年罗马成为意大利首都之前，罗马的大部分地图都是原诺利平面图的变体，这证明了它的代表性，也表明了它在制图史上的重要性。

6.4

51.5063° N，0.1271° W
大卫·格雷厄姆·夏恩（David Grahame Shane），伦敦田野调查，1971年。

城市设计师兼理论家大卫·格雷厄姆·夏恩的工作致力于研究城市形态与时间之间的关系，以及城市形态的短暂性。他的《伦敦田野调查》是他在康奈尔大学与科林·罗共同撰写，揭示了泰晤士河支流河床上格鲁吉亚庄园背后的图案、模式、尺度和代码。这幅图用明暗和线条来描述河滨的产业组织，揭示了水文与城市发展之间的关系。

6.5

43.6667° N，4.6167° N
巴斯·斯梅茨（Bas Smets），阿泰利埃公园，2009年。

制图实践是比利时景观设计师巴斯·斯梅茨设计方法的核心。他的项目从复制行为开始，从一个特定的视角中画出现有的状态，重新审视土地，发现可见但没有被注意的东西。这些地图为项目创建了一个个自定义和特定的基础。基地通过绘图进行解释，映射继续作为绘图和想象之间的持续交换的媒介。法国阿尔勒的阿泰利埃公园的两张地图将古罗马城市的地貌、阿泰利埃公园的人工平台和植被、场地周边的树木这些特定的景观要素分离开来，并在重新绘制的基础地图上阐明了设计潜力。

6.6

41.3857° N，2.1699° E

琼·布斯克茨，巴塞罗那旧城区，2000年。

城市设计师琼·布斯克茨作为一名研究员、规划师和设计师，他将大部分职业生涯奉献给了巴塞罗那市。他的分析图描绘了这座城市的形态，并描述了它随时间的变化。他的旧城平面是对诺利式规划的改编，使用了丰富的编码系统来描绘历史城市的纪念碑、开放空间和建筑类型。列出的建筑物和考古遗址被绘制成建筑平面图，显示城市肌理的规模和质地，允许阅读者通过图纸进入建筑物。国家纪念碑以红色填充，将它们与类似的当代和现代公共建筑联系在一起。住宅肌理以黑色和灰色的色调显示。

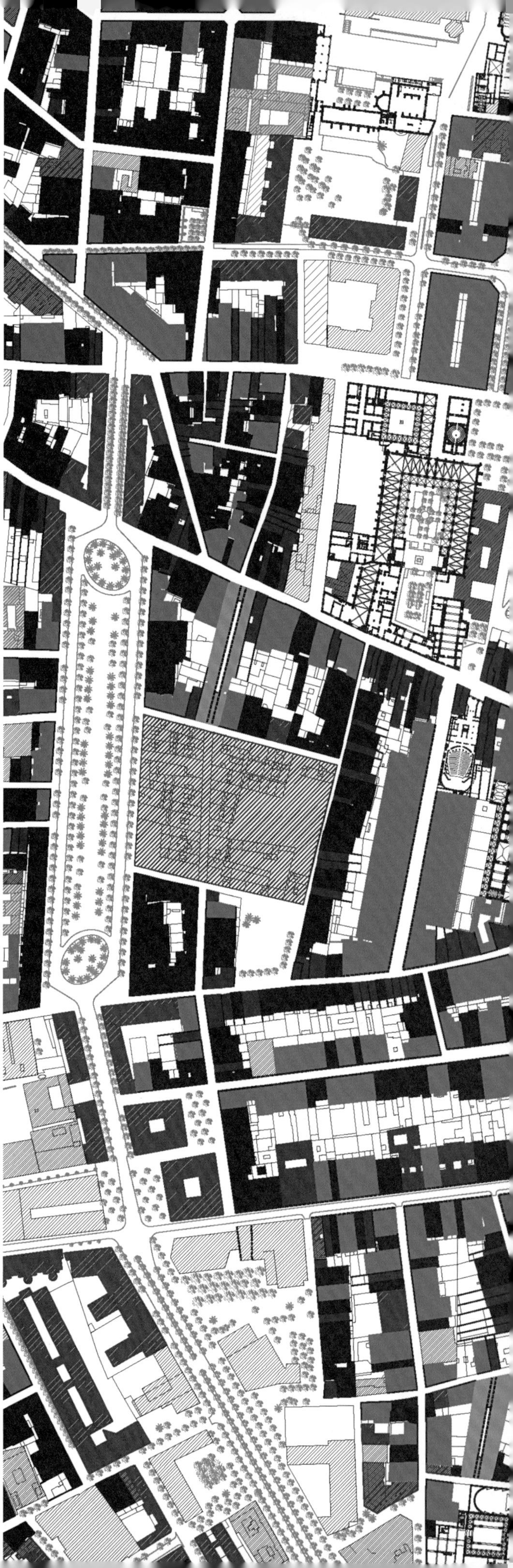

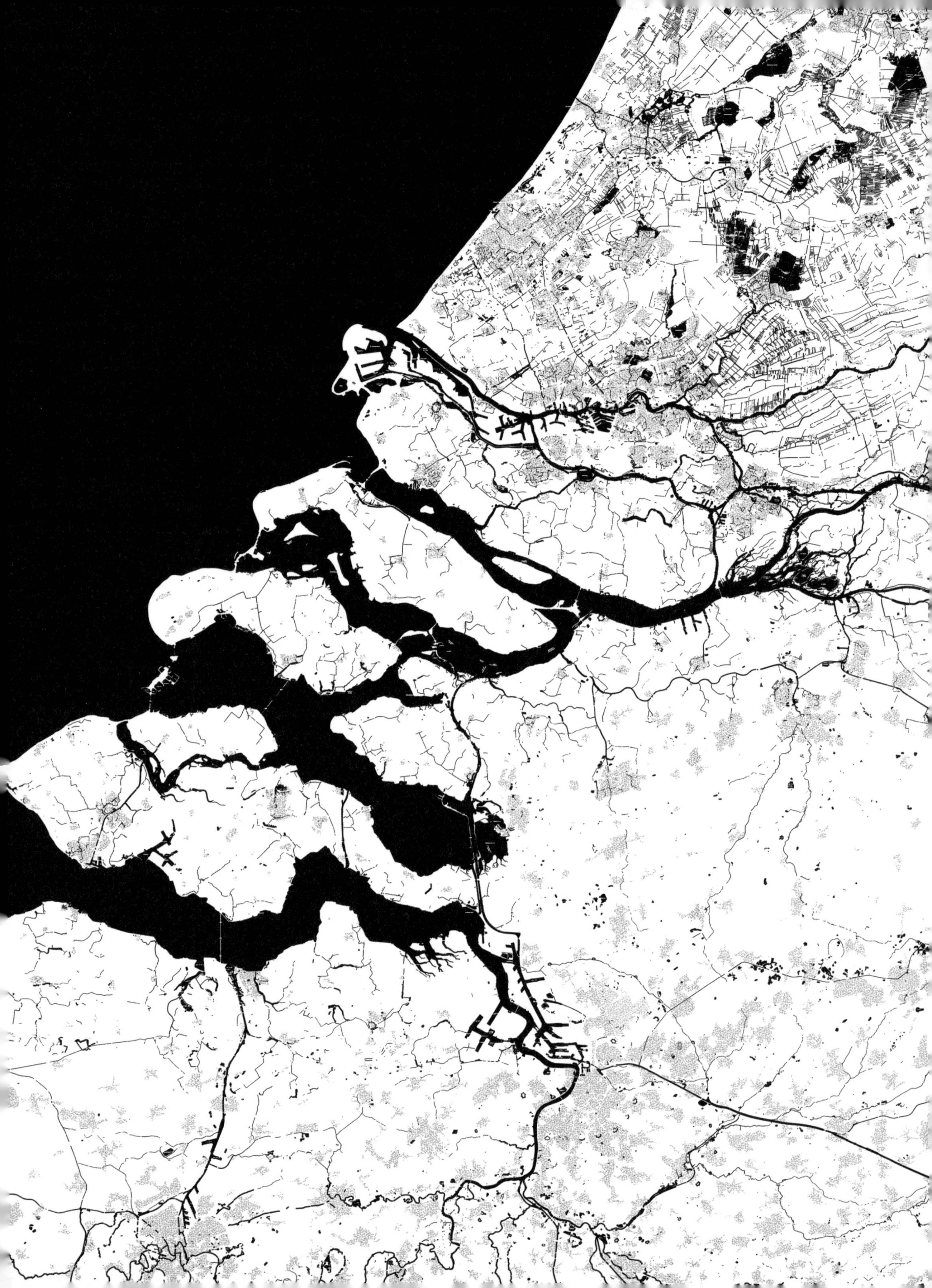

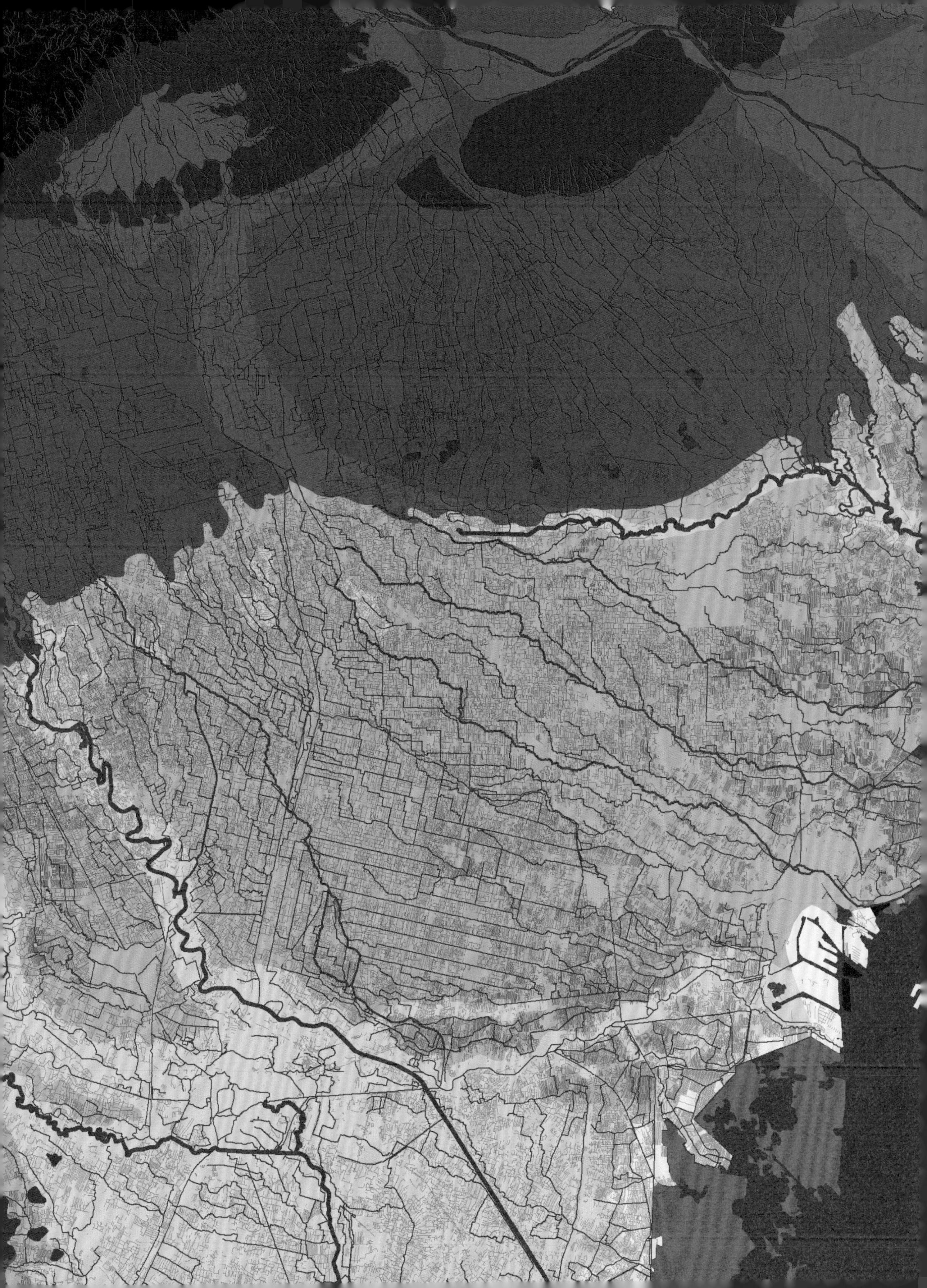

6.7（见140页）

50.9462° N，5.3633° E
巴斯·斯梅茨（Bas Smets），欧洲三角洲，2010—2012年。

作为2040年布鲁塞尔领土愿景的一部分，景观设计师巴斯·斯梅茨探索了影响城市的水文系统的范围。北方大三角洲地区的图底关系显示了水与城市化之间的关系，与荷兰和比利时的情况形成鲜明对比。通过图纸，斯梅茨（Smets）表明，缺乏强烈特征的景观促进了城市化的广泛性，同时促进了平原地区上形成强大的河流和小支流系统。这一水文网络有可能重建看似平庸的农村，并产生强大的景观特征，能够抵御无处不在的城市发展。

6.8（见141页）

45.4333° N，12.3167° E
贝尔纳多·塞奇（Bernardo Secchi），波拉·维甘（Paola Viganò），洛伦佐·法比安（Lorenzo Fabian）和帕乌拉·佩莱格里尼（Paola Pellegrini），水和沥青：各向同性项目，2008年。

意大利城市规划学家贝尔纳多·塞奇（Bernardo Secchi）和波拉·维甘（Paola Viganò）及其合作者探索了威尼斯地区分散的特性，阐明了随着时间的推移通过重大基础设施变革形成的各向同性条件。制图工作将水文和交通网络与地质基质联系起来，描述了境内水（红色）和沥青（灰色）之间的关系。这幅图重新描绘了该地区及其公共领域的形象，通过解读地面的物理条件，揭示了嵌入在基础设施系统中的逻辑。

6.9

柯林·罗和弗雷德·科特（Fred Koetter）
威斯巴登街平面图，1978年。最初出版于《拼贴城市》（剑桥，麻省：麻省理工学院出版社，1978年），82，©1979麻省理工学院，经麻省理工学院出版社许可。

柯林·罗和弗雷德·科特（Fred Koetter）将二进制文件、图底关系图纸和对比图像并置，以说明一套设计原则。1978年他们开创性的关于城市规划和设计的著作《拼贴城市》的封面图片，上面用图底关系描绘的威斯巴登的人物形象，例证了二元方法的使用。图像的一侧是无空隙的体块的集合，另一边布满非结构固体的空洞网络。通过这张图片和随附的文字，作者认为，城市必须支持这两种情况："刻意的规划和真正的无规划。"对于罗和科特来说，图形和基底都应该被解读为城市内部的积极事物，是一种连续的、交织在一起的纹理，而不是一种不相关的正面和负面的纹理。

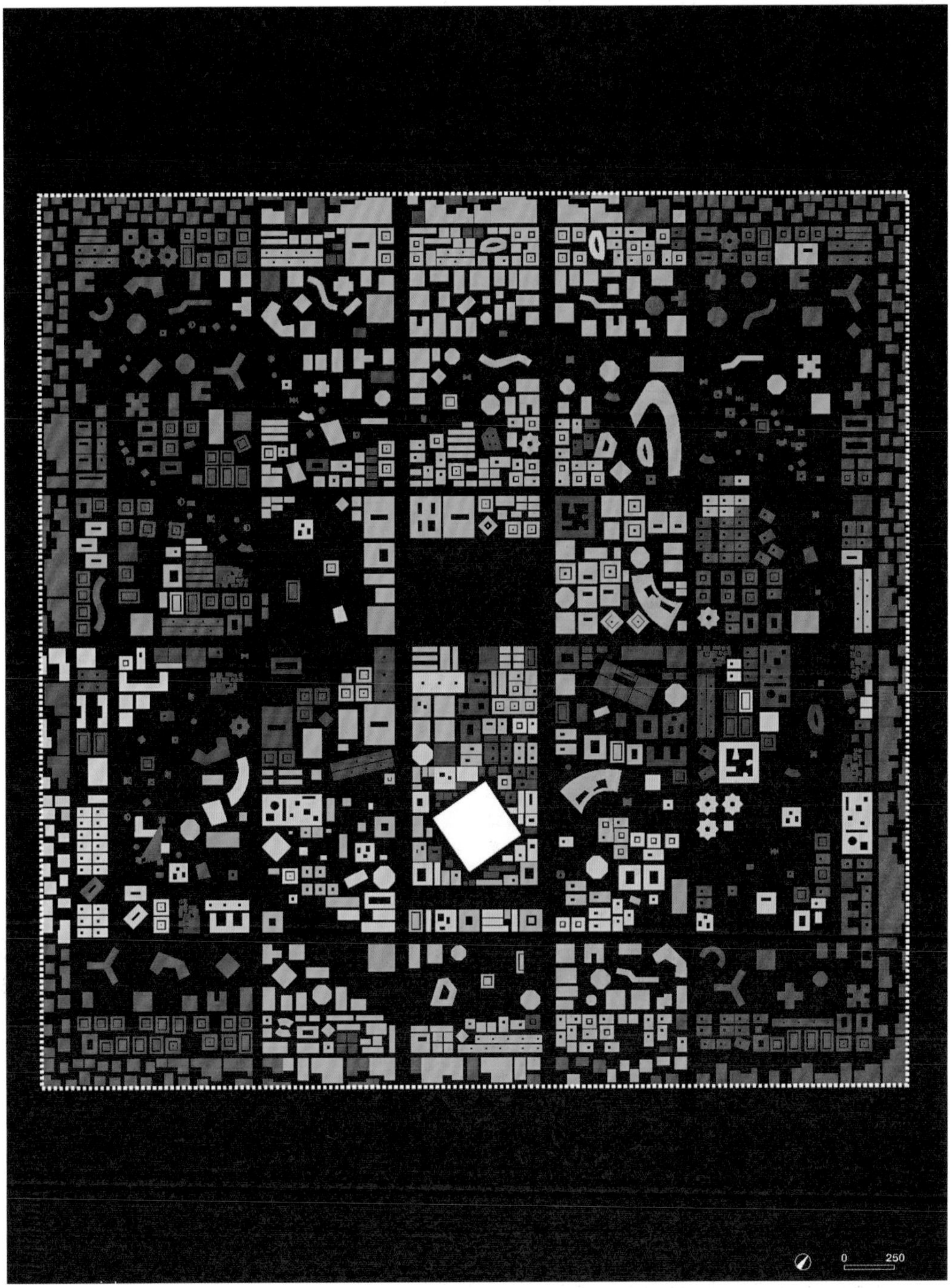

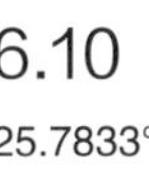

6.10

25.7833° N，55.9500° E
OMA，哈伊马角结构平面，2007年。

OMA及其研究部门AMO受委托为阿拉伯联合酋长国的一个新城市制定概念性规划。该规划促进了方案的多样性，同时创建了灵活的区域以应对预期的人口增长。在研究了土地用途并通过颜色识别它们之后，OMA创建了一个基于主要城市功能的规划：住宅、社区和工业。黑白平面图是拟议中的城市的一个经过修改的图底关系。通过移除建筑物填充物来填充外墙，建筑物内部空间可以被视为地面。这种基于结构的绘图方法提供了一种不同的城市解读方式，一种侧重于内部和外部空间占用相似性的方法。

6.11

48.8917° N，2.2408° E
OMA，拉德芳斯轴线，1991年。

建立一个空白、被解放的土地，是OMA改造拉德芳斯项目的基础。地面变成了一个图形，每隔五年有选择地拆除所有超过25年的建筑物以形成一种中心形态。规划保留了关键要素——一个美丽的政府大楼，一个公园，一个车站，凯旋门，法国国家工业与技术中心和Tour Areva。然而，随着空隙的扩大，它的重要性超过了城市，成为一个可以想象未来的项目，可以重组以支持正在进行的城市化的空间。通过对图底关系的操控，城市形象发生了根本性的变化，既解放了设计发明的物理基础，又解放了设计思维的无限想象。

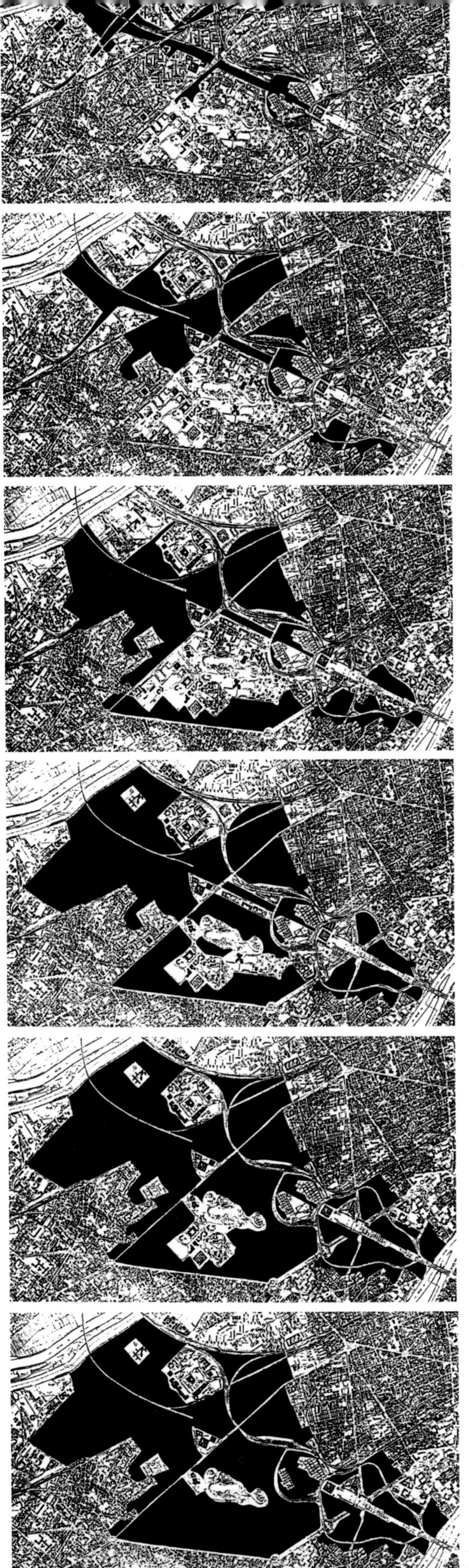

6.12

43.7328° N，7.4197° E

Xaveer de Geyter建筑事务所，海上扩建，摩纳哥，2002年。

比利时设计公司Xaveer de Geyter Architects（XDGA）以图底关系图作为表达建筑意图的方式进行实验。对于海上扩建项目，XDGA通过将城市扩展到海岸以外的海域来解决极端城市密度的问题。该项目通过四种可能的方案呈现：海角和海湾，网格和中央水池，雅努斯岛和群岛。每个版本都改变了海岸线，要么沿着边缘填充土地，要么建造岛屿。平面图以黑色呈现建筑和水，在白色地面上填充黑色等高线。以进一步利用海洋为中心，表现技术将水与人居环境相结合，使海洋成为建筑空间。

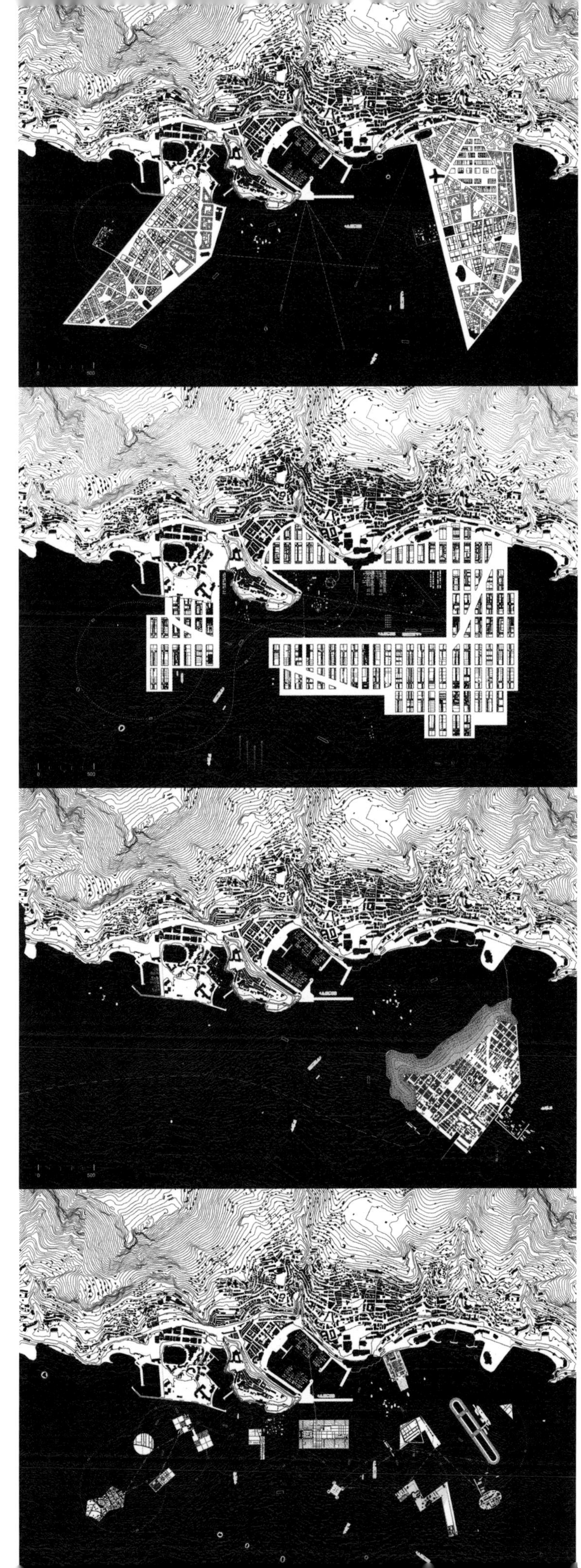

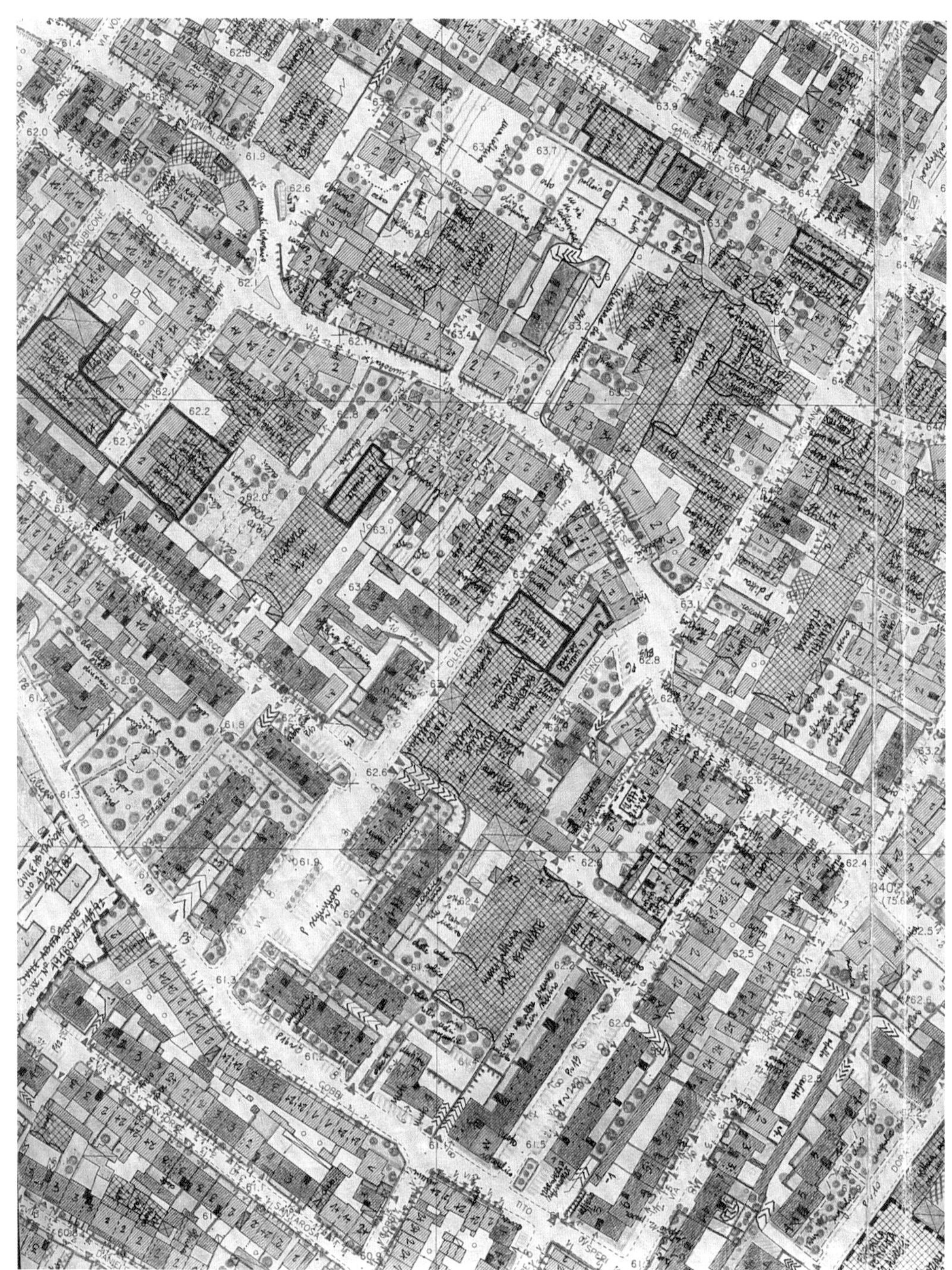

6.13

43.8820° N，11.1003° E
贝尔纳多·塞奇（Bernardo Secchi），波拉·维甘（Paola Viganò），克劳迪奥·扎加利亚（Claudio Zagaglia）与普拉托普罗工作室（Studio Prato Prg），普拉托总体规划，调查："街区记录"，1993—1996年。

意大利城市学家贝尔纳多·塞奇（Bernardo Secchi）和波拉·维甘（Paola Viganò）的"街区记录"图，是一幅注释丰富的城市地图，阐明了用途，可达性和流动性。建筑物、街道景观和开放空间的尺寸和质量都是可量化和定性的，包括入口、走向、宽度、材料、功能和状态，涵盖了现有条件和未来规划。图纸以1：2000的城市规划图为基础，图底之间的区别被模糊了。编码是复杂的，而不是二进制的，其中的负空间——纸的颜色——是没有信息的空间。

6.14

40.7145° N，74.0071° W
赫尔曼·博尔曼（Herman Bollmann），纽约，1962年。

在1962年为纽约世界博览会绘制的地图中，德国制图师和制图艺术家赫尔曼·博尔曼将鸟瞰图的传统与航空摄影的精确性结合在一起。他拍摄了六万五千多张照片来绘制地图，其中从空中拍了将近一万七千张。地图成功地完成了在不遮盖地面的情况下大规模描绘城市高层建筑的挑战。令人难以置信的细节吸引了上面的目光，激发了利用下面街道和建筑物所需的想象力。和谐的配色方案和对地面体验的保真度与伊姆霍夫（Imhof）和哈迪德（Hadid）的作品相得益彰。

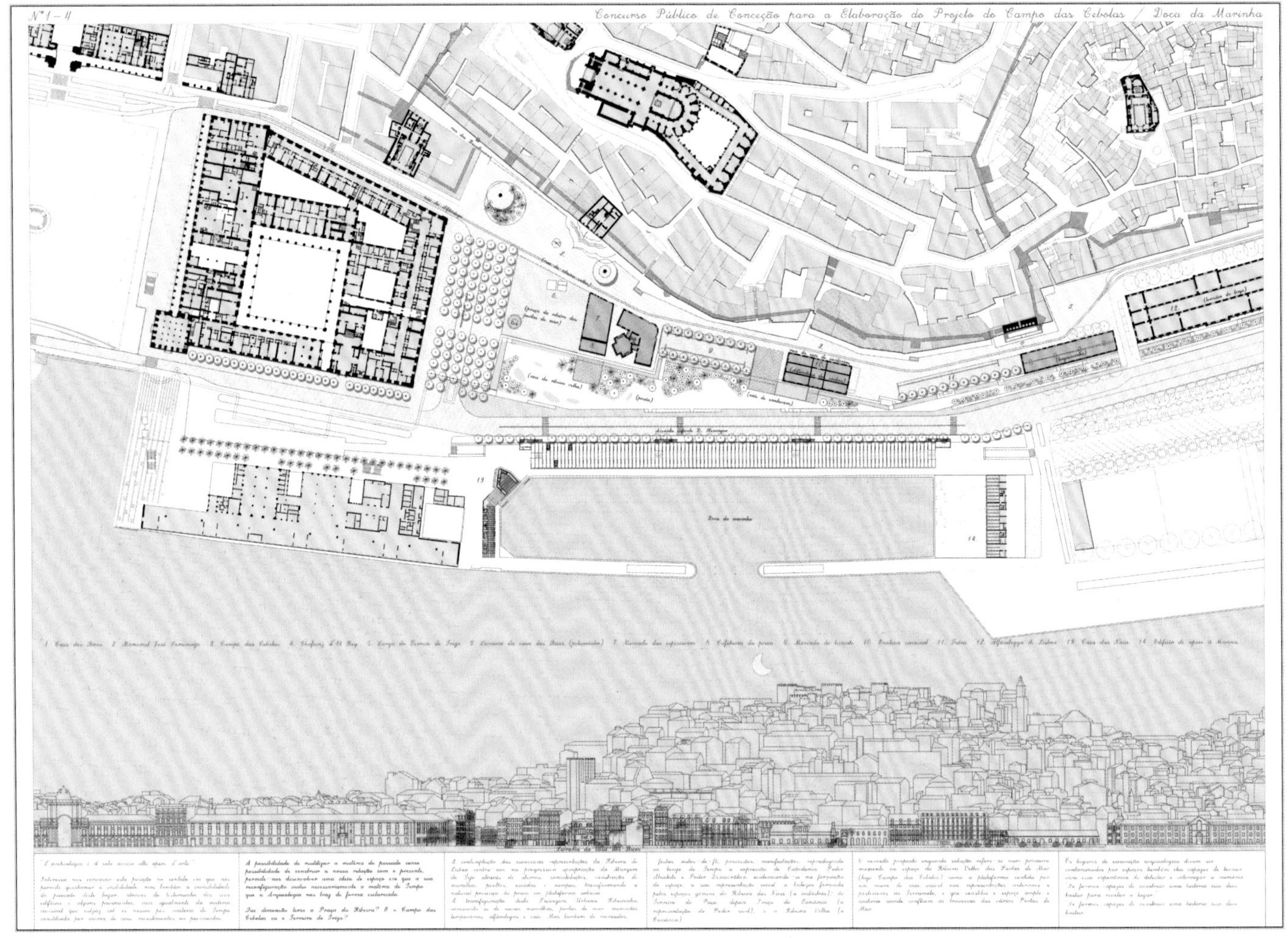

6.15

38.7138° N，9.1394° W
全球景观建筑设计，Campo das Cebolas，2012年。

全球景观建筑设计参加了一场由城市组织的竞赛，以重建里斯本塔霍河沿岸历史悠久的Campo das Cebolas广场，唤起人们的喜爱。该方案涉及多层次物质和社会活动建设，将空间从海滩变为建筑边缘，再到城市边缘。该设计通过暴露18世纪的海港墙，揭示了该遗址的地下历史，并利用它建造了三个不同的城市平台。图纸将城市规划与河流的正交视图并置，显示了项目的剖面图和将历史墙融入设计方案的位置。该图突出了过去和未来的冲突与融合。图纸使用了卡洛斯·马德尔（Carlos Mardel）和欧热尼奥·多斯·桑托斯（Eugénio dos Santos）在1755年地震后重建里斯本的提案中所使用的图形语言，将不同时期进行融合。

6.16

52.5231° N，13.3721° E
安德烈·马琛茨（Andreas Matschenz）和朱利叶斯·斯特劳布，柏林总体规划，1903年。比例：1：4000（以一半尺寸显示）。

这部美丽的地图集是一套由四十四张地图组成的系列，覆盖整个柏林市，是由制图员安德烈·马琛茨（Andreas Matschenz）和出版商朱利叶斯·斯特劳布合作绘制的。这张地图以1876年的详细调查为基础，展示了带有庭院和外围建筑、交通系统和公园的建筑脚印。地图以浓郁柔和的色彩为主，公共建筑以浅棕色标记，私人建筑为深棕色，植被茂盛的开放空间为绿色，硬制景观为白色，人行道和广场为黄色，水体为蓝色。在最纯粹的形式中，图底关系是仅具有黑色和白色填充的二元化绘图。在这里，二元区别很多：公共/私人，土地/水，软制景观/硬制景观，垂直/水平，表面/地下。作为图底的多层次复合，图纸的扩展可能超出了分类。

第7章

地层柱状图

一种简化的柱状图，将特定区域已命名岩石地层单位序列与地质时间的划分联系起来。

地层柱状图既是数据可视化的关键，也是制图的关键。它伴随着平面地质图作为一个图表，用于对岩石单位进行排序和表示日期，并作为识别地图上这些单位的索引。颜色是地层柱状图的基础。它是近乎通用的编码系统（图7.1）。丰富的色彩是诱人的，但图和地图之间的转换对于未经训练的眼睛来说是困难的。这些颜色揭示了那些看不见的东西，并且对于非地质学家来说，也揭示了不熟悉的、几个重要的定位地标。

威廉·史密斯（William Smith）是一位英国运河挖掘者，他在1815年完成了英格兰、威尔士和苏格兰的第一张分层地质地图——一幅手绘的74英寸杰作（图7.4）。史密斯提出了两个关键的观点：起伏的地下岩石按顺序分布在全国各地；而且嵌在岩层中的化石可用作测定年代的装置。此外，史密斯还设计了地层柱状图作为描绘这些水平地层的代表工具，使人们看到了一个陌生的地下世界。对于调色板，他采用了一个模拟岩石的实际颜色的颜色系统，强度根据相对深度而变化。

图纸有标准，但没有一个通用的表达惯例；只要有图例且图纸是可读的，就可以进行实验操作。事实上，通过回避开蓝色的水、绿色植被等制图规范，会出现不同的、往往是富有创造性的解读方式。在地质图上识别岩石地层的颜色系统也是如此。在一个给定的景观中，四种相互竞争的表达方法会产生四种不同的景观地质层的解读方式。两种是模拟系统，基于岩石的物理特征——浅棕色代表砂岩，蓝色代表镁质石灰石和深灰色代表煤系；或者是基于岩石的岩性——蓝色的石灰岩，红色的花岗岩，紫色和绿色的火成岩层，以及浅黄色的冲积层和地表沉积物。美国地质学会的许多地图都采用第三种方法，将颜色与岩石的地层年龄联系起来，代表地质时代：年代较近的岩石颜色较浅，较古老的岩石颜色更暗。最后一种方法比较随心所欲，基于美学原则的颜色，以清楚地表达岩石露出地表的部分，并使人感到赏心悦目。一个很好的例子是著名的日本密亚克岛火山地图（图7.6）。

地质图只是地下调查的一种类型。土壤和基础设施地图是与景观建筑及其与制图的交集密切相关的另外两个方面。景观设计师从有厚度和深度的地面开始工作。地下地图作为有代表性的工具，会消解这种深度，揭示地上和地下条件之间的关键联系。在地质方面，地表形态和地下岩层之间形成了联系。土地覆盖图可以了解土壤的特征。基础设施地图建立起了地下支撑系统和建成环境之间的联系。这些相互关联的图纸是设计的基础，它们为想象其他场景定义了参数。它们揭示了地上和地下之间的逻辑关系，并指出了一种复杂的设计媒介，有利于组织人类对景观的设计。在基础设施和土壤引导干预下，土地既是一个制约因素，也是一个重组的机会。通过改变地下，会使表面发生变化。

相关信息通过绘图、折叠垂直高程和主题进行分层，以解释功能并为设计决策提供信息。例如，1889年在工程师让—查尔斯·阿道夫·阿尔方德的指导下出版的“巴黎之旅”(Travaux De Paris)一书，揭示了巴黎长达一个世纪以来，将地下水和下水道系统纳入城市规划的公共工程的发展。1878年1月1日的巴黎下水道图纸中，明亮的蓝色和红色线条显示了23年来该系统令人印象深刻的增长，使地下污水管道大胆地与较暗的地面道路和公园相映衬(图7.11)。在这张图纸中，地下管线与街道的对齐和错位的地方是明显的，并且随着城市的向外发展，密度也在变化。市中心的地下管线更古老，也更混乱，街道和基础设施之间存在偏移，城市的外环则显示出计划扩张的明确逻辑，地上和地下线路更加一致。

时间隐含在基础设施部署的模式中，并通过图纸的组织显示出来。空间图层被编辑并折叠成一幅图，而地图集则是用不同的系统组成的，如下水道、水和道路，有不同的实施阶段，包括1789、1855、1878和1889年，每个阶段都在不同的板块上显示。这些图纸采用叠加法和系列法作为折叠垂直距离、功能特性和时间的工具。

越来越多的城市景观项目被迫与复杂的场地做斗争，这些场地深陷地下服务的纠结之中，过去和现在使用的复杂系统远远超出了单个地产的界限。这些项目反映了他们以前的地质、材料、地形和规划历史的痕迹。由于设计学科涉及这些丰富而深刻的层次，因此地层表征方法的应用具有重要意义。为了使设计图纸能与地下制图巧妙结合，通常需要一个由柱状图、颜色和覆盖层组成的有序编码系统。本章揭示了地下条件的不同表现形式，将地质与基础设施、萃取与累积、创造与衍生、压缩与爆炸、综合与切割等问题相结合。

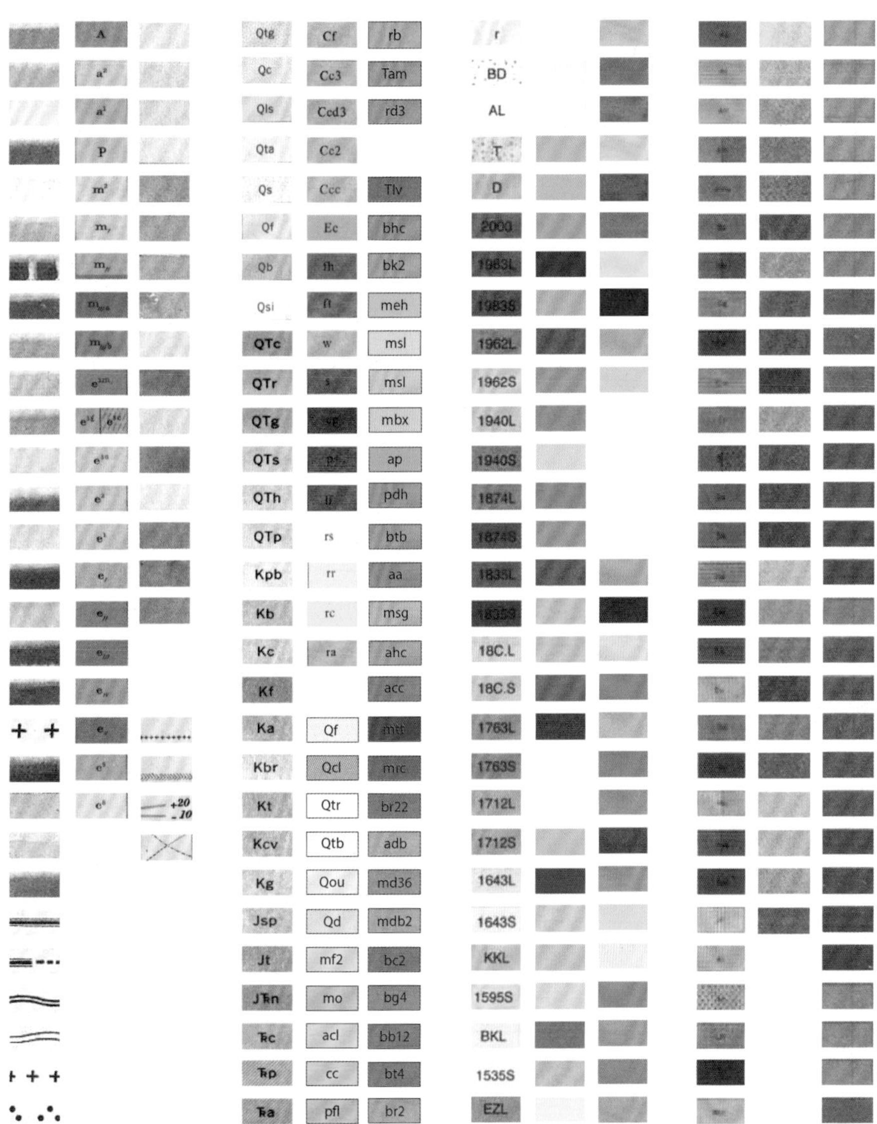

7.1

吉尔·德西米妮，地层柱状图调色板，2014年。

7.2（见154~155页）

48.8742° N，2.3470° E
罗伯特·杰拉德·皮特鲁斯科（Robert Gerard Pietrusko），静止的动画，2012年。

7.3

25.0333° N，121.5333° E
凯瑟琳·摩斯巴赫（Mosbach Paysagistes），台中翡翠生态园竞赛图，2012年。比例：1∶2500（以半尺寸显示）。

台中翡翠生态园改造工程是一项将台中市中心一处前军事用地改造成公共设施的项目，由凯瑟琳·摩斯巴赫与菲利普·拉姆建筑公司（Phillippe Rahm Architecture Tes）和里奇·刘（Ricky Liu & Associates）的建筑规划师共同设计，重点是以小气候作为组织设计的一种方式。水文条件驱动地形的操纵。改变地表和深度，以促进地下水渗透，利用潜在的冷却风，解决邻近的噪声和空气污染源问题。公园由多层多孔材料组成，这些材料被设计用来容纳、吸收、释放和利用水。地形、植被、除湿器和喷泉改变了整个公园的环境温度，促进了生物多样性，并适应了人类在雨季和旱季的各种活动。该平面图将项目表现为一系列的层次，突出了设计岩石圈中的地层。

7.4

54.0000° N，4.0000° W
威廉·史密斯（William Smith），英格兰和威尔士及苏格兰部分地区地质图，1815年。经英国地质勘探局许可转载。版权所有。CP14/085。

威廉·史密斯的地图通常被称为显示地质地层的第一张地图——这是一份令人印象深刻的地层细节图——记录了他的重要观测结果，即地下岩层按一定的顺序出现，煤层和白垩层之间有规律的间隔，并且这些层可以用化石进行年代测定。史密斯在地图上辛苦地将他的发现记录为地图上的彩色平面切片，并将每个切片都按顺序排列成一个地层柱状图——这一传统至今仍然存在。虽然不同的文化和制图员之间的配色习惯各不相同，但史密斯选择了逼真的方式：他的制图颜色与岩石本身相匹配，色调渐变代表整个地层的相对深度。

7.5

43.5000° N，110.7500° W

J·D·洛夫（J. D. Love）和霍华德·F·阿尔比（Howard F. Albee），1972年，怀俄明州提顿县杰克逊四角区地质图。比例：1：24000（全尺寸显示）。

美国地质学家J·D·洛夫是地质制图史上的一个核心人物，以其对家乡怀俄明州的示范性实地考察、调查和地图绘制而闻名。他在怀俄明州大学和耶鲁大学接受教育，曾为美国地质调查局工作。他在20世纪50年代受委托绘制怀俄明州的第一张全州地质图，在一个庞大而复杂的区域内实现数据和表达惯例的标准化。他的杰克逊霍尔地图被认为是其最重要的成就之一。历史学家亚历克斯·马尔特曼（Alex Maltman）详细阐述："前寒武纪的岩石造就了壮观的提顿山脉，使它展现在许多电影中。复杂而活跃的构造，以及蛇河错综复杂的梯田，都受到了洛夫无与伦比的能力的影响，并在一系列1：24000的张纸上精美地记录了下来。"[1]

[1] 亚历克斯·马尔特曼，地质地图：导言，第2版（chichester：wiley），1998年，213。

7.6（见160页）

34.0790° N，139.5290° E

日本地质调查局，三宅岛地质地图，2006年。比例：1：25000（以半尺寸显示）。

通过地质和岩性研究收集了历史喷发数据，从而绘制出这幅色彩鲜艳、美观的三宅吉马海峡火山地质图。其效果是对火山随时间发生的物理变化的直观描述。记录的喷发事件可追溯到9世纪，其岩性信息可追溯到更新世时期。其颜色系统是为了视觉上的互补性而选择的，它们被用来记录熔岩流、火山灰和碎屑沉积的时代特征。

7.7（见161页）

9.7000° N，20.0000° W

K·A·霍华德（K.A.Howard），美国地质勘探局（USGS）与美国国家航空航天局（NASA），哥白尼火山口地质图，1975年。比例：1：250000（以半尺寸显示）。

20世纪60年代初，美国地质勘探局利用卫星照片开始对月球进行地质测绘。根据这些图像和1969年阿波罗11号任务收集的数据，建立了地层时间线和地层体系。地形和地质数据是通过测量卫星照片中记录的地表反射率（反照率）来确定的。不同的读数表明形态上的变化：火山口、盆地、熔岩平原、断层和山脉。不同颜色对应各种结构——洋红色，橙色，红色，灰色火山口底，墙壁，边缘和汇集的熔岩熔化程度。

DESCRIPTION OF MAP UNITS

Qal (T1, T2) — ALLUVIUM (HOLOCENE) – Valley and stream deposits of gravel with lesser amounts of sand, silt, and clay. T1, gravel and sand at and slightly above Snake River level. T 2, dashes mark outer boundary of terrace surface 10-15 feet above Snake River; surface is gravel overlain by thin discontinuous deposits of sand and silt

Qfp (T3, T4) — FLOOD-PLAIN DEPOSITS (HOLOCENE) – Sand, silt, clay, and minor lenses of gravel; lesser amount of gravel at surface distinguishes these deposits from alluvium along topographically lower stream valleys. T 3, dashes mark outer boundary of terrace surface 15-25 feet above T 2 and 10-15 feet below T 4; 1-3 feet of fines above gravel. T 4, dashes mark outer boundary of broad alluvial surface 30-40 feet above Snake River; has 2-5 feet of fines above gravel

Qtg — UNDIFFERENTIATED TERRACE DEPOSITS (HOLOCENE) – Chiefly gravel of rounded quartzite fragments; sporadic large glacial erratics. On the west side of the Snake River these deposits are capped by loess that has not been mapped separately

Qc — COLLUVIUM (HOLOCENE) – Mostly slope wash of silt- to boulder-sized fragments derived from underlying and adjacent formations

Qls — LANDSLIDE DEBRIS (HOLOCENE) – Chaotically mixed boulders and finer-grained rock debris emplaced by mass movement downslope

Qta — TALUS (HOLOCENE) – Locally derived coarse angular rock fragments that accumulated on steep slopes and at the base of cliffs

Qs — SWAMP DEPOSITS (HOLOCENE) – Clay, silt, and fine sand, dark-gray and brown; rich in vegetal debris

Qf — ALLUVIAL-FAN DEPOSITS (HOLOCENE) – Water-laid gravel, sand, silt, and clay spreading out from mouths of ravines and canyons; show linear sorting along distributaries; finer-grained debris becomes progressively more abundant toward downstream margin of fan

Qsb — SLUMP BLOCK (HOLOCENE) – Block of Cretaceous strata emplaced by mass movement downslope on south side of Snake River

Ql — LOESS (PLEISTOCENE) – Silt, light-gray, structureless, homogeneous; deposited by wind. Gastropods in the loess near the northeast corner of the quadrangle have a C-14 age of about 14,000 years

Qlt — LOESS AND TALUS (PLEISTOCENE) – Intermixed accumulation of these debris types on steep hillsides and along Quaternary fault scarps

Qg2 — GLACIAL DEPOSITS AND RELATED OUTWASH GRAVELS (PLEISTOCENE) – Formless piles and lag deposits of large and small erratics, in places mixed with outwash gravel, sand, and silt. Circles indicate isolated occurrences of glacial erratics on bedrock. Erratics in the southwestern part of the quadrangle are predominantly gneissic granite having maximum diameters of as much as 25 feet. Many erratics in the eastern part are of Cenozoic volcanic rocks. This is the only glacial deposit in the Jackson quadrangle and is the second oldest of four major glacial sequences in the Jackson Hole area

Qb — LITHIFIED TALUS BRECCIA (PLEISTOCENE) – Angular fragments of Paleozoic rocks, chiefly Madison Limestone, in matrix of white limy cement. Debris is locally derived from bedrock outcrops east of Hoback fault and is involved in later tilting and faulting. Farthest west exposure of breccia intertongues with gray and tan sand and silt. Thickness varies; maximum more than 500 feet

Qsi — LACUSTRINE DEPOSITS NEAR SHOOTING IRON RANCH (PLEISTOCENE) – Claystone, pink, green, and brown, thin-bedded; contains mollusks; interbedded with gray tuffaceous sandstone and lenses of pebble conglomerate. Maximum thickness is more than 100 feet

QTc — CONGLOMERATE (QUATERNARY OR TERTIARY) – Conglomerate, gray, composed of angular to rounded fragments of Paleozoic rocks and Precambrian(?) quartzite in a brown to pink soft claystone and limestone matrix. Thickness about 100 feet

QTr — RED BASALTIC SCORIA (QUATERNARY OR TERTIARY) – Hard brick-red frothy rock overlying or composing the uppermost part of the gray basalt(?) unit. Maximum thickness 20 feet

QTg — GRAY BASALT(?) (QUATERNARY OR TERTIARY) – Dense fine-grained slabby homogeneous gray flows and gray intrusive masses. Locally at base and in other parts of flows is greenish-yellow to black scoria. Maximum thickness 500 feet

QTs — BLACK BASALTIC(?) SCORIA (QUATERNARY OR TERTIARY) – Light weight frothy black rock containing masses of dark-green glass and gray pumiceous rock. Maximum thickness 10 feet

QTh — HORNBLENDE-RICH DACITE(?) INTRUSIVE (QUATERNARY OR TERTIARY) – Dark-gray coarse-grained porphyritic rock containing abundant fragments of Precambrian black gneiss

QTp — PERLITE, OBSIDIAN, AND RHYOLITE (QUATERNARY OR TERTIARY) – Light-gray to dark-green, brittle; glassy part is highly fractured

Kpb — POST-BACON RIDGE ROCKS (UPPER CRETACEOUS) – Not exposed; shown in sections

Kb — BACON RIDGE SANDSTONE (UPPER CRETACEOUS) – Sandstone, tan, thick-bedded, fine-grained; interbedded with gray shale and coal beds; abundant marine and brackish-water fossils. Thickness about 1,000 feet

Kc — CODY SHALE (UPPER CRETACEOUS) – Not exposed; shown in sections

Kf — FRONTIER FORMATION[1](UPPER CRETACEOUS) – About 200 feet of lowermost beds exposed; these consist of gray-weathering coarse-grained sandstone, conglomeratic in part. Conglomerate is chiefly drab and contains rounded pebbles of quartz and quartzite as much as 2 inches in diameter. Total thickness probably exceeds 1,000 feet

Ka — ASPEN SHALE[1](LOWER CRETACEOUS) – Shale and claystone, dull green to black, siliceous, interbedded with gray and greenish-gray hard brittle siliceous salt-and-pepper sandstone and dull green siltstone. Thickness about 1,500 feet

Kbr — BEAR RIVER FORMATION[1](LOWER CRETACEOUS) – Sandstone, greenish-gray, limy, interbedded with dark-gray shale. Thickness about 1,000 feet

Kt — THERMOPOLIS SHALE (LOWER CRETACEOUS) – Shale, black soft, fissile. Thickness about 150 feet

Kcv — CLOVERLY FORMATION (LOWER CRETACEOUS) – Sandstone, rusty brown to gray, fine-grained, slabby, ripple-marked; contains many worm tracks. Underlying variegated claystone and gray sandstone part not exposed. Total thickness more than 500 feet

Kg — GANNETT GROUP[1](LOWER CRETACEOUS) – Not exposed; shown in section *B-B'*

Jsp — STUMP AND PREUSS SANDSTONES[1](UPPER JURASSIC) – Not exposed; shown in section *B-B'*

Jt — TWIN CREEK LIMESTONE[1](UPPER AND MIDDLE JURASSIC) – Upper half is predominantly light-gray shaly limestone that characteristically fractures into pencil-shaped fragments. Lower half from top to bottom consists of red siltstone, light-gray shaly limestone, medium-gray dense to oolitic limestone. The lowermost 50-100 feet is red shale and yellowish-gray limestone and dolomite breccia with quartz crystal geodes, and is equivalent to the Gypsum Spring Formation in areas east and northeast of the Jackson quadrangle. In subsurface sections, this breccia bed is gypsum or anhydrite interbedded with dolomite and limestone. Total thickness not exposed but in a well 8 miles southeast of the Jackson quadrangle is about 900 feet

JŦn — NUGGET SANDSTONE[1](JURASSIC? AND TRIASSIC?) – Sandstone, light-tan to salmon-pink, fine-grained, crossbedded, brittle, hard; forms cliffs. Thickness is about 375 feet

Ŧc — CHUGWATER FORMATION (TRIASSIC): – Mapped where Alcova(?) Limestone Member is faulted out or not exposed

Ŧp — Popo Agie Member – Claystone and shale, purple, red, and ocher; interbedded with red sandstone and purple lime-pellet conglomerate lenses. Thickness 400-500 feet

Ŧa — Alcova(?) Limestone Member – Limestone, lavender to gray, thin-bedded, slabby, hard, dolomitic; gray sandstone and siltstone partings near top. Thickness about 60 feet

Ŧr — Red Peak Member – Siltstone, brick-red, interbedded with fine-grained red sandstone; thin red shale beds; one or more gray quartzitic sandstone beds. Thickness 1,000-1,200 feet

Ŧd — DINWOODY FORMATION (LOWER TRIASSIC) – Siltstone, brownish-gray to olive-drab, slabby, thin-bedded, hard, dolomitic; contains thin partings of fine-grained dolomitic sandstone and silty limestone. Thickness 450-550 feet

Pp — PHOSPHORIA FORMATION AND EQUIVALENT UNITS (PERMIAN) – From top down, sequence consists of 20 feet of phosphatic gray sandstone (tongue of Shedhorn Sandstone), 30 feet of black phosphatic shale, mudstone, and carbonate rock (Retort Phosphatic Shale Member), 9 feet of phosphatic cherty sandstone (tongue of Shedhorn Sandstone), 100 feet of gray cherty dolomite and mudstone (tongue of Franson Member of Park City Formation), 20 feet of gray dolomitic chert (Rex Chert Member), and 45-50 feet of black phosphorite, mudstone, and shale (Meade Peak Phosphatic Shale Member). Thickness of formation 230-260 feet

WELLS FORMATION AND ASSOCIATED ROCKS:

Pℙw — Upper unit[1](Permian and Pennsylvanian) – Sandstone, light-gray, hard, and fine-grained; contains gray limestone beds which become more abundant in lower part. In places, uppermost part contains chalky white brittle very fine grained dolomite and gray chert. Thickness of upper unit 450-500 feet. Contact between upper and lower units arbitrarily chosen where sandstone becomes less abundant than limestone

ℙMw — Lower unit[1](Pennsylvanian and Upper Mississippian) – Limestone, bluish-gray, hard; interbedded with red and green shale and tan to white fine-grained sandstone. Carnelian red and mustard yellow chert nodules and thin lenses are conspicuous. Thickness 450 feet

ℙt — TENSLEEP SANDSTONE (PENNSYLVANIAN) – Sandstone, light-gray, weathering yellowish brown, fine-grained, hard, brittle, quartzitic in some zones. Middle and lower parts contain thin beds of gray fine-grained limestone and dolomite; contact with Amsden Formation transitional. Total thickness uncertain; probably less than 400 feet

AMSDEN FORMATION:

ℙMa — Main part (Pennsylvanian and Upper Mississippian) – Shale and siltstone, brick-red, red-brown, and green, interbedded with white to pink dolomite and limestone. Several zones contain ocher and carnelian-red chert nodules and lenses. Thickness 450 feet, thinning northward

Mad — Darwin Sandstone Member (Upper Mississippian) – Sandstone, gray to brownish-pink, fine- to medium-grained; some large rounded frosted quartz grains; crossbedded, moderately soft and porous; red shale partings near top. Thickness 75-100 feet

MADISON LIMESTONE:

Mmb — Bull Ridge Member (Upper Mississippian) – Shale and siltstone, red, interbedded with orange-red to tan sandstone, tan to pink dolomite breccia, and blue-gray ledge-forming limestone containing highly distinctive red and "zebra-striped" gray and black chert nodules. Not mapped separately on cliff faces and in areas of intense deformation. Thickness is 50-100 feet. Previous mappers included this unit in the upper part of the Mission Canyon Limestone, in the upper member of the Madison Limestone, or called it all or part of the Brazer Limestone, Sacajawea Formation (of Branson, 1937), "strawberry beds," or basal part of Amsden Formation

Mm — Main part (Upper and Lower Mississippian) – Limestone, light- to dark-gray, thick-bedded to massive in upper part, thin-bedded and dolomitic in lower part; vuggy brown dolomite near base. Abundant horn corals occur in more massive limestone beds; many layers and lenses of black chert. Thickness is about 1,100 feet north of the Jackson thrust fault and 1,500 feet south of thrust fault

Dd — DARBY FORMATION (UPPER AND MIDDLE DEVONIAN) – Upper part is dolomitic siltstone and shale, dull-yellow, thin-bedded; lower part is brown fetid vuggy siliceous brittle dolomite containing sparse thin limestone beds. Thickness: 300 feet north of Jackson thrust fault; about 500 feet south of it

Ob — BIGHORN DOLOMITE (UPPER ORDOVICIAN) – Dolomite, light- and dark-gray mottled, siliceous, cliff-forming. Leigh Dolomite Member, about 50 feet thick, forms slope at top of cliff and consists of chalky white very fine grained brittle dolomite. Thickness ranges from 200 feet north of Jackson thrust fault to 500 feet south of it

Ꞓg — GALLATIN LIMESTONE (UPPER CAMBRIAN) AND GROS VENTRE FORMATION (UPPER AND MIDDLE CAMBRIAN) – Gallatin Limestone, bluish-gray mottled, with irregular granular yellow patches; irregularly bedded, hard; forms ragged cliffs. Underlain by green shale of Gros Ventre Formation. Base not exposed; thickness is not known

[1] Rock unit south of Jackson thrust fault which is significantly different from one of similar age north of it.

Contact

Fault – Dashed where approximately located; dotted where concealed. U, upthrown side; D, downthrown side

Thrust fault – Dashed where approximately located; dotted where concealed. Sawteeth on upper plate

Anticline – Showing crestline and direction of plunge. Dashed where approximately located; dotted where concealed

Syncline – Showing troughline. Dashed where approximately located; dotted where concealed

Strike and dip of beds

Inclined

Vertical

Overturned

Horizontal

Zone of fault breccia. Dotted where concealed

CP-14 Phosphate trench, showing number

Q3 Quarry, showing number

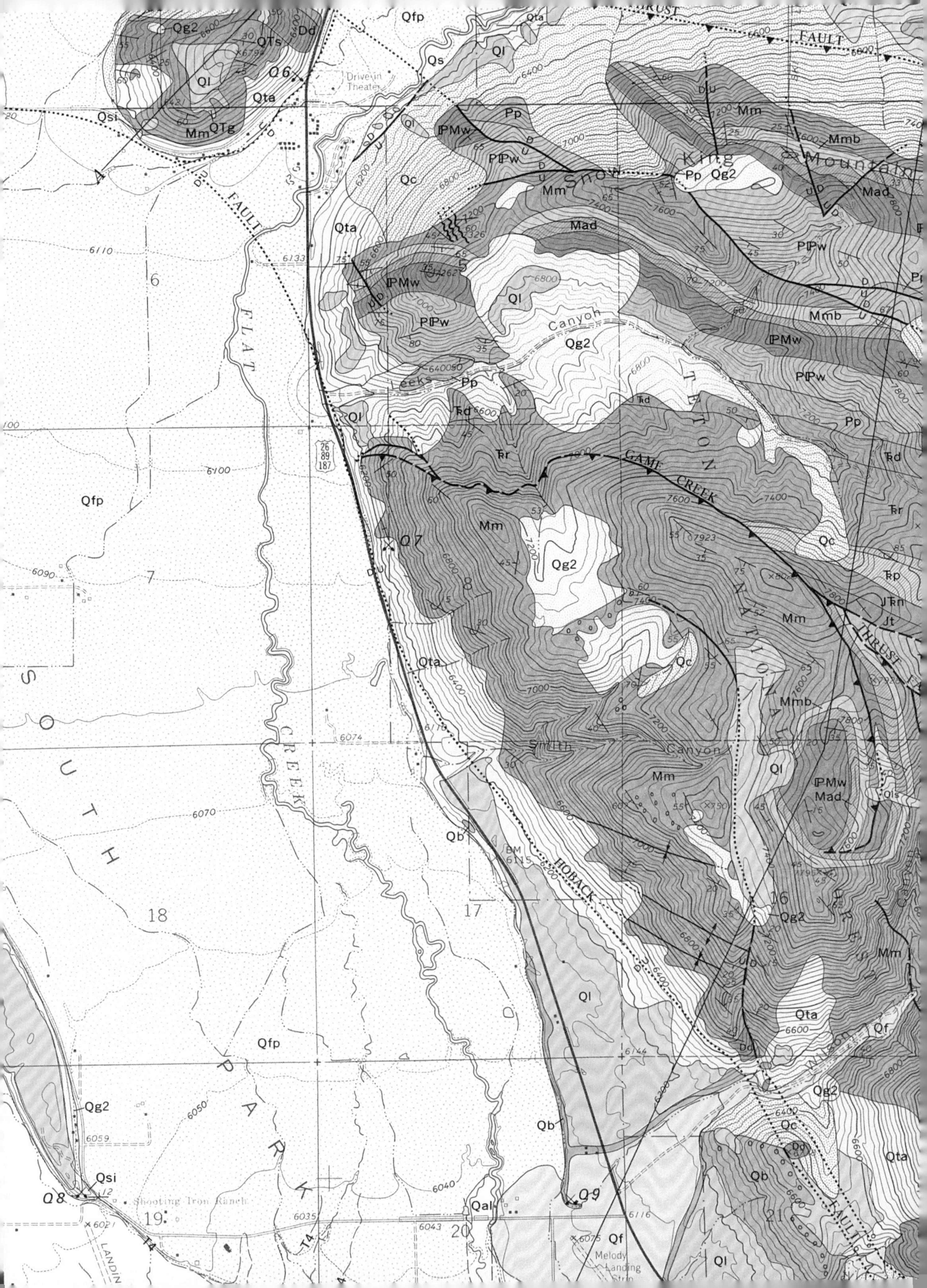

Snow King Mountain
Canyon
Leeks
GAME CREEK
THRUST
FAULT
TETON NATIONAL
Smith
Canyon
HOBACK
FLAT CREEK
SOUTH PARK
Drive-in Theater
Shooting Iron Ranch
Melody Landing Strip

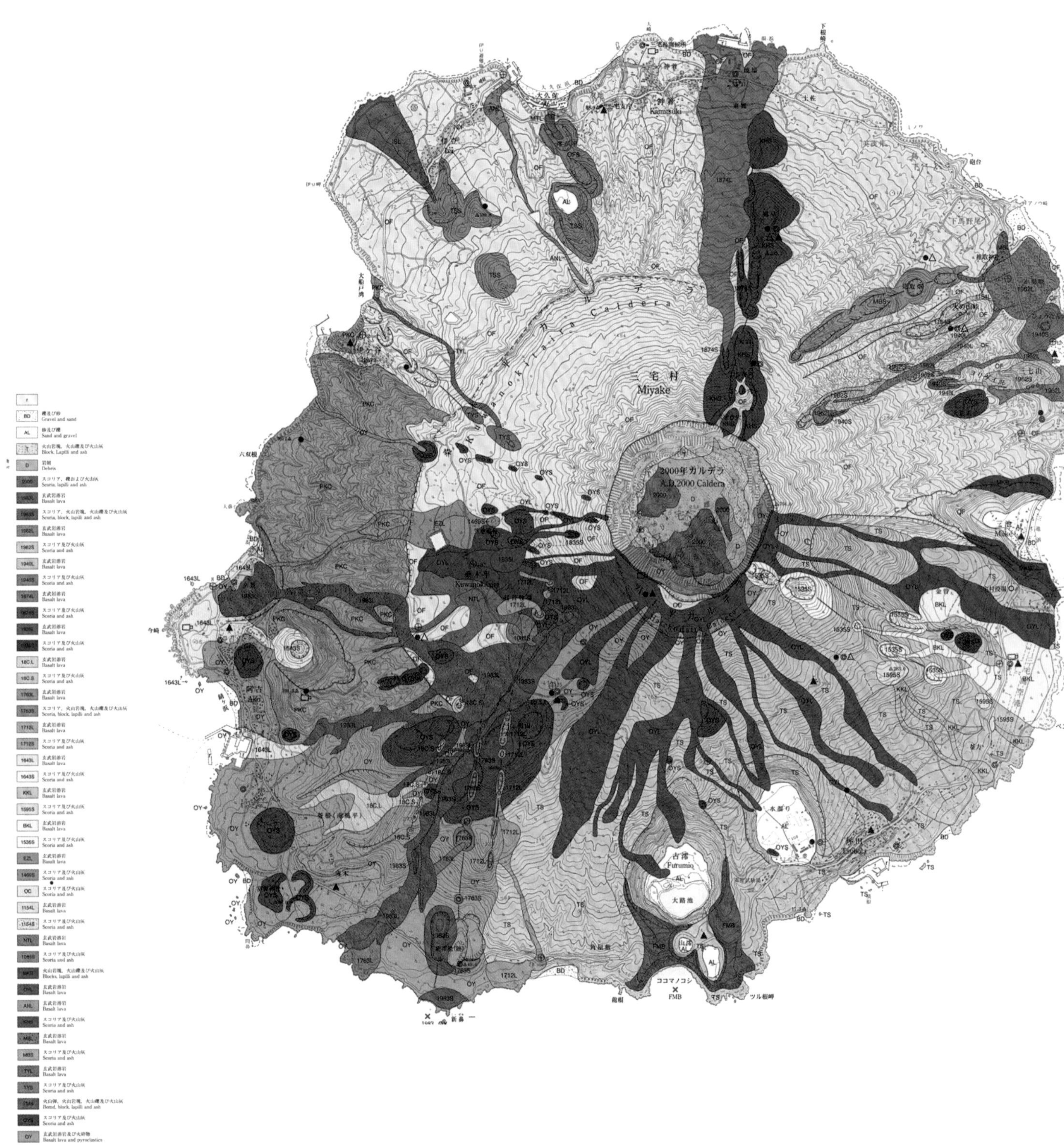

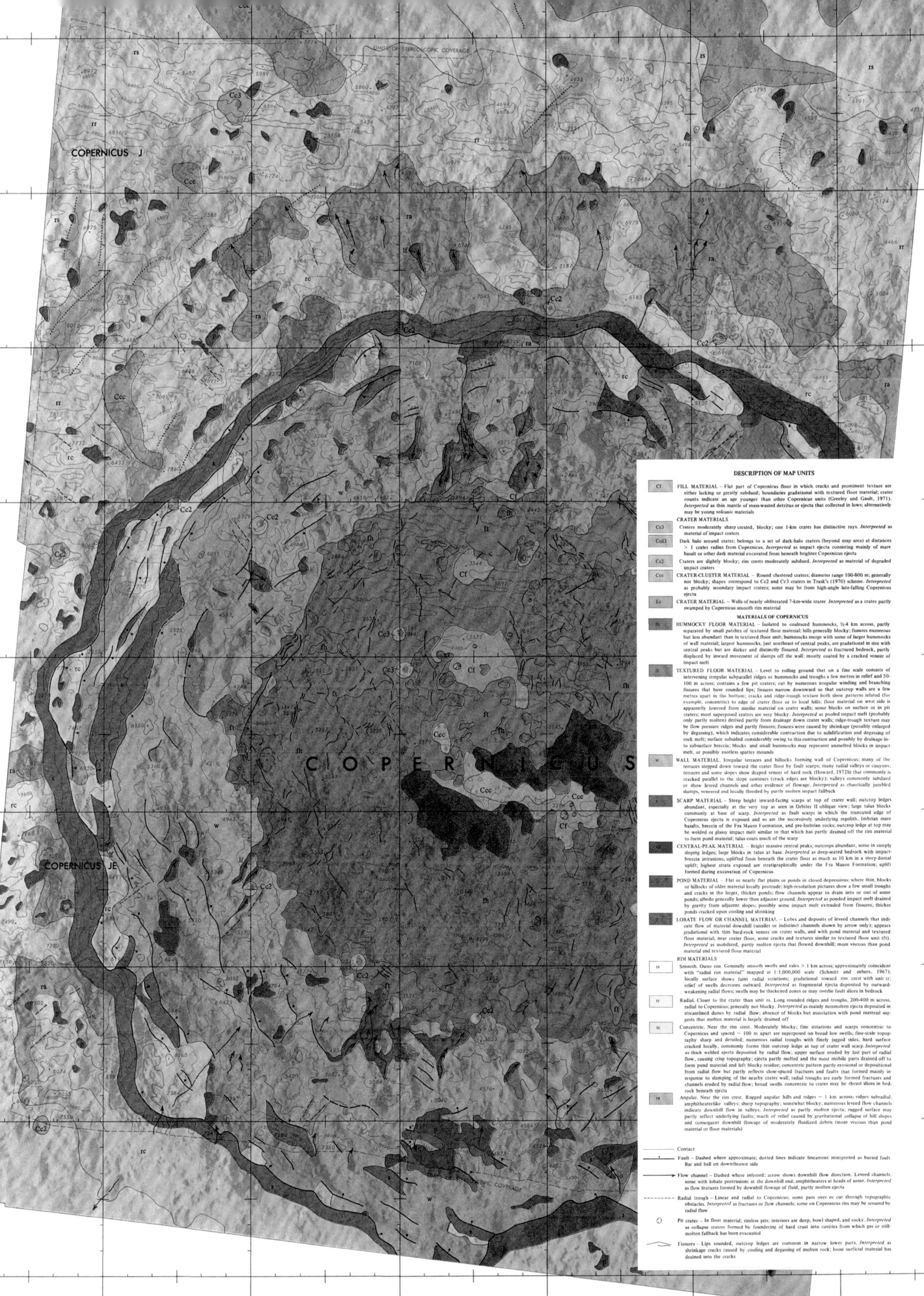

COPERNICUS J
COPERNICUS JE
C O P E R N I C U S
LIMIT OF STEREOSCOPIC COVERAGE
DESCRIPTION OF MAP UNITS
Cf
FILL MATERIAL – Flat part of Copernicus floor in which cracks and prominent texture are either lacking or greatly subdued; boundaries gradational with textured floor material; crater counts indicate an age younger than other Copernicus units (Greeley and Gault, 1971). *Interpreted* as thin mantle of mass-wasted detritus or ejecta that collected in lows; alternatively may be young volcanic materials
CRATER MATERIALS
Cc3
Craters moderately sharp crested, blocky; one 1-km crater has distinctive rays. *Interpreted* as material of impact craters
Ccd3
Dark halo around crater; belongs to a set of dark-halo craters (beyond map area) at distances > 1 crater radius from Copernicus. *Interpreted* as impact ejecta consisting mainly of mare basalt or other dark material excavated from beneath brighter Copernicus ejecta
Cc2
Craters are slightly blocky; rim crests moderately subdued. *Interpreted* as material of degraded impact craters
Ccc
CRATER-CLUSTER MATERIAL – Round clustered craters; diameter range 100-800 m; generally not blocky; shapes correspond to Cc2 and Cc3 craters in Trask's (1970) scheme. *Interpreted* as probably secondary impact craters; some may be from high-angle late-falling Copernicus ejecta
Ec
CRATER MATERIAL – Walls of nearly obliterated 7-km-wide crater. *Interpreted* as a crater partly swamped by Copernicus smooth rim material
MATERIALS OF COPERNICUS
fh
HUMMOCKY FLOOR MATERIAL – Isolated to coalesced hummocks, ½-4 km across, partly separated by small patches of textured floor material; hills generally blocky; fissures numerous but less abundant than in textured floor unit; hummocks merge with some of larger hummocks of wall material; largest hummocks, just southeast of central peaks, are gradational in size with central peaks but are darker and distinctly fissured. *Interpreted* as fractured bedrock, partly displaced by inward movement of slumps off the wall; mostly coated by a cracked veneer of impact melt
ft
TEXTURED FLOOR MATERIAL – Level to rolling ground that on a fine scale consists of intervening irregular subparallel ridges or hummocks and troughs a few metres in relief and 50-100 m across; contains a few pit craters; cut by numerous irregular winding and branching fissures that have rounded lips; fissures narrow downward so that outcrop walls are a few metres apart in the bottom; cracks and ridge-trough texture both show patterns related (for example, concentric) to edge of crater floor or to local hills; floor material on west side is apparently lowered from similar material on crater walls; some blocks on surface or in pit craters; most superposed craters are very blocky. *Interpreted* as pooled impact melt (probably only partly molten) derived partly from drainage down crater walls; ridge-trough texture may be flow pressure ridges and partly fissures; fissures were caused by shrinkage (possibly enlarged by degassing), which indicates considerable contraction due to solidification and degassing of rock melt; surface subsided considerably owing to this contraction and possibly by drainage into subsurface breccia; blocks and small hummocks may represent unmelted blocks in impact melt, or possibly rootless spatter mounds
w
WALL MATERIAL. Irregular terraces and hillocks forming wall of Copernicus; many of the terraces stepped down toward the crater floor by fault scarps; many radial valleys or canyons; terraces and some slopes show draped veneer of hard rock (Howard, 1972b) that commonly is cracked parallel to the slope contours (crack edges are blocky); valleys commonly subdued or show leveed channels and other evidence of flowage. *Interpreted* as chaotically jumbled slumps, veneered and locally flooded by partly molten impact fallback
s
SCARP MATERIAL – Steep bright inward-facing scarps at top of crater wall; outcrop ledges abundant, especially at the very top as seen in Orbiter II oblique view; large talus blocks commonly at base of scarp. *Interpreted* as fault scarps in which the truncated edge of Copernicus ejecta is exposed and so are the successively underlying regolith, Imbrian mare basalts, breccia of the Fra Mauro Formation, and pre-Imbrian rocks; outcrop ledge at top may be welded or glassy impact melt similar to that which has partly drained off the rim material to form pond material; talus coats much of the scarp
cp
CENTRAL-PEAK MATERIAL – Bright massive central peaks; outcrops abundant, some in steeply sloping ledges; large blocks in talus at base. *Interpreted* as deep-seated bedrock with impact-breccia intrusions, uplifted from beneath the crater floor as much as 10 km in a steep domal uplift; highest strata exposed are stratigraphically under the Fra Mauro Formation; uplift formed during excavation of Copernicus
p
POND MATERIAL – Flat or nearly flat plains or ponds in closed depressions; where thin, blocks or hillocks of older material locally protrude; high-resolution pictures show a few small troughs and cracks in the larger, thicker ponds; flow channels appear to drain into or out of some ponds; albedo generally lower than adjacent ground. *Interpreted* as ponded impact melt drained by gravity from adjacent slopes; possibly some impact melt extruded from fissures; thicker ponds cracked upon cooling and shrinking
lf
LOBATE FLOW OR CHANNEL MATERIAL – Lobes and deposits of leveed channels that indicate flow of material downhill (smaller or indistinct channels shown by arrow only); appears gradational with thin hard-rock veneer on crater walls, and with pond material and textured floor material; near crater floor, some cracks and textures similar to textured floor unit (ft). *Interpreted* as mobilized, partly molten ejecta that flowed downhill; more viscous than pond material and textured floor material
RIM MATERIALS
rs
Smooth. Outer rim. Generally smooth swells and vales > 1 km across; approximately coincident with "radial rim material" mapped at 1:1,000,000 scale (Schmitt and others, 1967); locally surface shows faint radial striations; gradational toward rim crest with unit rr; relief of swells decreases outward. *Interpreted* as fragmental ejecta deposited by outward-weakening radial flows; swells may be thickened zones or may overlie fault slices in bedrock
rr
Radial. Closer to the crater than unit rs. Long rounded ridges and troughs, 200-400 m across, radial to Copernicus; generally not blocky. *Interpreted* as mainly nonmolten ejecta deposited in streamlined dunes by radial flow; absence of blocks but association with pond material suggests that molten material is largely drained off
rc
Concentric. Near the rim crest. Moderately blocky; fine striations and scarps concentric to Copernicus and spaced ~ 100 m apart are superposed on broad low swells; fine-scale topography sharp and detailed; numerous radial troughs with finely jagged sides; hard surface cracked locally, commonly forms thin outcrop ledge at top of crater wall scarp. *Interpreted* as thick welded ejecta deposited by radial flow; upper surface eroded by last part of radial flow, causing crisp topography; ejecta partly melted and the most mobile parts drained off to form pond material and left blocky residue; concentric pattern partly erosional or depositional from radial flow but partly reflects close-spaced fractures and faults that formed mainly in response to slumping of the nearby crater wall; radial troughs are early formed fractures and channels eroded by radial flow; broad swells concentric to crater may be thrust slices in bedrock beneath ejecta
ra
Angular. Near the rim crest. Rugged angular hills and ridges ~ 1 km across; ridges subradial; amphitheaterlike valleys; sharp topography; somewhat blocky; numerous leveed flow channels indicate downhill flow in valleys. *Interpreted* as partly molten ejecta; rugged surface may partly reflect underlying faults; much of relief caused by gravitational collapse of hill slopes and consequent downhill flowage of moderately fluidized debris (more viscous than pond material or floor materials)
Contact
Fault – Dashed where approximate; dotted lines indicate lineament interpreted as buried fault. Bar and ball on downthrown side
Flow channel – Dashed where inferred; arrow shows downhill flow direction. Leveed channels, some with lobate protrusions at the downhill end; amphitheaters at heads of some. *Interpreted* as flow features formed by downhill flowage of fluid, partly molten ejecta
Radial trough – Linear and radial to Copernicus; some pass over or cut through topographic obstacles. *Interpreted* as fractures or flow channels; some on Copernicus rim may be scoured by radial flow
Pit crater – In floor material; rimless pits; interiors are deep, bowl shaped, and rocky. *Interpreted* as collapse craters formed by foundering of hard crust into cavities from which gas or still-molten fallback has been evacuated
Fissures – Lips rounded, outcrop ledges are common in narrow lower parts. *Interpreted* as shrinkage cracks caused by cooling and degassing of molten rock; loose surficial material has drained into the cracks

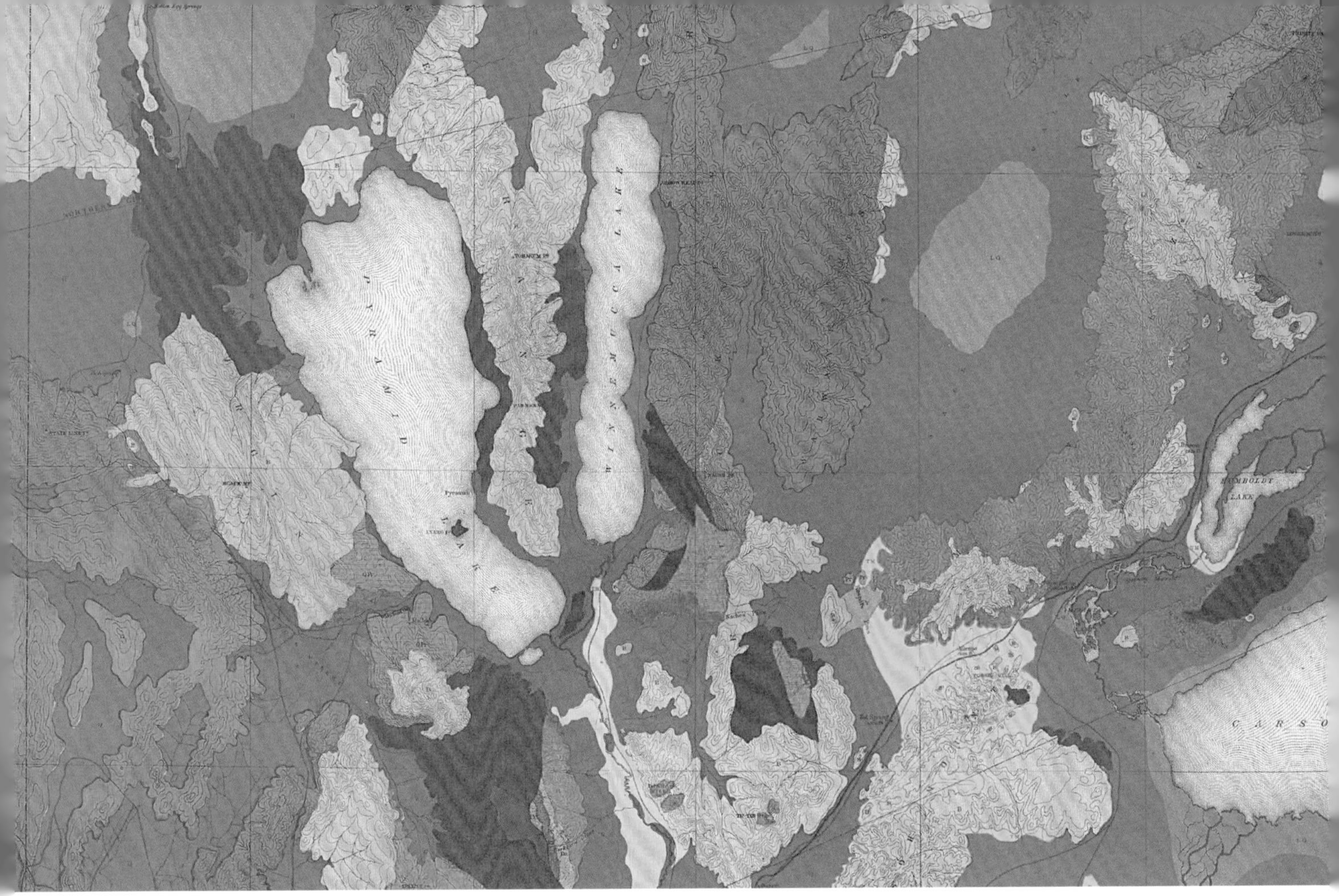

PYRAMID LAKE

WINNEMUCCA LAKE

HUMBOLDT LAKE

CARSO

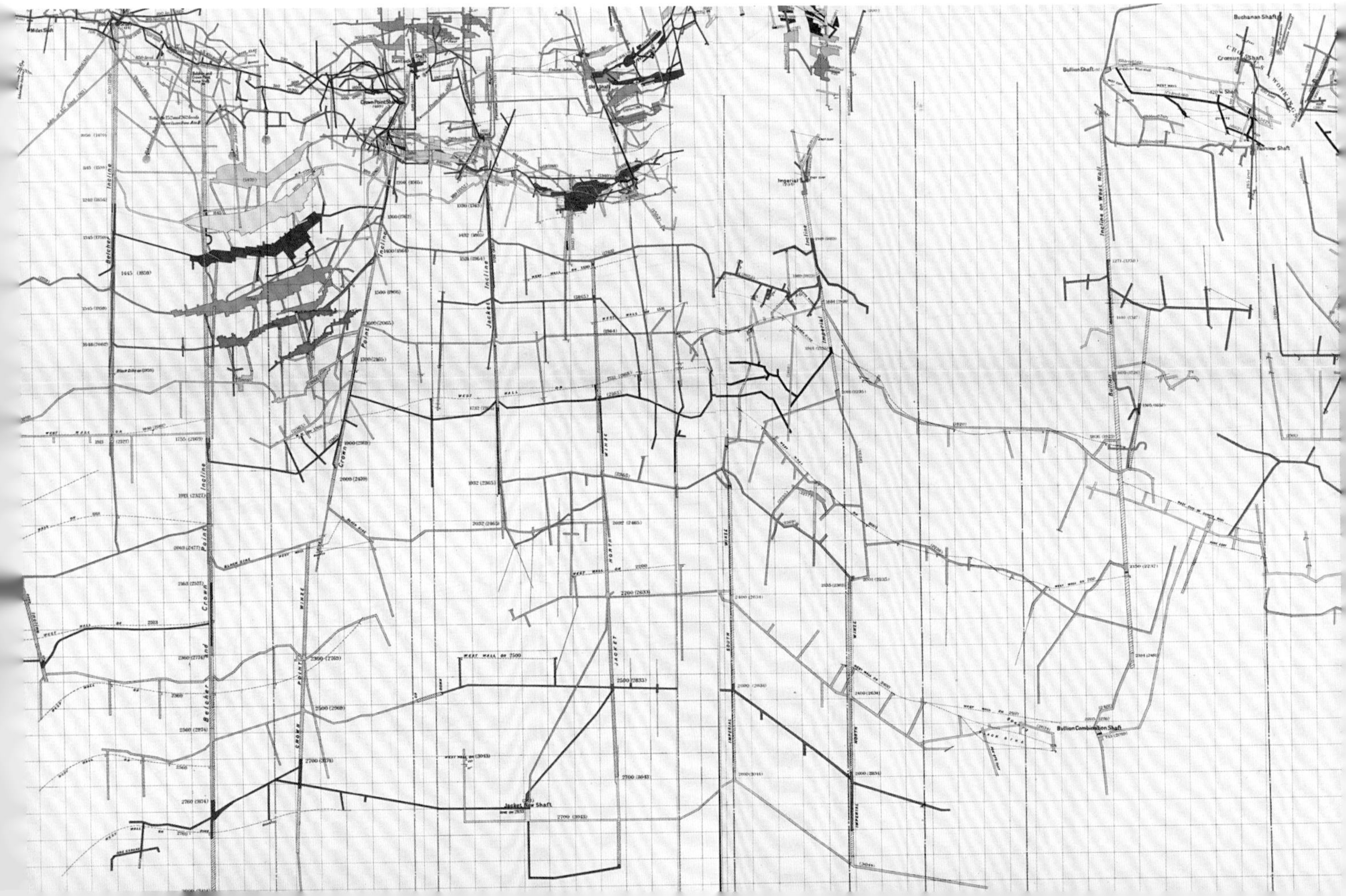

Buchanan Shaft

Bullion Shaft

Crown Point Shaft

Belcher Incline

Jacket Incline

Imperial Incline

Incline on West Wall

Bullion Combination Shaft

Jacket Hoe Shaft

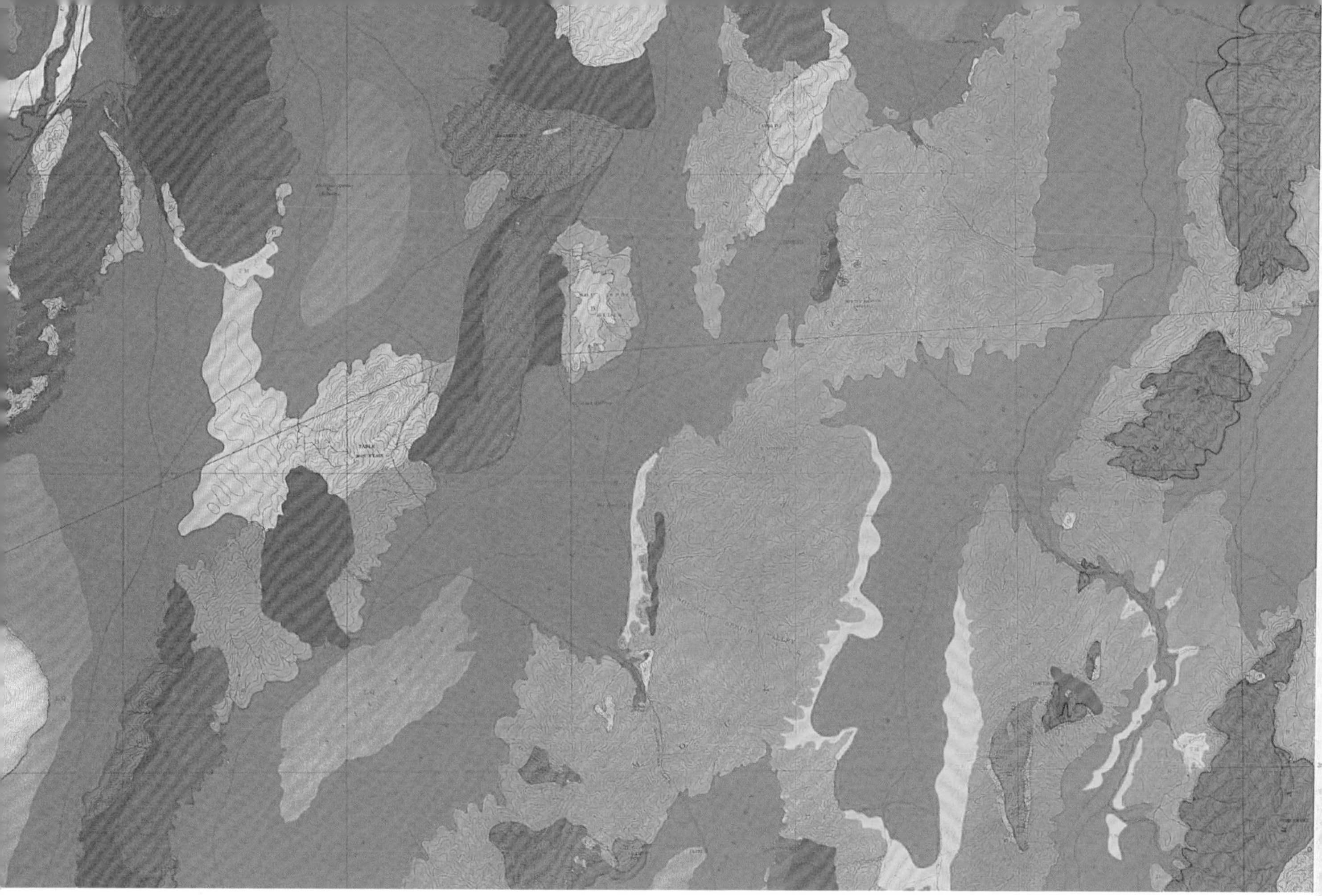

Poorman Shaft
NORTH POTOSI WORKINGS
Choller Shaft
Hale & Norcross Shaft
Potosi Shaft
Savage Shaft
Bonner Shaft
C Street Shaft
Fair Shaft
Lateral Sutro tunnel
North Lateral Sutro tunnel
Lightning Drift
Main Sutro tunnel
Combination Shaft
Osbiston Shaft
Sides Shaft
South Shaft
Air Shaft
Mexican Shaft
Con. Virginia Shaft
Ophir Shaft
C.&C. Shaft
Incline
Ophir

7.8（见162~163页上图）

40.0000° N，119.5000° W
克拉伦斯·金（Clarence King），内华达州盆地，1876年。

美国地质勘探局第一任主任克拉伦斯·金负责对西经120°至105°的第40条平行线的初步勘探，包括从内华达州阿根塔到加利福尼亚州塔霍湖（当时被称为金字塔湖）的这一地区。由此产生的地图集包括美国地质和地形制图的一些最好的例子。岩石类型覆盖在地表地形上，有水和泥湖。它们的颜色是土红色、棕色、橘色、赭色，但并不能反映它们所代表的岩石的自然颜色。用相似的颜色代表岩石的年龄和类型，例如蓝色代表石炭纪的岩石。

7.9（见162~163页下图）

39.3097° N，119.6486° W
乔治·贝克尔（George F. Becker），康斯托克矿地图，第三、第四、第五和第六，1882年。

这张采矿井和隧道的地图作为一种代表性工具从地层柱中分离出来，并使用颜色来指示深度。颜色序列对应于100英尺的深度，并在1500英尺到3000英尺之间重复。类似于等高线，路基基础设施的颜色编码通过连续的隧道和竖井的连续系统读取为水平切片。该技术既抽象了复杂的信息，又将其表示为网状纠缠，呈现了与提取材料相邻的采矿设备。

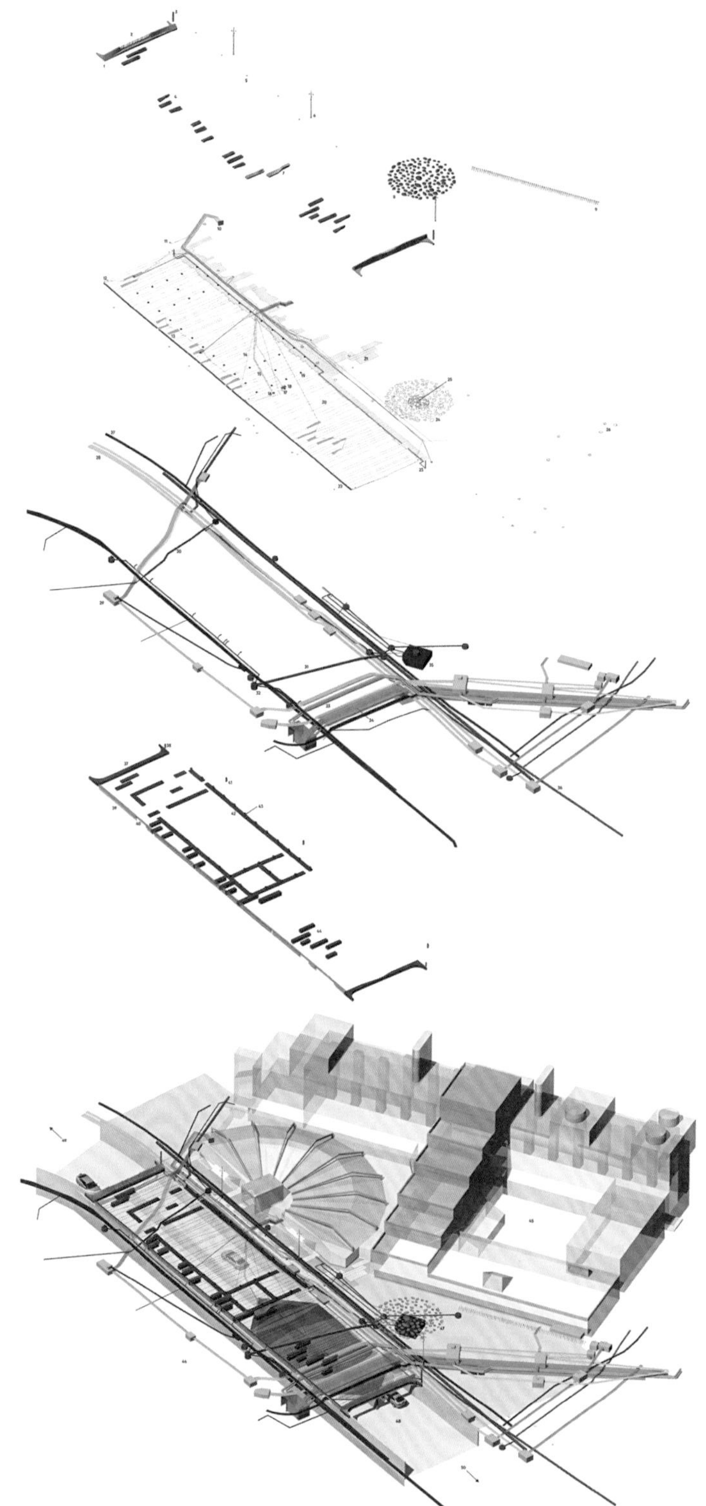

室外家具

1. 混凝土车辆挡墙
2. 不锈钢护栏
3. 紧急电话
4. 木质长凳
5. 向上照明
6. 区域照明
7. 混凝土长凳和标牌
8. 喷泉岩
9. 自行车架

表面

10. 配电盘
11. WIFI路由器
12. 墙面照明
13. 台灯照明
14. 照明管道
15. 电力/数据管道
16. 电源/数据插座
17. 200A功率电源
18. 地图
19. 帐篷底板连接
20. 预制混凝土铺路
21. 沥青块铺路
22. 排水炉
23. 饮用水管道
24. 喷泉底座
25. 喷泉水喷嘴
26. 通用铸件

公用设施

27. 水总管
28. 电气管道
29. 电气检修孔
30. 电信管道组
31. 雨水排水沟
32. 排水集水区
33. 冷冻水生产线
34. 蒸汽分配
35. 喷泉拱顶
36. 煤气总管

基础设施

37. 车辆障碍墙
38. 紧急电话
39. 排水沟基础
40. 槽式排水基座
41. 灯杆
42. 帐篷立足点
43. 帐篷墩
44. 板凳

背景

45. 科学中心
46. 哈佛学院
47. 坦纳喷泉
48. 剑桥街道地下通道
49. 哈佛广场
50. 昆西街

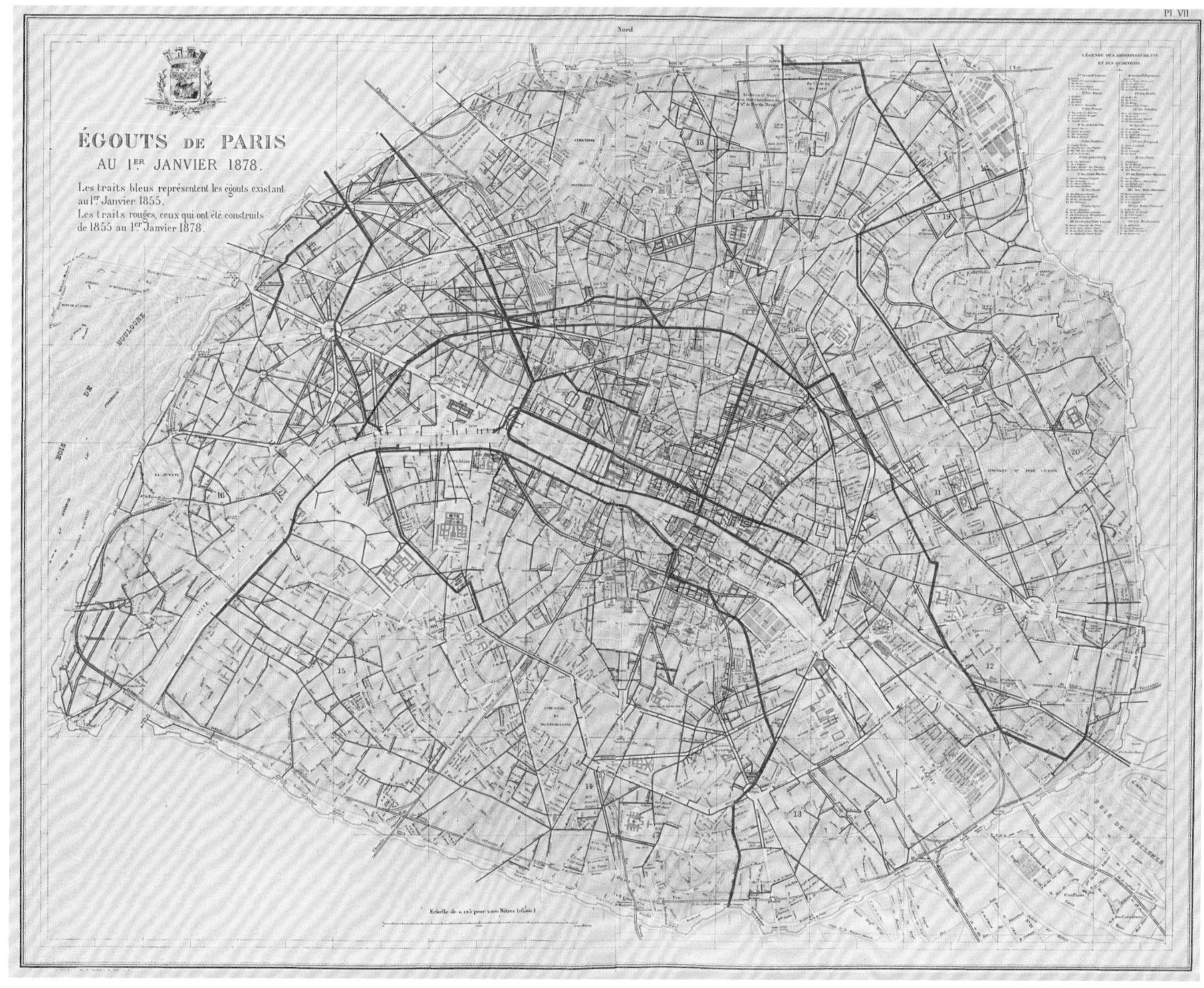

7.10

42.3756° N，71.1233° W
斯托斯景观都市主义，厚2D（向斯坦·艾伦致敬），哈佛大学的广场，2012年。

哈佛大学广场的分解式轴测图揭示了项目结构和基础设施层面的复杂性。广场坐落于车辆隧道上方，与市民和大学的公用设施交叉在一起，受到约束。地下尺度引导着元素在表面上的空间分布。树木、长椅、灯光、帐篷支撑点、排水的地面穿刺位置，设计元件的深度和重量以及新的公用设施的插入都是由地下网络精心安排的。使用分解的、分层的绘图作为沟通、分析和项目开发的工具。被挤压的、颜色编码的实用公用事业线的绘制与康斯托克矿图和巴黎基础设施地图有相似之处。

7.11

48.8742° N，2.3470° E
让—查尔斯·阿道夫·阿尔方德，巴黎的作品（巴黎：国家印刷厂，1889年），第七版。

城市地下带以其地质层和基础设施网络为标志。《巴黎的作品》是一本以后者为重点的地图集，旨在描述1889年在巴黎举办的世界博览会的技术进步和现代化。图中所示为1878年的下水道系统，蓝色表示1855年的下水道，红色表示1855年至1878年间建造的下水道。地表城市物理特征与地下支撑结构之间垂直空间的塌陷，使两者之间的相互依存关系更加明显。时间和功能都是通过简单而有力的表现技术来突出显示的。

7.12

48.8742° N，2.3470° E
巴黎矿山服务中心，1890年。比例：1：40000（以半尺寸显示）。

虽然《巴黎的作品》侧重于地下基础设施网络，但这幅来自同一时期的极其详细的城市地质图将地下岩石层与地上的城市化程度联系起来。该地图围绕蜿蜒的塞纳河构建，显示已知的、虚构的和隐藏的地质轮廓、褶皱线、化石遗址以及大致对应于它们的自然外观的以颜色编码的岩石类型。它还详细地表示了道路、建筑物、田野和植被。地质信息是编码的，需要图例，而地表居住区的绘制则无需转译：如道路有厚度，植被有纹理，建筑空间被填充，地形起伏有阴影。

7.13

42.3586° N，71.0567° W

查尔斯·艾略特（Charles Eliot），波士顿大都会区地图，1893年。比例：1：62500（以半尺寸显示）。

景观设计师查尔斯·艾略特和记者西尔维斯特·巴克斯特（Sylvester Baxter）构思并推动了环绕波士顿的相互连接的公园和公园道路系统。1893年波士顿大都会区地图划定了绿色的现有公共保留地和艾略特提出橙色的建议公共保留地。地图被打印，折叠，并附在艾略特提交大都会公园委员会的装订报告中。在这个副本中，颜色配准略有偏差，但地形、地质和水文系统（包括在基础地图中的一部分）与拟议中的公园系统之间的相关性是显而易见的。艾略特是表现法和设计叠加法的早期倡导者。他从已有印刷地图和广泛的实地考察中收集和绘制了许多层次的信息，以便找到公园扩张的理想属性。

7.14 （见169页上图）

39.8643° N，74.8225° W

宾夕法尼亚大学生态研究与设计中心（伊恩·麦克哈格和纳伦德拉），梅德福德：维护由梅德福德镇的自然环境所代表的社会价值的绩效要求，新泽西州，1974年。

由伊恩·麦克哈格担任首席研究员，纳伦德拉·朱内贾（Narendra Juneja）担任项目主任，宾夕法尼亚大学景观和区域规划系的整个科学系（6名成员）担任顾问的梅德福德项目，是一个保护新泽西州梅德福德市郊松林小镇及其环境，并加强其以抵抗郊区的无序蔓延发展的构想。朱内贾是景观设计师，也是麦哈格的亲密同事，他撰写了这份报告，并绘制了一组精美的地图。土壤地图［罗恩·哈纳瓦尔特（Ron Hanawalt）是土壤学顾问］用丰富的泥土色调绘制，并附有土壤特征的详细图表：类型，渗透性，质地，成分，与地下水位的关系以及使用价值。

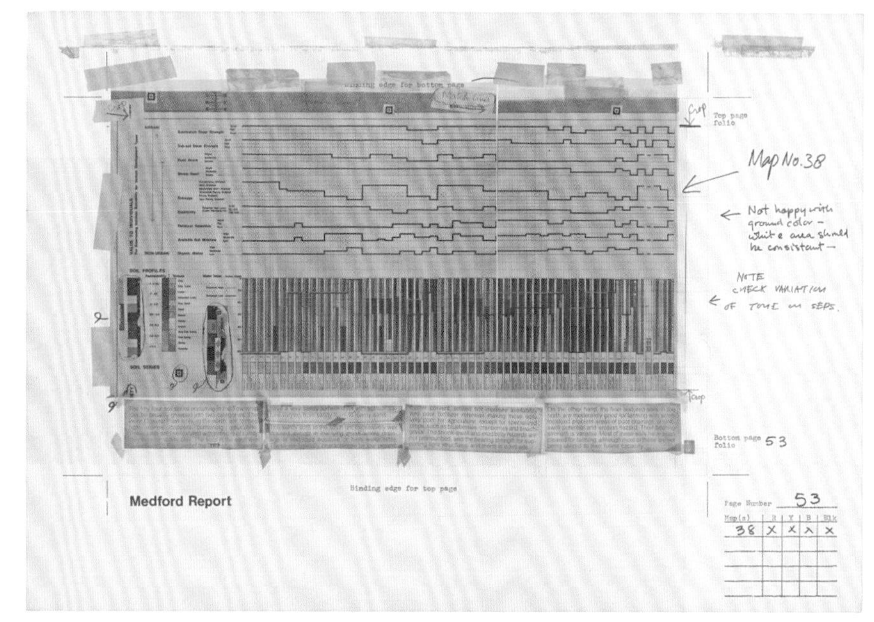

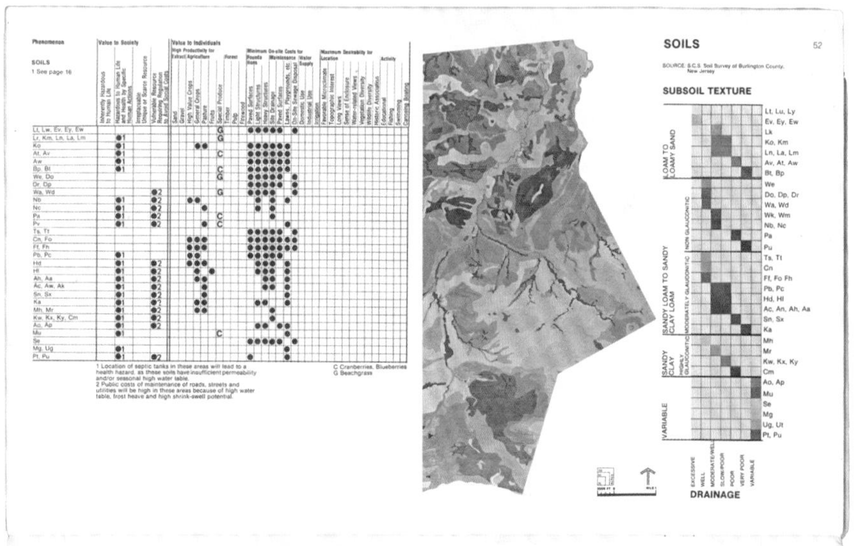

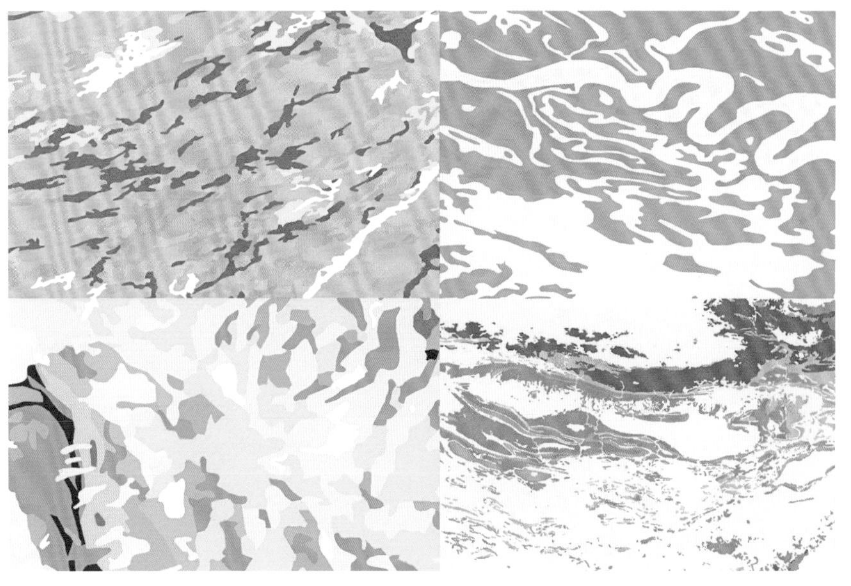

7.15（本页下图）

**49.8333° N，88.5000° W；
48.8742° N，2.3470° E；
40.0000° N，119，5000° W；
25.3450° S，131.0361° E
（从左上角顺时针方向），One Geology，2014年。**

One Geology是一个在线的、可自由访问的、易于使用的绘图平台，它汇集并呈现全球地质数据和地图。该平台提供跨越政治边界的地图访问。该平台不再尝试不可能存在的通用地图（图2.7），而是一个由不同地图组成的单一地理参考存储库，这个系统具有不同的比例、数据阈值、分辨率级别、地层和颜色系统。这四个例子代表了四个不同的缩放比例，从左上角（1：350000）的最大缩放比例到右下角（1：4000000）的最小缩放比例。他们还强调了地缘政治的差异，以及几十年来地图绘制趋势的变化（将右上角与图7.12进行比较，将左下角与图7.8比较）。

第 8 章

剖面图

沿与平面图垂直的预定线切割的绘图，以显示高度、深度以及结构和材料组成。从切割平面的位置获取的正交视图，以描述内部组织。

剖面图既是地质图的标志性特征，又是建筑及其相关学科中的一种基本的正交图类型。剖面图对平面图进行了补充，同时提供了对物质和结构关系的解读。在一个视图中，剖面图通过一条给定的线分析景观，通过已知的或未知的上下物质的性质来表达地形的起伏。

在地质制图中，剖面图和地图是同一空间岩层分布条件的两种表现形式。剖面图对岩床几何结构进行了更为引人注目的描述，包括倾角、厚度和深度，而地图则描述了更广泛的组织。剖面图既可用作发现和查找关系的工具，也是确定精确维度的测量工具。虽然剖面图通常来自平面地图，但在某些情况下，平面视图是从测量剖面图推断出来的。综合来看，剖面图和平面图都是用二维投影，描述了三维地下条件。地层柱状图（见第7章）为两者提供了图例和配色方案。剖面图切割线的方向很重要，最好是垂直于岩石走向或其他描述元素，以揭示结构和材料的特点，同时尽量减少变形。这些剖面图通常只关注地质特征，描述在地表下发生的情况，而忽略了位于地质凹陷和褶皱之上的建筑物和景观。然而，从城市条件来看，高海拔地区——丘陵地标的过渡是明确无误的（图8.3）。

设计学科中的剖面图与地质学科中的剖面图有着明显的相似之处。两者兼具侦察和测量的双重目的。它们揭示了厚度和结构，并且更多的是来自于平面图而不是产生了平面图。这一节描述了构造和邻接，解释了景观的内部结构和纵向变化。在前一节中探讨的地表与地下的关系，将更直接地在本章节中展现。在细节层面，本节描述了不同的地下和地面材料特性。这两种情况可以通过强调层之间的差异或混合在一起作为一个加厚的地面来明显区分。高程信息被包含在内以引用剖切面之外的物理条件，以使切片具有压缩厚度并且更好地将其置于景观内。在地质学中，方框图（一种地形的轴测片段）用于给出剖面深度。设计采用平行投影和系列来描述一个地方，并清晰地表达景观中的运动。

剖面图还用于描述跨越地形的轨迹。普鲁士地理学家亚历山大·冯·洪堡（Alexander von Humboldt）和苏格兰都市主义者帕特里克·格德斯（Patrick Geddes）提出，要更广泛地使用剖面来描述区域，将其作为从山到海的载体。这个概念线与地理植物学、规划和设计都有关联。剖面图是地理学家的一种工具，它利用线性导线作为了解新领域的一种手段，当一条线穿过地图和一个物理地形时，该剖面既代表了海拔差异，又代表了水平范围。

剖面图可以单独通过表达性线条绘制，也可以用黑色填充、编码颜色、纹理、阴影和光栅图像进行增强（图8.1）。为了提供更广泛的地形解读或景观之间的联系，设计和地质科学都采用了连续剖面。在这些情况下，平面图和剖面图被折叠起来，特别是当剖面图被放置在原位时，两个正投影视图将合并成一个单一的图像。

本章通过剖面配对来探索设计和制图之间的争议性的联系，贯穿了各种代表性工具和类型学的范围，以便将地下和地上的结构、时间和材料质量融合起来。

8.1

40.6975° N，73.9992° W
吉尔·德西米妮，剖面技术：布鲁克林桥公园，2014年。

继迈克·凡·沃肯博格（Michael Van Valkenburgh Associates）景观设计公司（图8.9）、约翰·克劳迪厄斯·劳登（John Claudius Loudon）（图8.8）、沃格特景观建筑师（图8.13）、贝尔纳多·塞基（Bernardo Secchi）和保拉·维加诺（Paola Viganò）（图8.12），以及凯瑟琳·摩斯巴赫（Mosbach Paysagistes）之后（图8.7）。

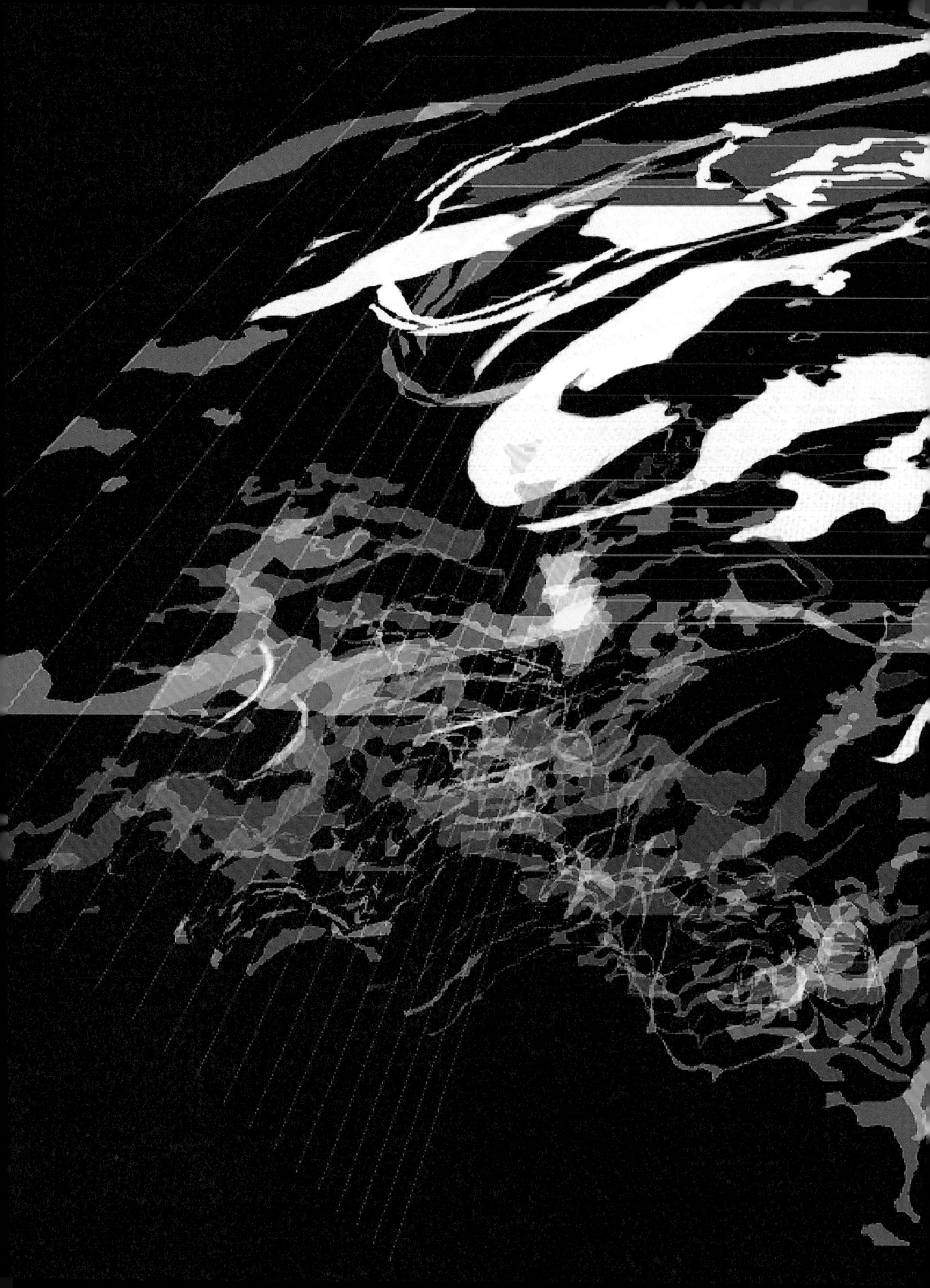

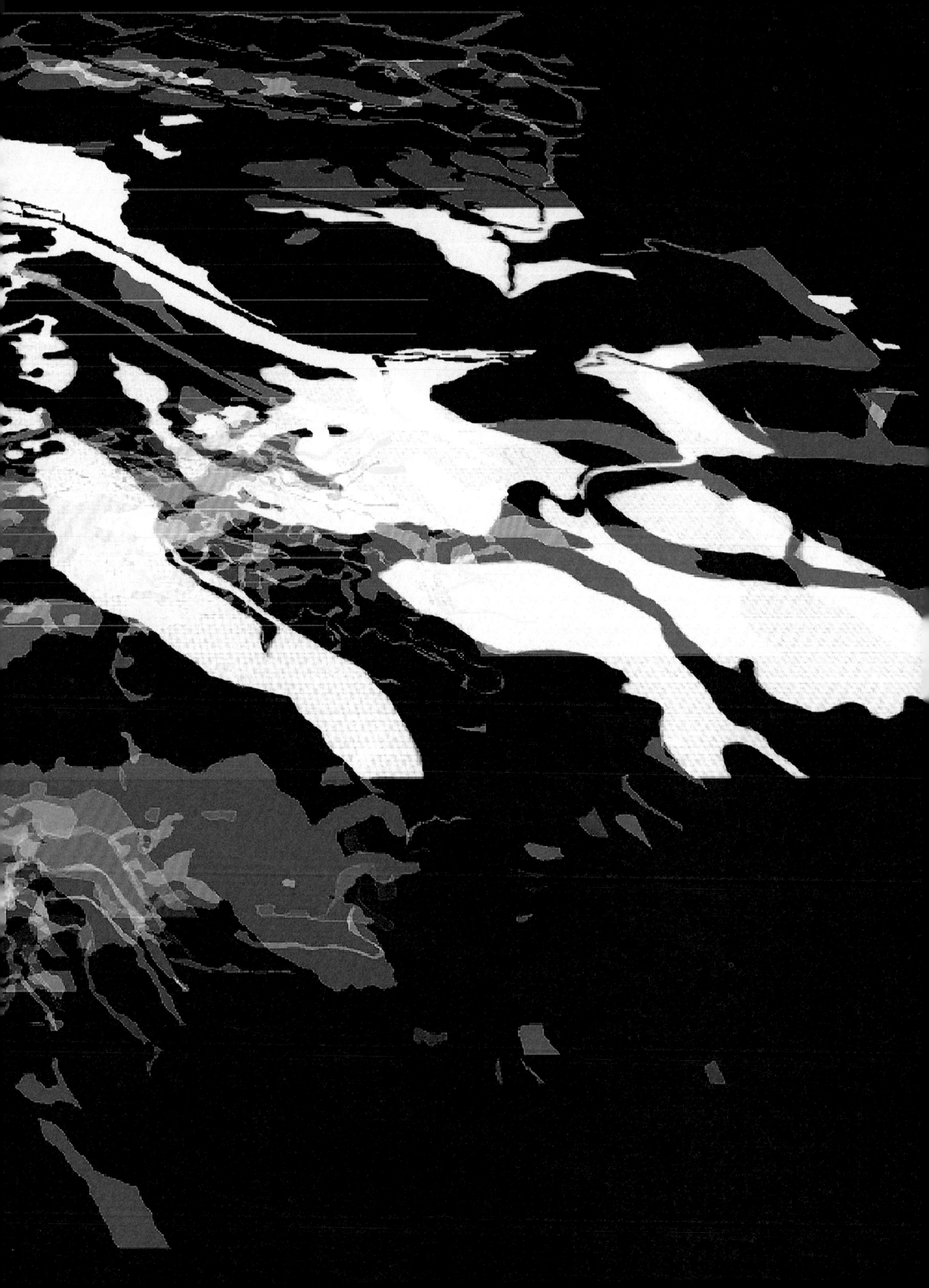

8.2（见174~175页）

48.8742° N，2.3470° E
罗伯特·杰拉德·皮特鲁斯科（Robert Gerard Pietrusko），静止的动画，2012年。

8.3

48.8742° N，2.3470° E
法国地质调查局，巴黎，1953年。水平比例：1∶50000，垂直比例：1∶2500（地质剖面以四分之一尺寸显示）。

这张1953年的巴黎地图上的地质剖面图，融合了文化和地质方面的参考资料，看起来就像一个由岩层构成的城市天际线。蒙特马特的山峰矗立在罗切乔尔特大道和克利尼古尔港之间。实际高度在130m左右，但是显著夸大了可理解的地层垂直变化和地质层的文化含义。

8.4（见177页底图）

25.0333° N，121.5333° E
乔治·贝克尔，《矿脉的垂直截面》（Vertical Cross—sections of the Lode），1882年。

康斯托克矿体是一个银矿矿床，其垂直剖面是由乔治·贝克尔为美国地质调查局（USGS）局长克拉伦斯·金（Clarence King）绘制的。1880—1981年对该矿脉的调查，在前人研究的基础上进一步扩展，揭示了这个著名银矿矿床的真正规模。这些图纸是在贝克尔的监督下绘制的，目的是“绝对真实”地再现矿床中的情形，包括矿井网络内新建的隧道和竖井（图7.8）。

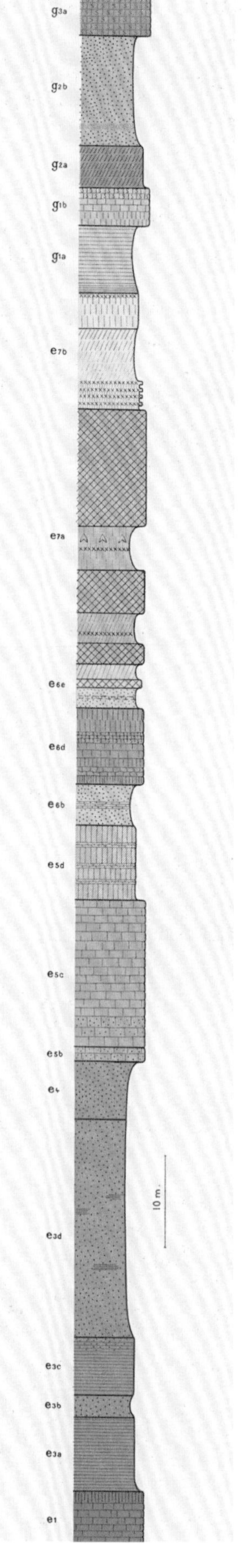

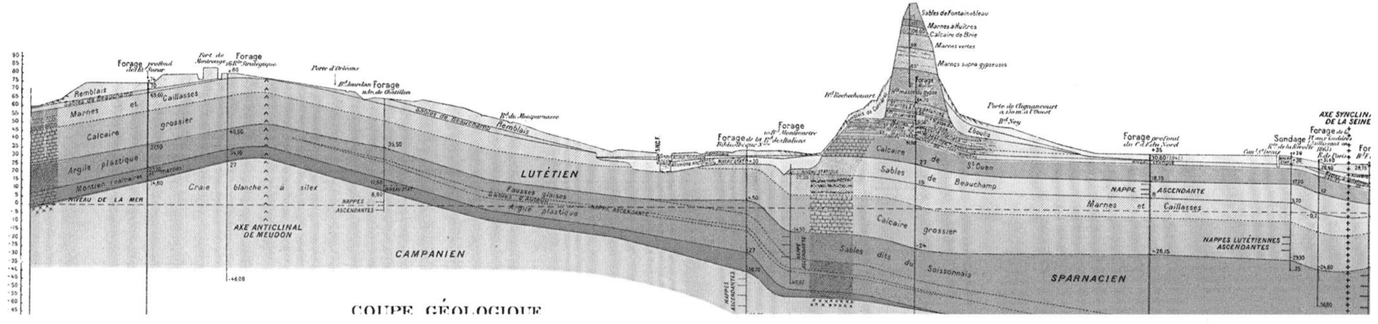

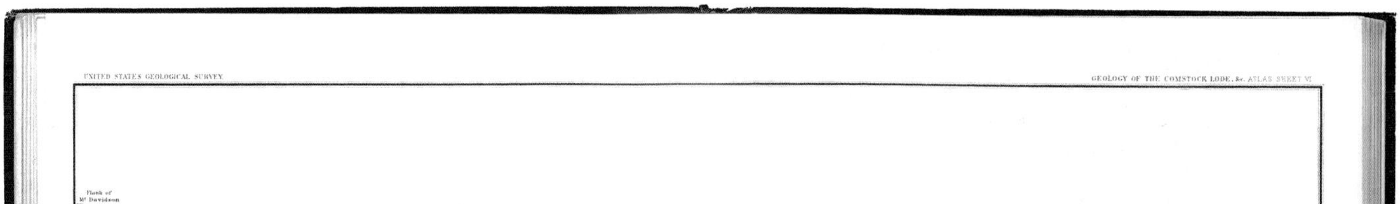

UNITED STATES GEOLOGICAL SURVEY

GEOLOGY OF THE COMSTOCK LODE, &c. ATLAS SHEET VI

VIRGINIA CITY

Comstock Lode

VERTICAL SECTION ON LINE OF SUTRO TUNNEL

West SCALE 800 FEET TO 1 INCH East

VERTICAL SECTION THROUGH BALTIMORE AND FORMAN SHAFTS

Partial Section of Overman Shaft

VERTICAL CROSS-SECTIONS OF THE LODE.

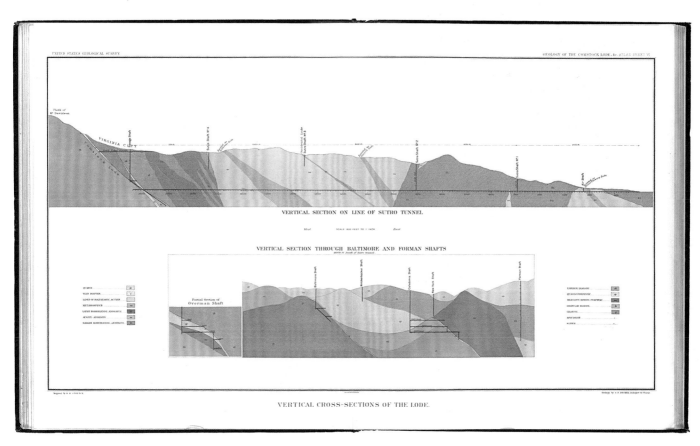

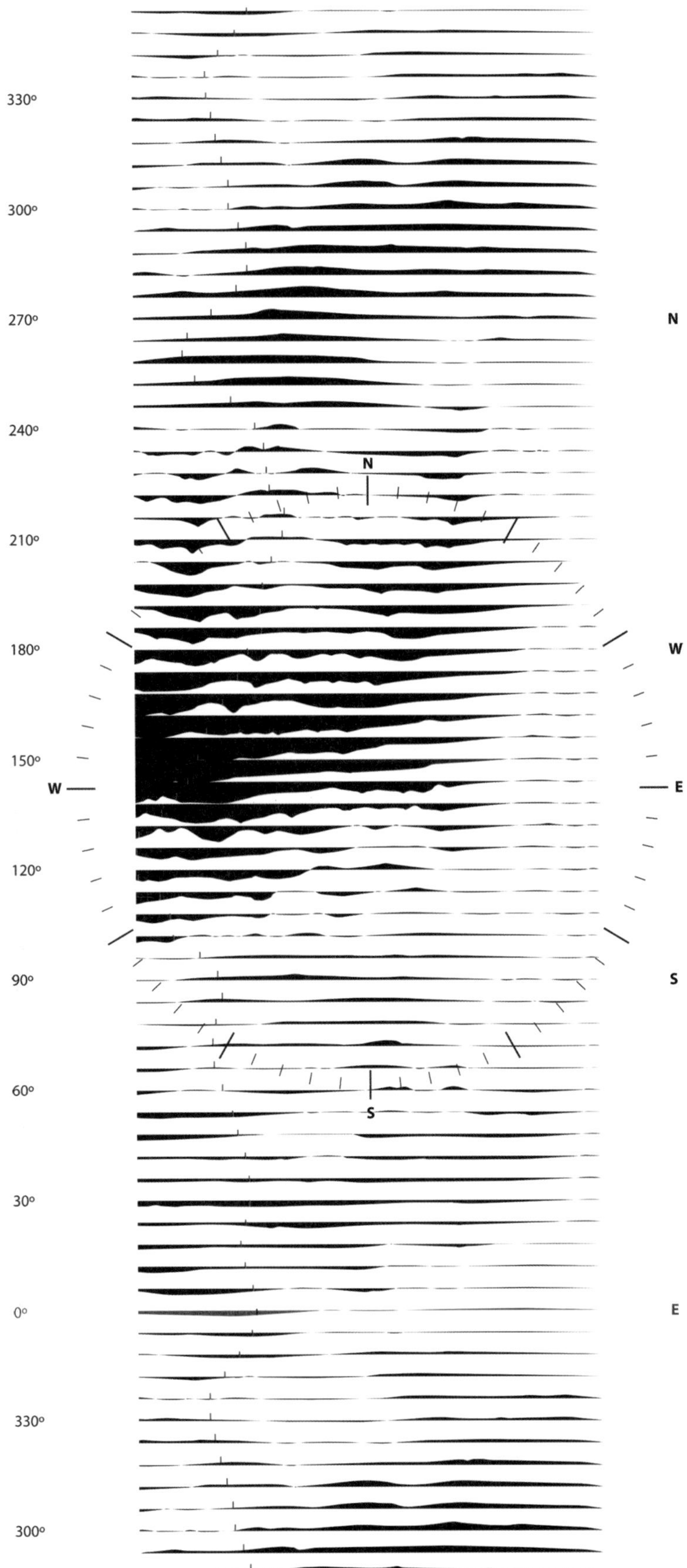

8.5

12.9667° N，77.5667° E
阿图达·马瑟（Anuradha Mathur）和迪利普·达·库哈（Dilip da Cunha），佩塔遗址第二套基址图，2006年。

印度班加罗尔佩塔遗址（历史要塞外的一个设防城镇）的连续水平投影剖面，对以前的遗址调查作出了回应，主要依据的是由康沃利斯勋爵（Lord Cornwallis）率领的英国军队在英国占领该遗址期间进行的测量。该图用一个覆盖在各剖面顶部的罗盘标记了佩塔的中心，并参考了康沃尔利斯勘测中描述的关键入口。连续水平投影的剖面优势是允许同时读取景观的水平和垂直尺寸。在图像的左侧标记的这条横贯线暗示着整个城市的发展，强化了它作为连续的物理长廊的想法（见第9章）（图8.14）。

8.6

45.8336° N，6.8650° E
鲁道夫·斯陶布（Rudolf Staub），阿尔卑斯山的建筑：第2页：西阿尔卑斯山，1926年。

瑞士岩石学家、登山者鲁道夫·斯陶布（Rudolf Staub）绘制了一系列25个剖面图，这些剖面图分布在两张纸上。在阿尔卑斯山地区，这些复杂的推覆体，如大块体或岩石薄片，由于断裂或褶皱，已经从它们的原始位置移动了两公里或更多。这些剖面揭示了山脉的构造形成，描述了形成山脉的地质聚合。构造层之间的相互作用在地表上是看不见的，但可以通过剖面的序列表现出来。对整个图表中的各个剖面进行排列，可以让整个范围的平面和三维性质贯穿整个系列。

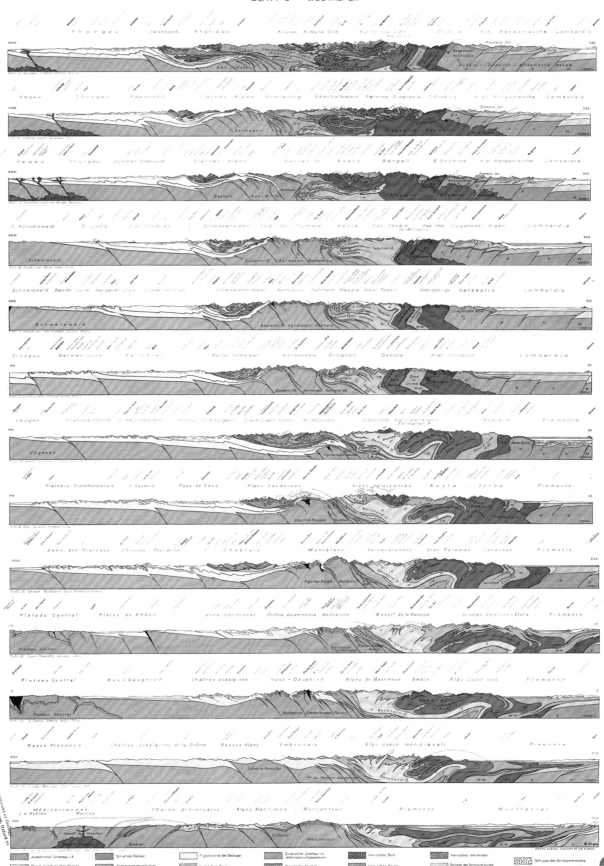
R. STAUB
DER BAU DER ALPEN
BLATT 2: WESTALPEN

8.7

48.8742° N，2.3470° E
贝尔纳多·塞基和保拉·维加诺
（Bernardo Secchi，Paola Viganò），
《多孔城市》（*The Porous City*），
2009年。

意大利城市学家贝尔纳多·塞基（Bernardo Secchi）和保拉·维加诺（Paola Viganò）提出的巴黎乐园项目（Le Grand Paris）的成对剖面图，揭示了推动设计的水文和土地利用参数。黑色和红色系列描述了广泛的区域河流系统（以红色突出显示）与地形地貌之间的关系。该规划理念旨在揭示城市中水循环的存在，并提高后京都时期大都市的水质和保水能力。这些彩色编码的地层柱状图剖面描述了整个大城市群的土地利用变化情况。这两部分都强化了巴黎作为一个“多孔城市”的概念，它能够有效地吸收水、营养和人口，并促进该地区的持续健康。

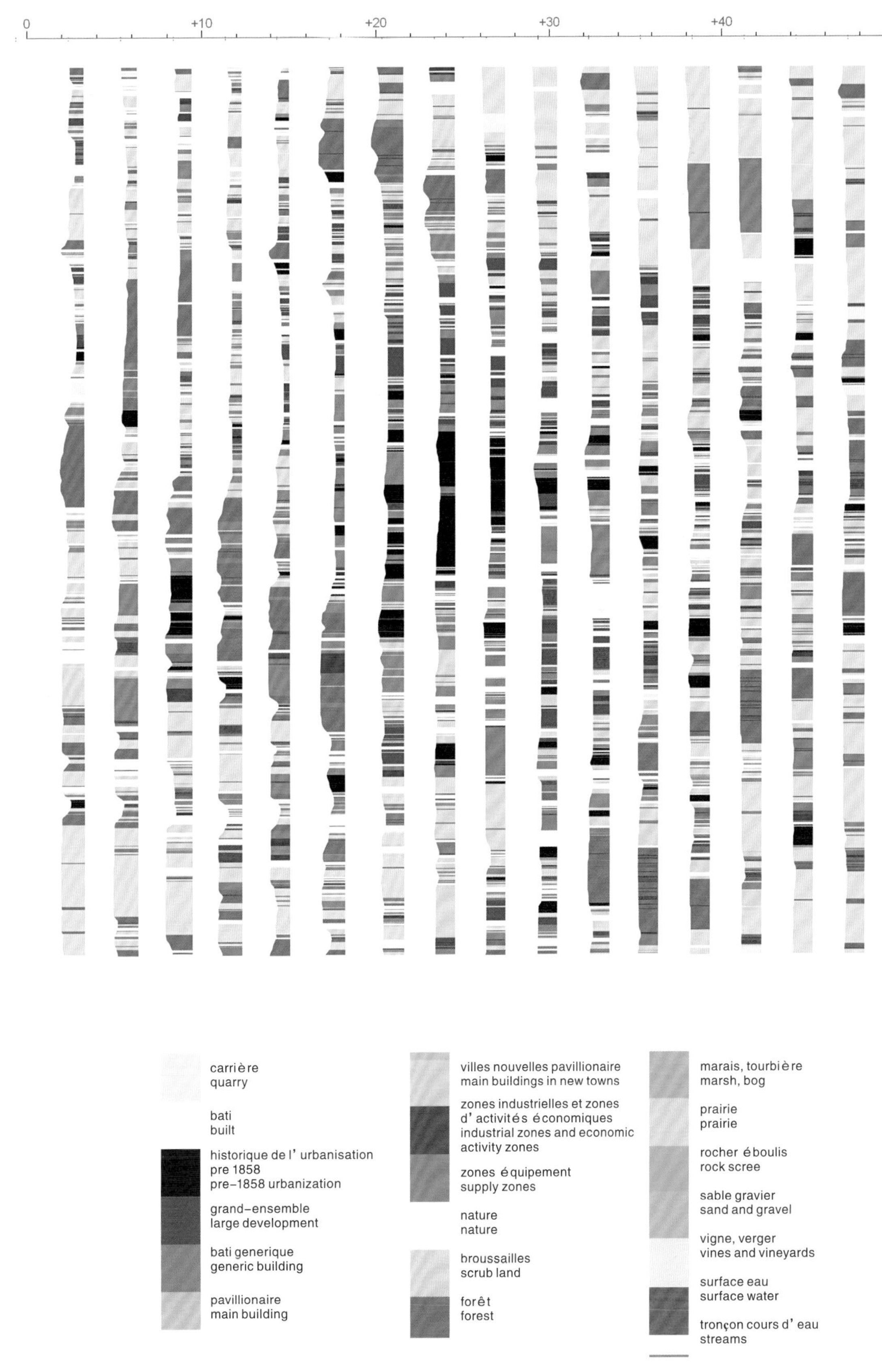

0
+10
+20
+30
+40
+50K
carrière
quarry
bati
built
historique de l' urbanisation
pre 1858
pre-1858 urbanization
grand-ensemble
large development
bati generique
generic building
pavillionaire
main building
villes nouvelles pavillionaire
main buildings in new towns
zones industrielles et zones
d' activités économiques
industrial zones and economic
activity zones
zones équipement
supply zones
nature
nature
broussailles
scrub land
forêt
forest
marais, tourbière
marsh, bog
prairie
prairie
rocher éboulis
rock scree
sable gravier
sand and gravel
vigne, verger
vines and vineyards
surface eau
surface water
tronçon cours d' eau
streams

EMBANKMENTS Pl. IX

Sections

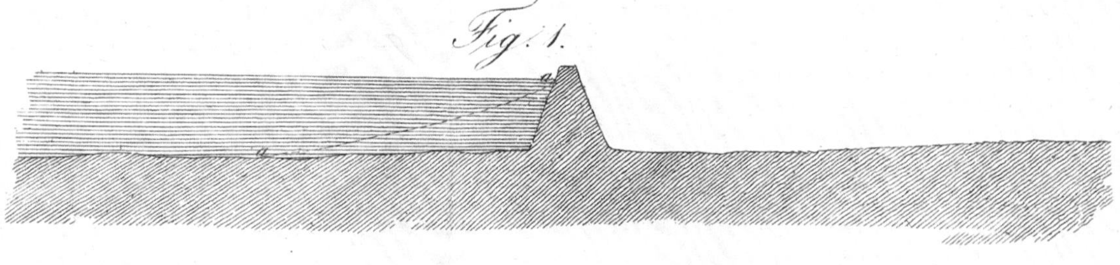

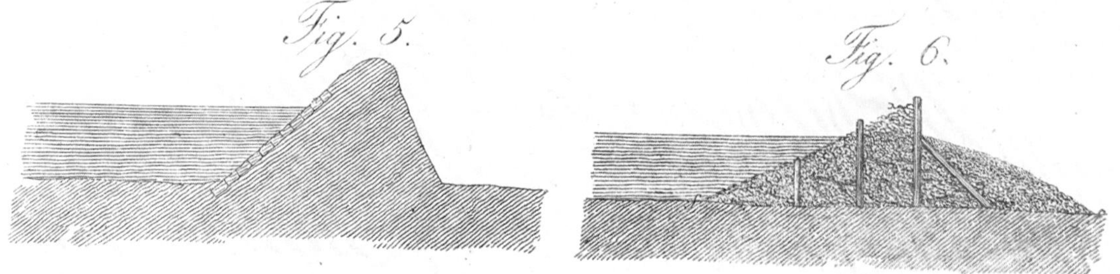

J. Loudon Del. F. Lamb Sculp

Face P.322

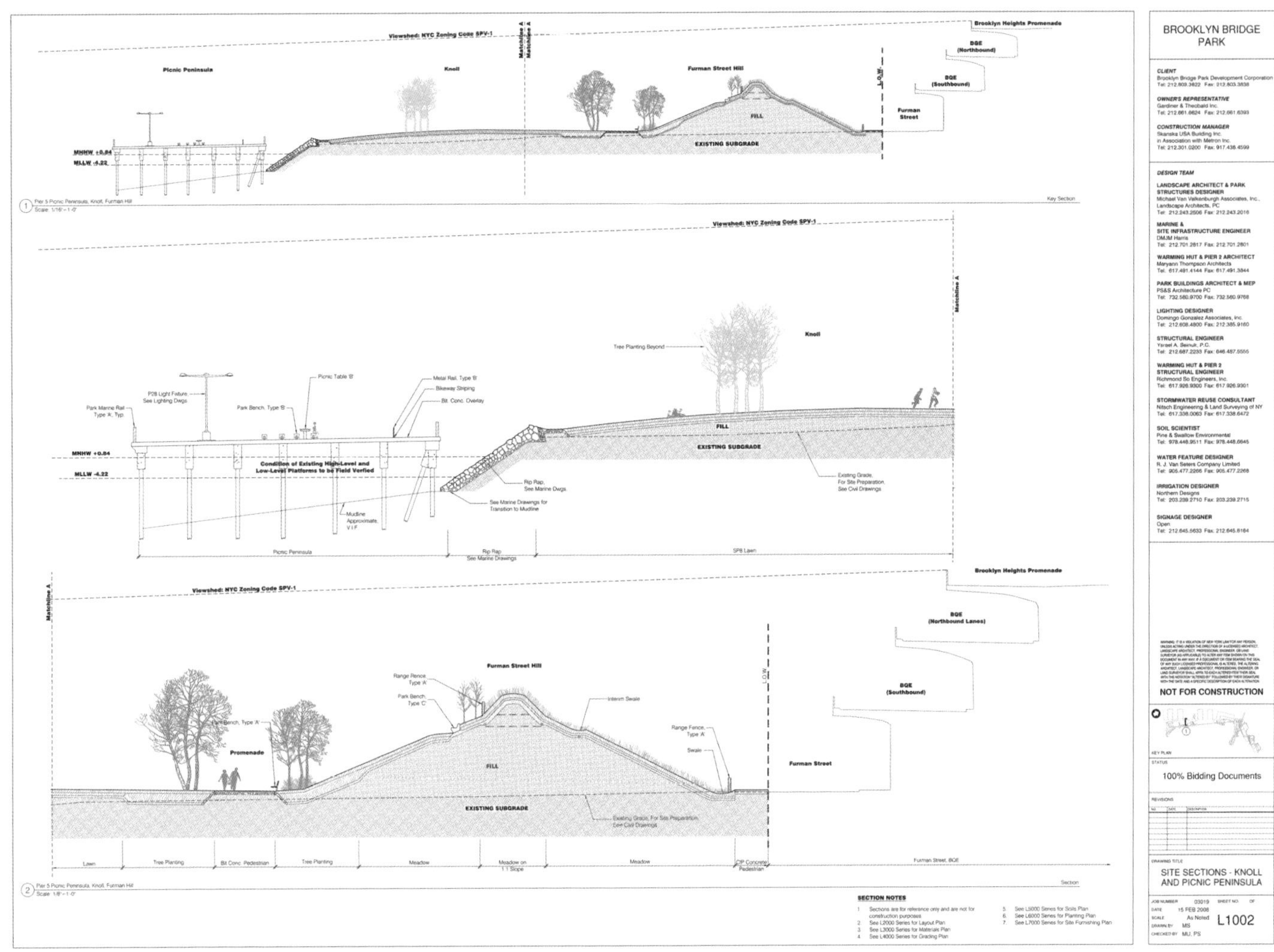

8.8

约翰·克劳迪厄斯·劳登（John Claudius Loudon），《有用观赏植物园的形成和管理观察：关于园林造园的理论与实践》（Observations on the Formation and Management of Useful and Ornamental Plantations: On the Theory and Practice of Landscape Gardening）和《从河流或海洋获得和开垦土地》（on Gaining and Embanking Land from Rivers or the Sea）（爱丁堡：康斯坦布尔，1804年），第九版。

约翰·克劳迪厄斯·劳登，一位自诩为景观规划师的人，出版了许多关于景观设计艺术的通俗读物。他的作品配有插图，描绘了典型的景观建设。第九版以剖面图的形式描绘了海堤和堤岸的各种形式。前言和注释描述了人造材料和天然材料的区别、压实程度和关键的设计组件。其使用的主要色彩是有限的，但很有效。通过对不同类型的建筑进行并排比较，可以看出这些差异非常类似于当代建筑图纸，相似的元素被详细地放在一起，并参考平面图和剖面图来显示位置（图8.9）。

8.9

**40.6975° N，73.9992° W
MVVA迈克·凡·沃肯博格（Michael Van Valkenburgh Associates）景观设计公司，布鲁克林大桥公园，2008年。**

布鲁克林大桥公园5号码头的施工剖面表达了从东河到布鲁克林—皇后区高速公路的地形序列。它显示了各元素（延伸到河中的野餐半岛和繁忙的高速公路旁的巨大减音弗曼山）与施工场地的材料组成（桥墩混凝土铺装、现有路基上的填料、骨料上的沥青混凝土和路基上的种植介质）之间的关系。剖面图提供了对现有的（高速公路）和新的（码头和散步道）基础设施的多层理解，同时标记了这些高架元素下不断变化的环境：潮汐通量水平和环流。

8.10

1.4692° S，78.8175° W

亚历山大·冯·洪堡，《美洲大陆植物的洪堡分布：根据海拔高度》（Humboldt Distribution of Plants in Equinoctial America: According to Elevation above the Level of the Sea），1854年。

亚历山大·冯·洪堡经常撰文指出，需要对生态学有一个综合的全球视角，并以他在热带遇到的错综复杂的生态网络图像来说明他的观点。他早期在欧洲进行观察（首先是在特内里费火山岛上的观察，特内里费火山岛是加那利群岛中面积最大、人口最多的岛屿），后来在南美洲进行了更深入的观察，发现了与地质、地形和气候有关的植被带的新模式。厄瓜多尔钦博拉索山区域内的这一典型的，标志性的生态区剖面提供了一个完美的图形框架，通过巧妙地将文本和图像并置，将植物信息和气候区联系起来。

8.11

0.2186° S，78.5097° W

费利佩·科雷亚（Felipe Correa），《作为工具的剖面：亚历山大·冯·洪堡火山大道的区域框架》（The Section as a Tool: A Regional Framework for Alexander von Humboldt's Avenue of the Volcanoes,），2004年。比例：约1∶30000（以半尺寸显示）。

《作为工具的剖面》顾名思义，它试图确立剖面图作为城市设计工具的相关性，这种工具比无处不在的平面图能更好地处理地形和城市化之间的关系。圣弗朗西斯科·德基多是厄瓜多尔的一个城市，海拔一万英尺，位于厄瓜多尔山脉中，亚历山大·冯·洪堡称火山大道是一处试验场。横贯山区的一系列剖面标志着人类为平整居住的地面所需的开挖和充填作业。

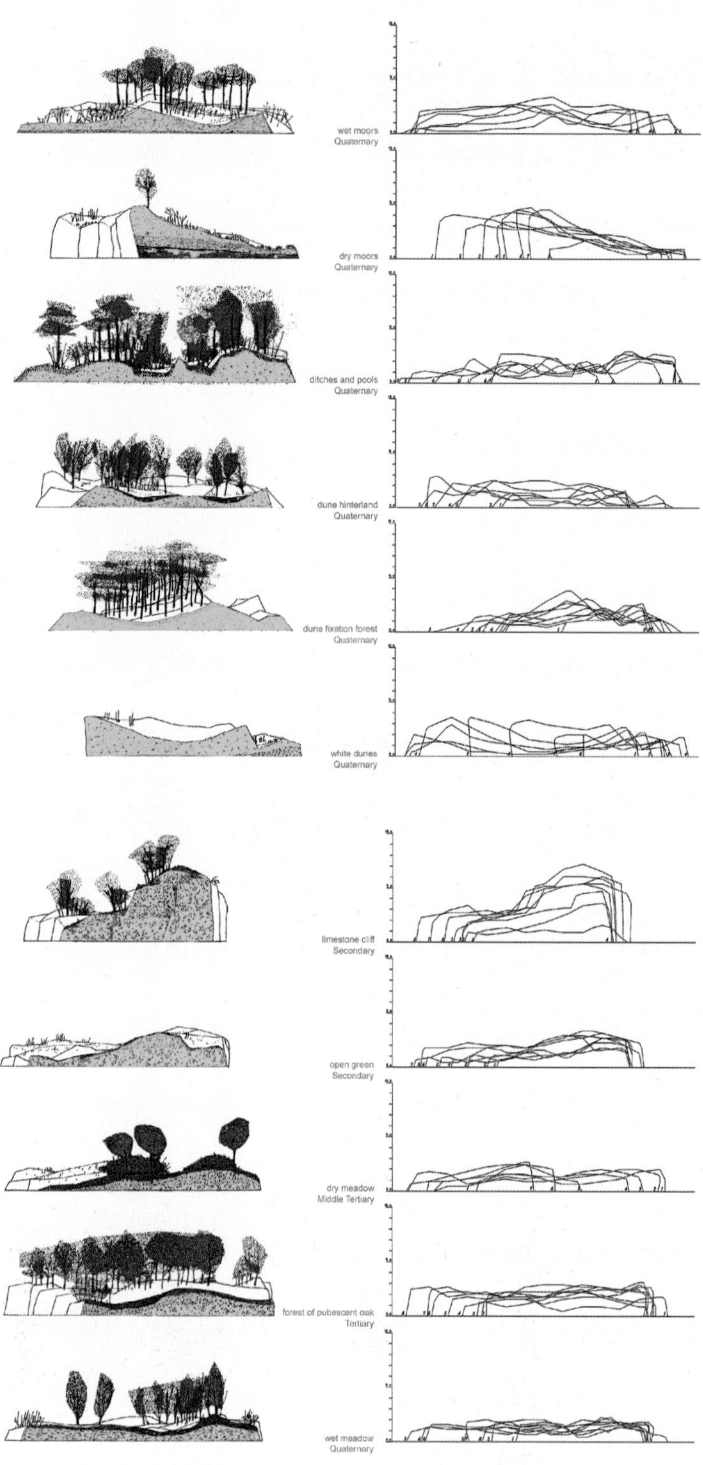

The five gardens in represent landscapes on the right bank of the Garonne, arranged according to a dual progression, through geological time and through the changing patterns of plant formations with their floristic accompaniments, from the richest soil to no soil.

The six gardens represent landscapes on the left bank of the Garonne, arranged according to a topographic section inland from the ocean with the gradual disappearance of sea sand which gives way to moor sand.

8.12

44.8386° N，0.5783° W
凯瑟琳·摩斯巴赫（Mosbach Paysagistes），波尔多植物园：环境画廊剖面图，2000—2002年。

波尔多植物园占地4.8hm²，通过组织地形和小气候，被设计成研究设施、温室、实验室和社区花园。成层理的剖面记录了地形的位移变化，而位移本身则揭示了物质分层。这些剖面展示了从海洋到沼泽环境的生态变化，对应的地质年代层，以及不同土壤条件下植被的响应模式。

8.13

51.5082° N，0.1001° W
VOGT沃格特景观建筑师，泰特现代美术馆，2001年。

植物是用黑色墨水手绘的，这是设计师快速传达植物定性特征的最直观、最有效的技术。结果是复杂而抽象的剖面，显示了植被的相对轻盈和沉重，以及它与加厚的地面的联系。

8.14

51.0915° N，2.4908° W
VOGT沃格特景观设计师，哈德斯彭住宅区：步道的造型，2007—2008年。比例：1∶25000（以半尺寸显示）。

哈德斯彭住宅区剖面主要关注步行者的视角，中心的红线表示路线，而剖面长度对应于步行者的视野，所看到的距离就是映射的距离。因此，从低点开始的剖面较短，从高点开始的剖面较长。地形在图中反映为起伏路线上的断面起伏。地形和经历不是不相干的元素，而是相互作用的。

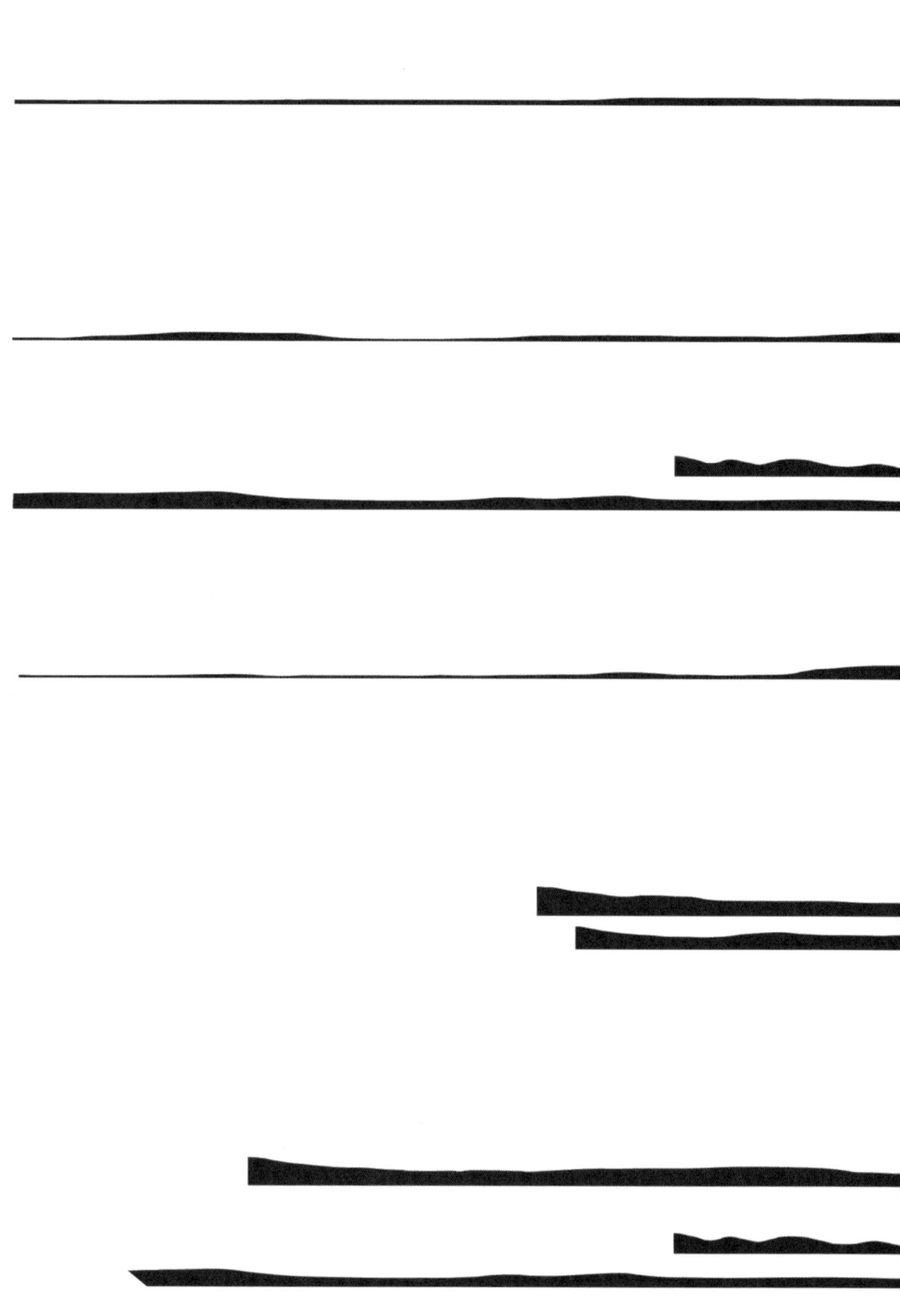

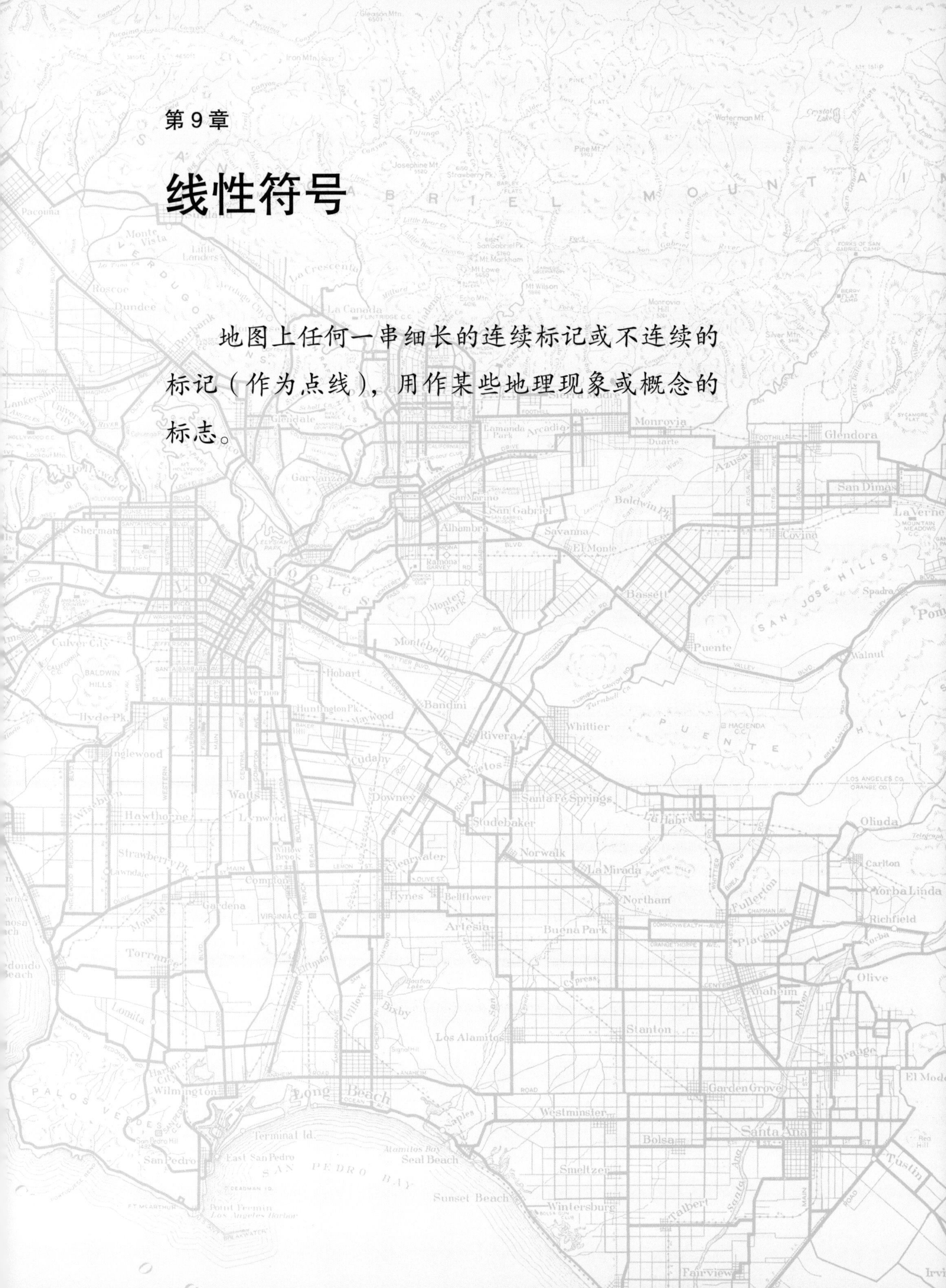

第9章

线性符号

地图上任何一串细长的连续标记或不连续的标记（作为点线），用作某些地理现象或概念的标志。

线性符号的定义是广泛的，而且可以概括为线类型的制图术语，其中线条类型可作为另外一种元素或性质。在制图中，线可以被用来做许多事情，包括浑线和轮廓线（见第2章和第3章）、国界、边界、建筑红线、河流、基础设施和道路。本章重点介绍后者，即作为一种流动的线路。

线条被转化为导航，交通和旅游的路线。通常来说，图纸的比例决定了它们的长度和弯曲程度。它们不仅可以连接精确的点，还可以将关系元素连接在一起。线既代表物理特征，又代表地方之间的距离。线型学描述了景观中的有形存在和特征。线密度本身就可以揭示聚落和城市化的模式，而类型的选择则是编码信息。例如，从连续的线表示的道路和虚线表示的铁路中，表明道路的持续影响和铁路不持续影响的重要性。[1]线的粗细也包含了用途、轮廓、材料、距离、速度和时间等信息。

在路线图中，地面的物理描绘会与时间叙述重叠。这就意味着从航空图像创建的地图与从地图制作者和地形之间的密切关系中产生的地图之间存在对比。收集的数据在远程处理时比在徒步测量和在现场绘制草图时有所不同（见第5章）。为高速旅行的用户设计的地图，以及以框架为中介的视图，在功能上也不同于包含（并依赖于）更广泛的感知品质的地图或绘图。在现场观察和制图中，以调查和引导步行为例较为明显。这些类型把自然景观的细节和过程的细节结合在一起。现象和材料的经验都被记录了下来，并通过绘画使其清晰易读。相比之下，从公路、火车或飞机上使用的地图，它往往更加突出于那些可以从很远的地方快速掌握的特征，比如山顶、海岸线和导航的关键点。

线有长度和位置，但没有面积。[2]然而，在地理元素的映射中，线表示没有维度的实体，例如边界、属性线、船舶和公共汽车路线，以及那些有尺寸的实体，例如道路、河流、疏浚渠道、铁路。在后一种情况下，比例的变化揭示了线所代表的特征区域。虽然数据层可以被可视化为一条线，但是缩放显示了一个加厚的景观。在地图上，道路是一条线，但它有一个维度和路权，即一个被线符号避开但包含在分类数据集中的空间区域。仅仅是地图上的一条细线，就可以在建筑规划中获得可测量和可读的维度。

详细的调查，指导和规划庆祝人类在这片土地上的存在。与上面的整体景观形成对比的是，私密的景观和碎片为人们在景观中的日常体验提供了指导。法国哲学家米歇尔·德·塞尔托（Michel de Certeau）把走路比作说话，赋予它三种功能：占用地形、占据空间、在相关的、不同的位置之间移动。[3]步行是即兴的，由信息引导，但通过选择实施。它可能是一个线性行为，但很少表现为一个直线或单一的线在图纸或地图上。步行的体验来自地图上的多个图层。例如，路线和地形线一起显示出陡峭和消耗的体力值。路径和所构建的特征共同描述了轨迹的方向和特征。路线和植被覆盖指向与气候和大气相关的感官体验。

一个成功的指导离不开经验的元素，例如地标和商业，而且包括呈现景观的片段，这些元素在一个有形的尺度上相互作用。时间，一个小时或一天，与各种各样的人类活动有关。通过线路路线和图形表示的结合，线路被根据以往的经验调整，用必要的指导指标来描述定性的视觉特征。在这些碎片中，这条线不再是一个单一的实体——用一维的描述符，如铁路、小路或高速公路——而是承载着关于邻近遗迹、社会机遇或水文特征的信息。这一片段，作为线条和形象，适应步行、驾驶和骑行作为一种知情的文化实践。

相比之下，路线图或地图集更实用，它显示了一个相互连接的交通选项网络，并引导用户往返目的地。从20世纪30年代末到50年代，也就是所谓的"公路黄金时代"，由石油公司赞助的地图就是最好的例证，图中的路线具有多种颜色、宽度和线条类型，这些颜色、宽度和线条类型在图纸中很容易区分。这些地图开始是单色线条图，后来逐渐添加了更多的信息、颜色和服务。

这条线体现在多个尺度和配置上：从山脉的长度到跨国公路的长度，从城市街道的网络到单一道路的清晰性。建筑师Demetris Pikionis重新设计了帕提农神庙的设计方法，这是该建筑如何发挥独特的作用和存在的一个例子（图9.16）。该制图符号的细度和变化仅仅是用来表示实际变化的代码。这条线和地图一样古老，本章探讨了它作为物理基础设施的一个符号的扩展和多样的用法。这里暗示了移动性和时间性，但是没有空间意义和维度的线条被有意地忽略了，比如那些指向方向、流动、移动和数据可视化的线条。

注释：

[1] Jacques Bertin, *Semiology of Graphics: Diagrams, Networks, Maps* (Madison, WI: University of Wisconsin Press, 1983), 312.

[2] Ibid.

[3] Michel de Certeau, *The Practice of Everyday Life* (Berkeley: University of California Press, 1984), 97–98.

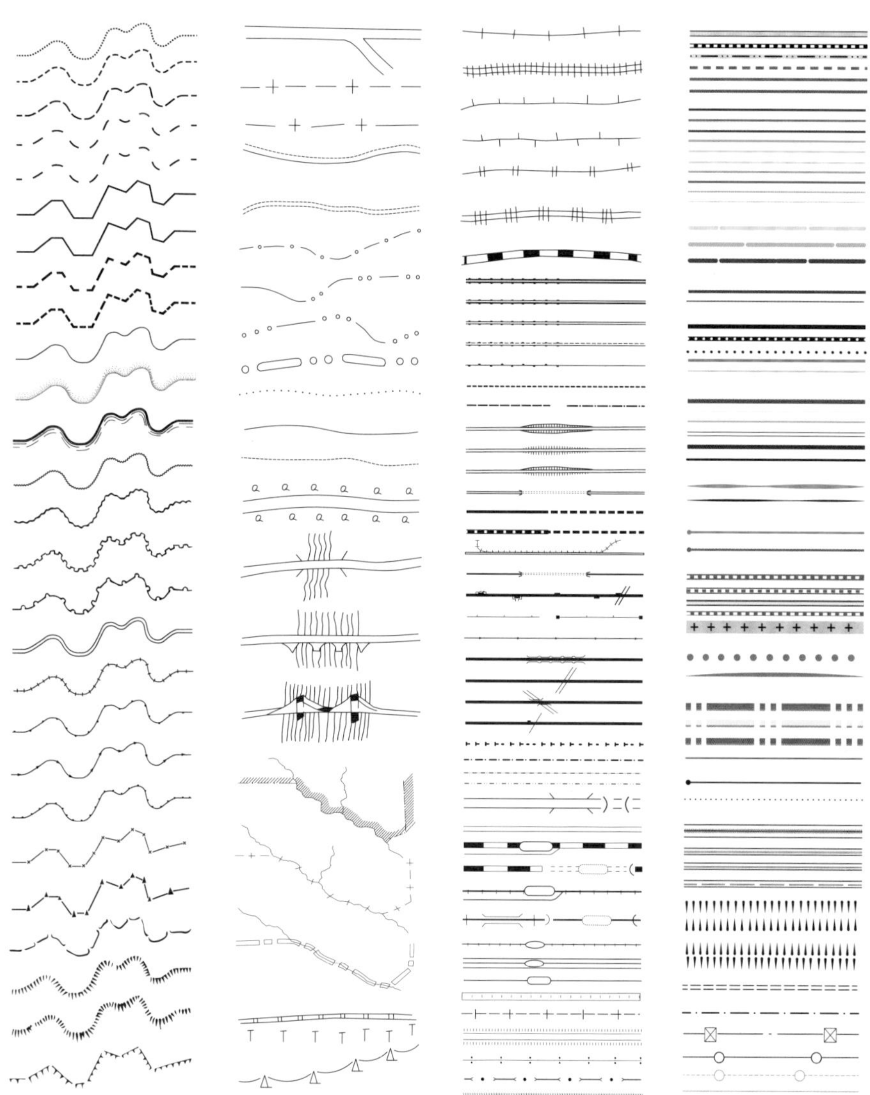

9.1

吉尔·德西米妮，《线条类型学》(Line Typologies)，2014年。

RAND McNALLY
1926
DETAILED
AUTO ROAD MAP
of
LOS ANGELES
AND VICINITY
Scale of Miles
EXPLANATION
PAVED ROADS
MAIN TRAVELLED RDS.
COMMON ROADS
RAILROADS
ELECTRIC RYS.
COUNTY LINES
RIVERS AND STREAMS
COPYRIGHT BY RAND McNALLY & CO. CHICAGO, ILL. MADE IN U.S.A.
NORTH
SAN GABRIEL MOUNTAINS
SANTA MONICA MOUNTAINS
SAN FERNANDO VALLEY
VERDUGO MTNS.
SAN JOSE HILLS
PUENTE HILLS
SAN JOAQUIN HILLS
PALOS VERDES HILLS
BALDWIN HILLS
SANTA MONICA BAY
PACIFIC OCEAN
SAN PEDRO BAY
Sylmar
San Fernando
Pacoima
Sunland
Chatsworth
Zelzah
Reseda
Van Nuys
Lankershim
Universal City
Roscoe
Dundee
Burbank
Montrose
La Crescenta
La Canada
Glendale
Tropico
Hollywood
Beverly Glen
Beverly Hills
Sherman
Pasadena
Sierra Madre
Lamanda Park
Arcadia
Monrovia
Duarte
Azusa
Glendora
San Dimas
La Verne
Covina
Pomona
Spadra
Garvanza
San Marino
San Gabriel
Alhambra
Baldwin Pk.
Savanna
El Monte
Ramona
Monterey Park
Bassett
Puente
Walnut
Los Angeles
Santa Monica
Ocean Park
Venice
Sawtelle
Palms
Culver City
Hyde Pk.
Playa Del Rey
Inglewood
El Segundo
Hawthorne
Wiseburn
Manhattan Beach
Hermosa Beach
Redondo Beach
Torrance
Lomita
Gardena
Moneta
Strawberry Pk.
Lawndale
Compton
Watts
Lynwood
Willow Brook
Hobart
Vernon
Huntington Pk.
Maywood
Bandini
Montebello
Cudahy
Downey
Rivera
Los Nietos
Whittier
Santa Fe Springs
Studebaker
Norwalk
Clearwater
Hynes
Bellflower
Artesia
La Mirada
Northam
Buena Park
La Habra
Olinda
Fullerton
Placentia
Yorba Linda
Richfield
Olive
Anaheim
Orange
El Modena
Stanton
Garden Grove
Santa Ana
Tustin
Westminster
Bolsa
Smeltzer
Wintersburg
Talbert
Fairview
Huntington Beach
Newport Beach
Balboa
Irvine
Laguna Beach
Arch Beach
Los Alamitos
Bixby
Long Beach
Naples
Seal Beach
Alamitos Bay
Sunset Beach
Wilmington
Harbor City
San Pedro
East San Pedro
Terminal Id.
Point Fermin
Los Angeles Harbor
1
2
3
4
5
6

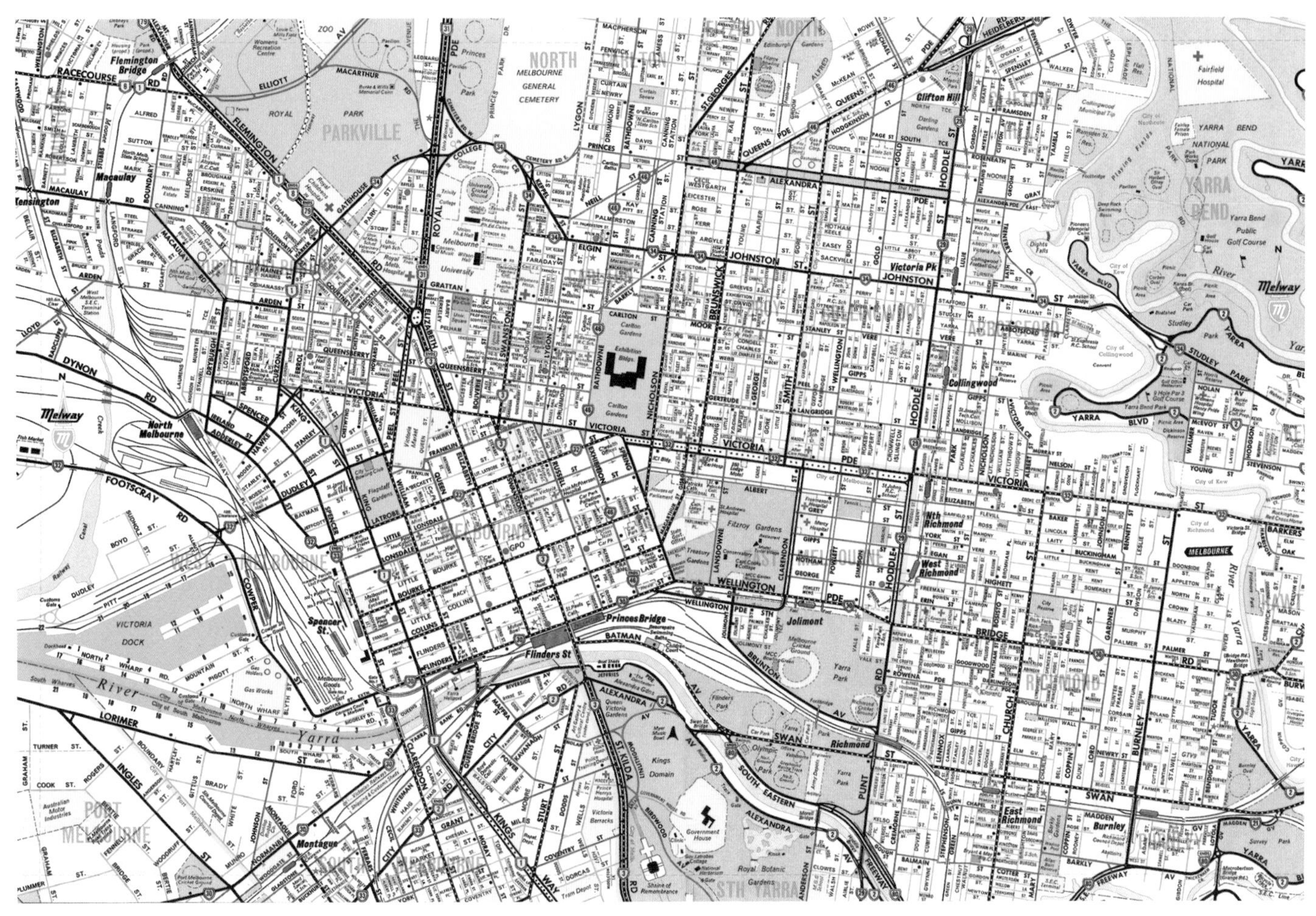

9.2 （见194~195页）

34.0522° N，118.2428° W
Aaron Straup Cope/Stamen Design，Pretty Maps，2010年。缩放：缩放级别以6，8，11，12，13，15显示。

“漂亮地图”（Pretty Maps）是一种实验性的地图，其中免费提供的数据层被聚合并呈现为颜色字段和线条。白色、粉色和蓝色的阴影形状表示Flickr用户在哪些位置标记了照片；蓝色的高速公路线和绿色的道路线来自于OpenStreetMap；橙色的形状表示按自然地球分类的城市区域。图中所示的序列描述了从位置出现到路径之间交互明显的点之间的缩放级别的进展。

9.3

34.0522° N，118.2428° W
兰德·麦克纳利（Rand McNally），《洛杉矶及其附近地区的汽车路线图》（Auto Road Map of Los Angeles and Vicinity），1926年。比例：1：24240（半尺寸显示）。

1926年兰德·麦克纳利绘制的洛杉矶地图，一直地强调道路和车辆通道，堪称汽车黄金时代道路地图制图学的典范。道路用深蓝色墨水印刷，较粗的线条代表“铺好的道路”和“主要道路”，较细的线条代表“普通”道路。除了交通网络，地图的细节很少，带有风格化的标记和线条，显示地形起伏、河流和海岸线。

9.4

37.7833° S，144.9667° E
《Melway，Greater Melbourne Street Directory》，1966年出版。比例：1：21120（以半尺寸显示）。

这是墨尔本梅尔韦地图的第一版，是道路地图设计最好的例子之一。公司创始人梅里·戈弗雷（Mery Godfrey）和艾文·麦凯（Iven Mackay）驱车前往墨尔本，创作了106幅手绘的地图。色调的灵感来自流行艺术运动：充满活力的红色，黄色，绿色和蓝色。道路的绘制偏离了街道的“双层组合”标准，两条平行线以中间的名称绘制。梅尔韦道路是实线，名称被偏移，允许用颜色编码来描述类型和用法。梅尔韦地图，现在在他们的第41版，显示了双车道、滑车道、服务道路、减速带、环形路和其他与驾驶经验相关的道路特征。

9.5

51.0451° N，4.2013° E
碧姬·卡特尔（Bieke Cattoor）和布鲁诺·德·穆尔德（Bruno De Meulder），E17：公路的节奏阶段——景观互动，2008年。

比利时城市学家卡特尔和德·穆尔德对从科尔特里克（Kortrijk）到瓦勒海姆（Waregem）的E17高速公路的研究，描述了这条路线的节奏性，它与河流景观的相互作用，以及它对城市发展模式的影响。线条类型和颜色用于描述E17高速公路，以及用黄色标出的是与道路相互作用的其他并行基础设施和开发区域。白色是支线，红色是跨越高速公路的桥梁，橙色是因高速公路建设而中断的横向道路。深蓝和浅蓝色的线条，描绘了当地的溪流和小溪是如何破裂、修复或改变以适应新的发展的。较细的深灰色线条勾勒出破坏这种格局的运河和铁路线。道路建设的地域影响是通过复杂的表征语言和精细的绘制元素来揭示的。

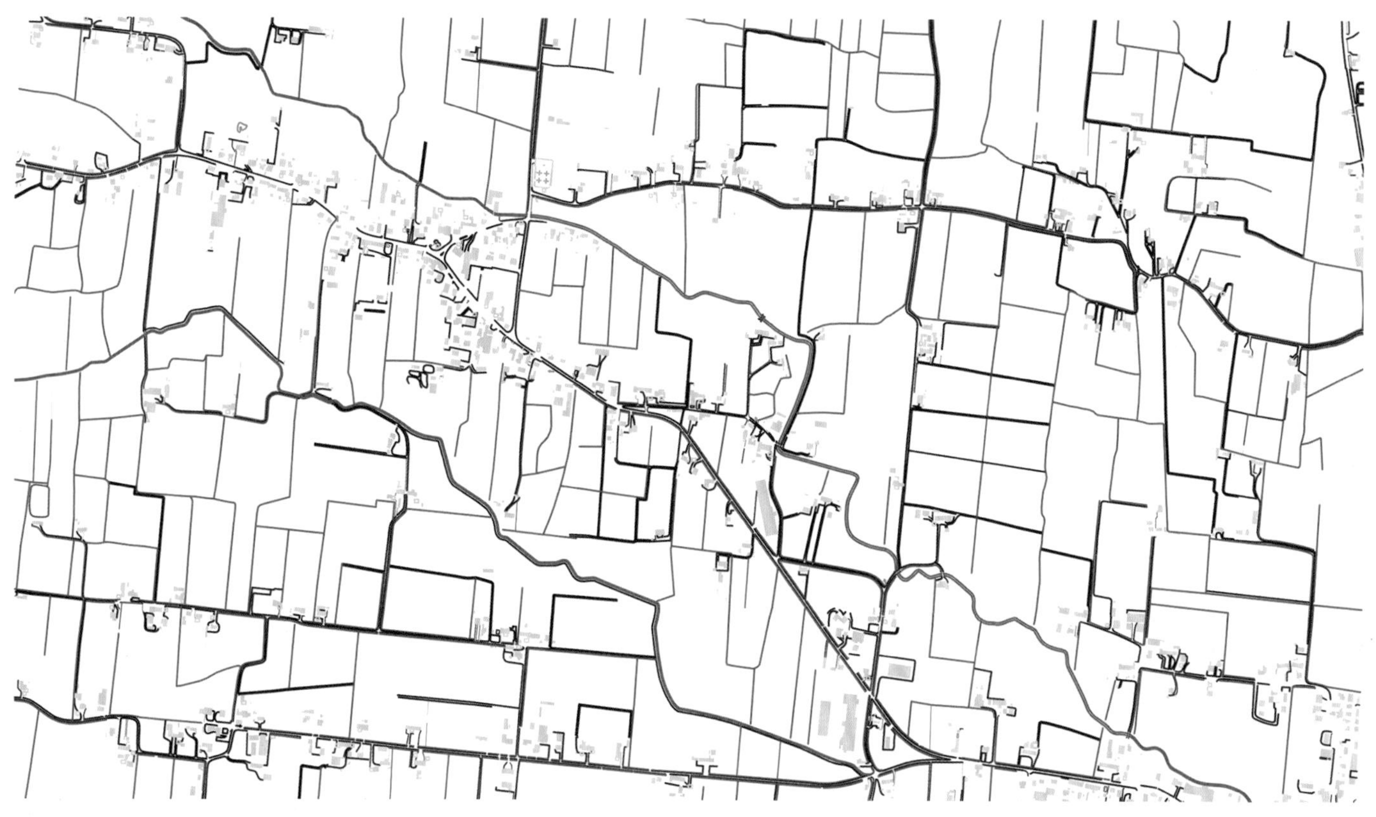

9.6

45.4333° N，12.3167° E
贝尔纳多·塞基（Bernardo Secchi）和保拉·维加诺（Paola Vigano）与威尼斯大学城市学博士生，水与沥青：各向同性工程，建筑双年展，威尼斯，2006年。

这一细节来自意大利城市学家贝尔纳多·塞基（Bernardo Secchi）和保拉·维加诺（Paola Vigano）的威尼托（Veneto）研究（图6.8）着眼于水（红色）、道路（黑色）和建筑肌理（灰色）交织在一起的相互关联的网络。它颠覆了代表性标准，因此调用了对基础设施的非传统理解。系统重叠的地方由线的汇聚和加倍为标志，产生一个图形层次结构。这种语言从中心和外围的概念转移到整个区域的连接矩阵。

9.7

41.3855° N，2.1687° E
普格，巴塞罗那总体规划，1911年。

1911年的巴塞罗那总体规划描述了街道的拓宽和城市向周围山脉的延伸（用轮廓松散地表示）的项目。这幅地图以巴塞罗那街区的规律性为主（图6.6），与城市老城区的有机图形并列。利用路线的标志性色彩，与赭石块形成鲜明的对比，新建的电气化电车线路显示出城市化向外发展的趋势。例如实体店街区逐渐消失为规划街区的边界线，区分了有人居住的城市和未来发展的城市。

COLLECTION
PROFESSOR JAMES STURGIS PRAY
1911-1912
PLANO GENERAL DE BARCELONA DE SU ENSANCHE Y PUEBLOS DEL LLANO EN 1911
Sn GERVASIO
PEDRALVES
SARRIÁ
CORTS DE SARRIÁ
SANS
GRACIA
HORTA
Sn ANDRÉS DE P
Sn MARTIN DE PROVENSALS
LA SAGRERA
LA LLACUNA
PUEBLO NUEVO
PUEBLO SECO
MONTJUICH
PUERTO
Barceloneta
VALLCARCA
TIBIDABO
MAR MEDITERRÁNEO
577

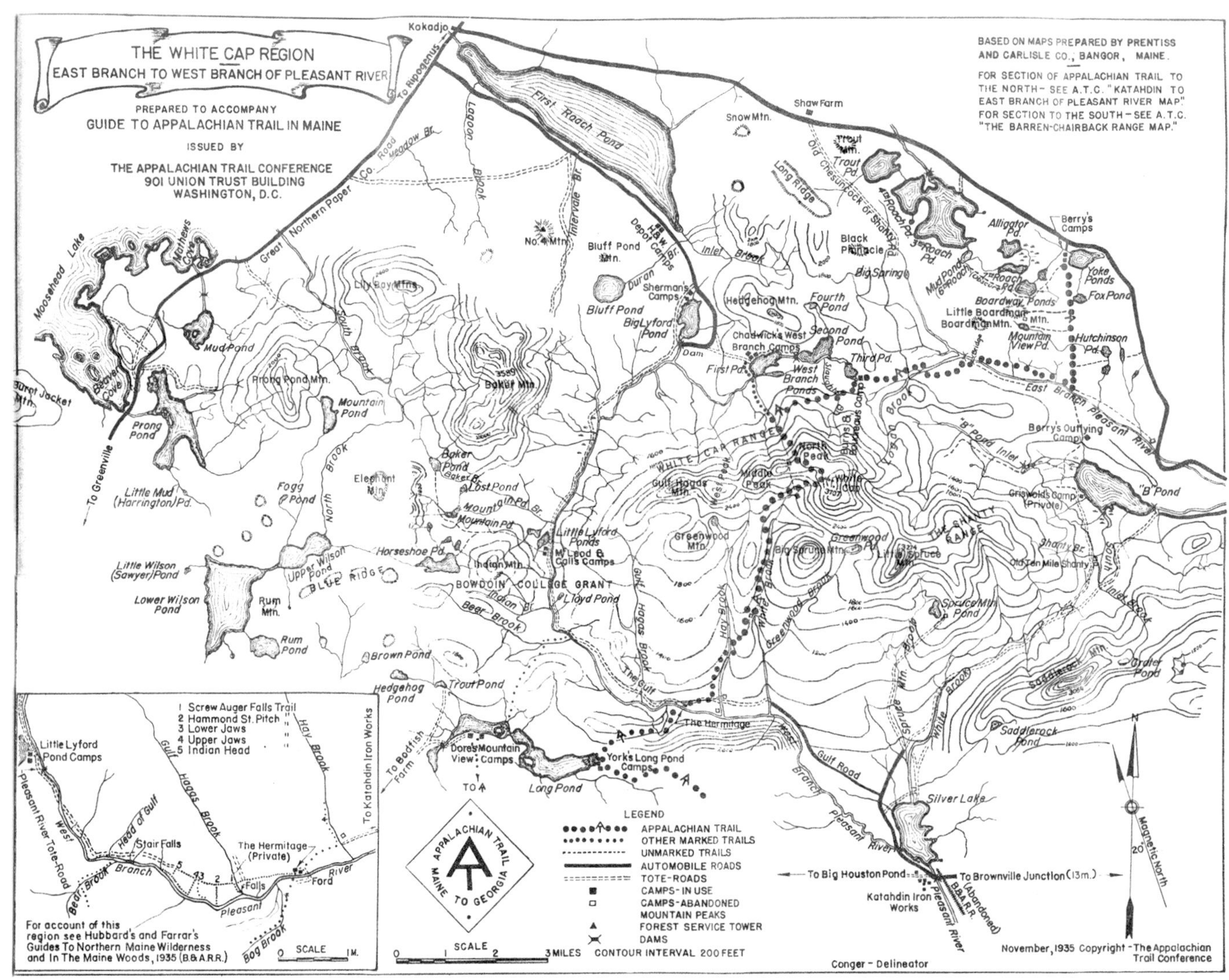

9.8

45.5547° N，69.2466° E
阿巴拉契亚山径会议，缅因州阿巴拉契亚山径指南（华盛顿特区：阿巴拉契亚山径会议，1936年）。

缅因州阿巴拉契亚步道俱乐部（Maine Appalachian Trail club）成立的第一年，这个组织监督了缅因州267英里的步道建设，这本指南是指导志愿者工作不可或缺的工具。它包括相关的通道和设施信息，包括汽车路、步行道、有标记和无标记的小径、使用着的和废弃的营地、消防塔和阿巴拉契亚小径。遵循本顿·麦凯（Benton MacKaye）的全景优先排序方法（图9.9），地图制作者只绘制了主要的等高线和溪流、道路、步道和营地，使地图简单易读，所有级别的地图和步道使用者都能清楚地识别地标。

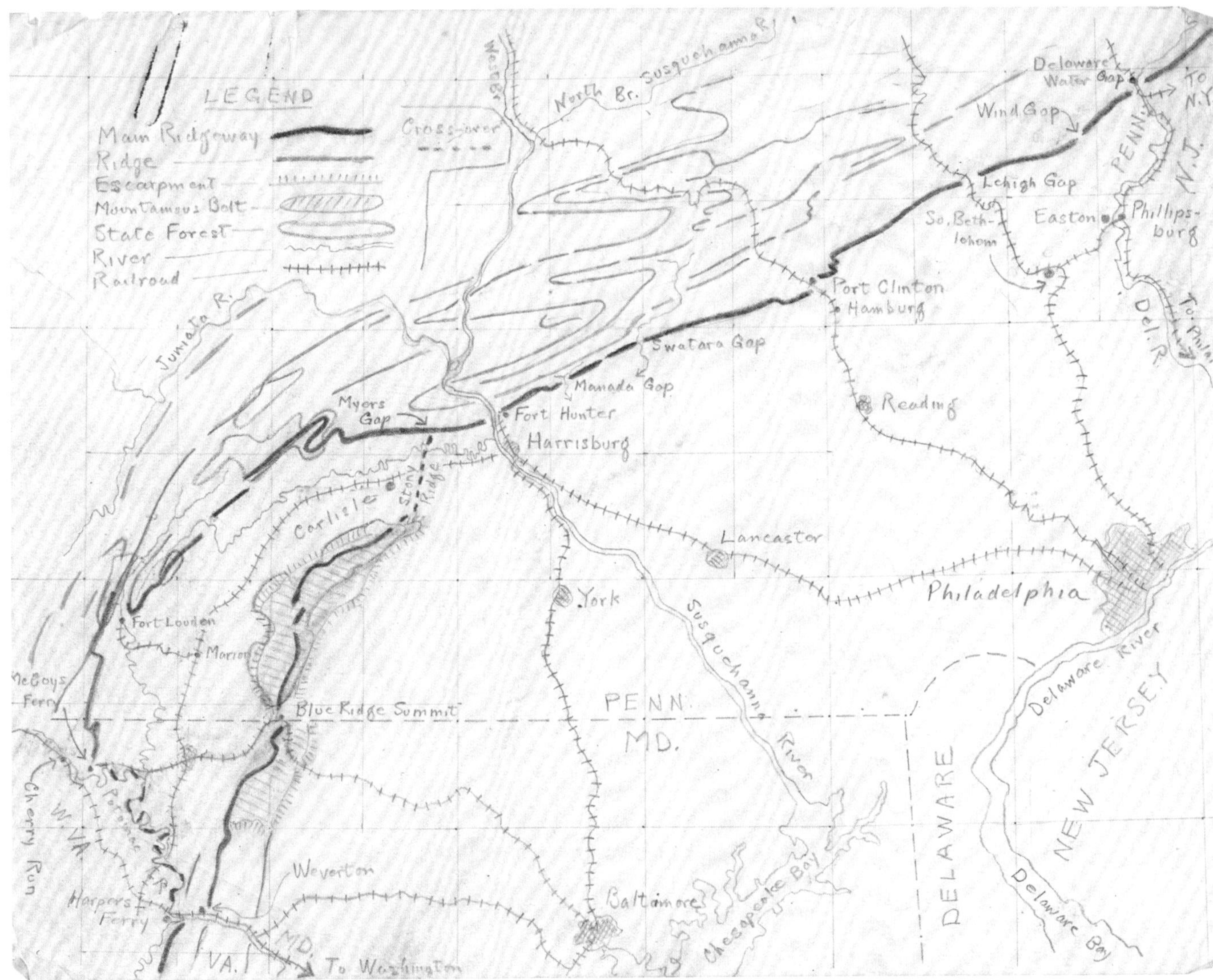

9.9

40.2697° N，76.8756° W

本顿·麦凯（Benton MacKaye），阿巴拉契亚步道详细地图，主要显示宾夕法尼亚，未注明日期。

本顿·麦凯用他在地质学、林业和地球科学方面的训练，提出了一种区域规划方法，强调大型景观基础设施项目中人与环境之间的相互作用。他的阿巴拉契亚小径项目，融合了娱乐、保护、政策和经济要素。他的工作方法依赖于实地考察，就是身处在风景中。同时由于他的工作方法依赖于实地考察，而实地考察的结果对他们的区域战略和直接与领土接触的反映都是极好的。他没有用高程数据和遥远的地名填满他的图纸、地图和草图，而是把关键的地标孤立起来，这些地标可以被徒步旅行者理解。这些包括连接和中断路线的铁路和桥梁、小溪、林缘线、高原、山脊、山谷，以及一些用来表达土地形状的关键等高线。

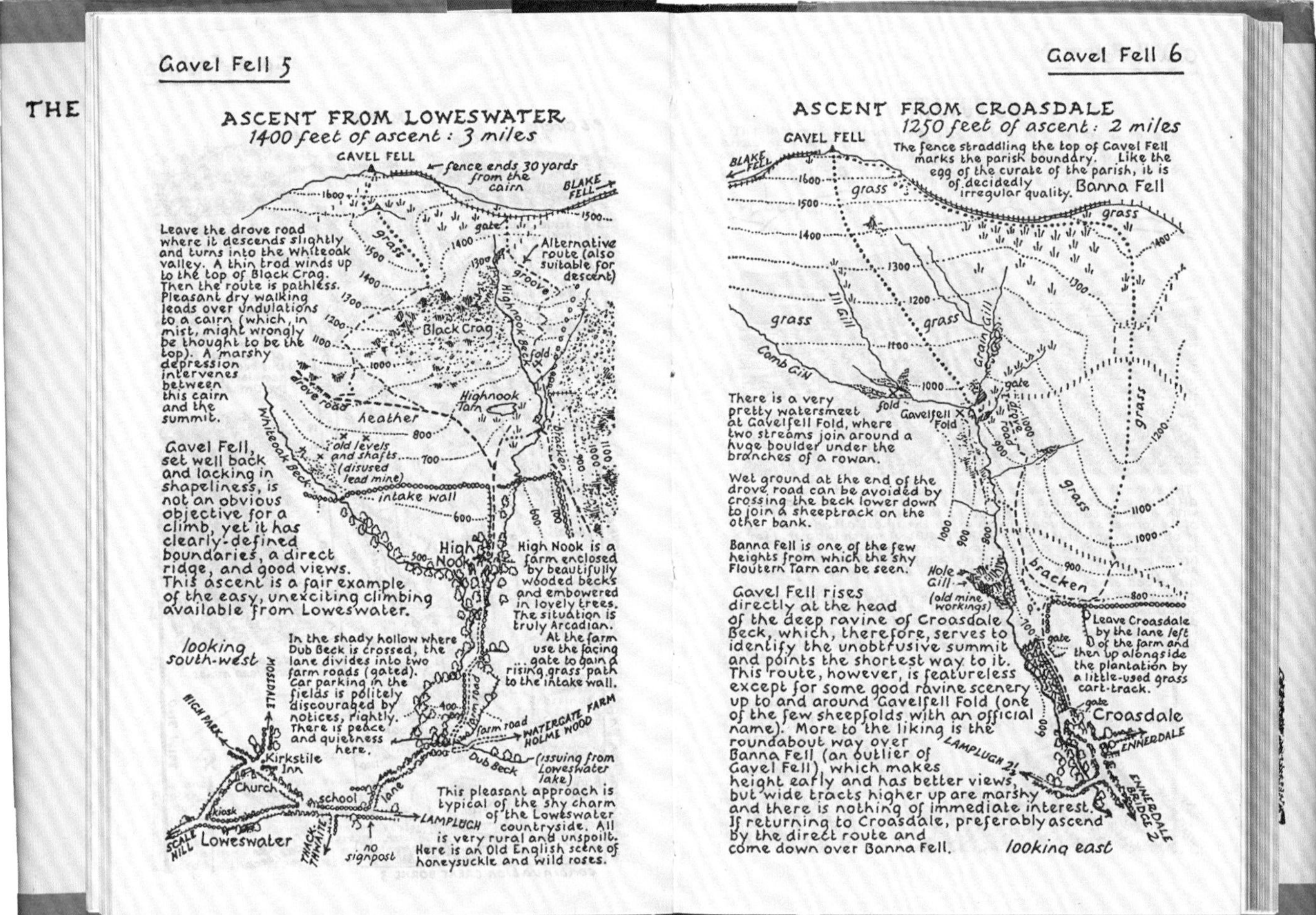

9.10

54.5530° N，3.3680° W
温赖特，《槌锤法》(Gavel Fells)，1966年。最初发表在《湖区荒野画报指南：西部荒野》，bk.7 (肯德尔，英国：《韦斯特摩兰公报》，1966年)，槌锤法5–6。

阿尔弗雷德·温赖特（Alfred Wainwright）是一位狂热的步行者、制图师和湖区爱好者，他撰写了一本七卷的权威指南，详细介绍了英格兰西北部湖区周围的地貌。这本指南最初出版于1952年至1966年间，由温赖特的手绘水墨手稿绘制而成，其中包括214个山谷的地图，详细记录了各种上升和下降路线、峰顶特征，以及每一个著名景点的图画。图中所示的小槌山，呈现出一种混合的平面透视图，范围随着视野和地标而扩大或收缩。

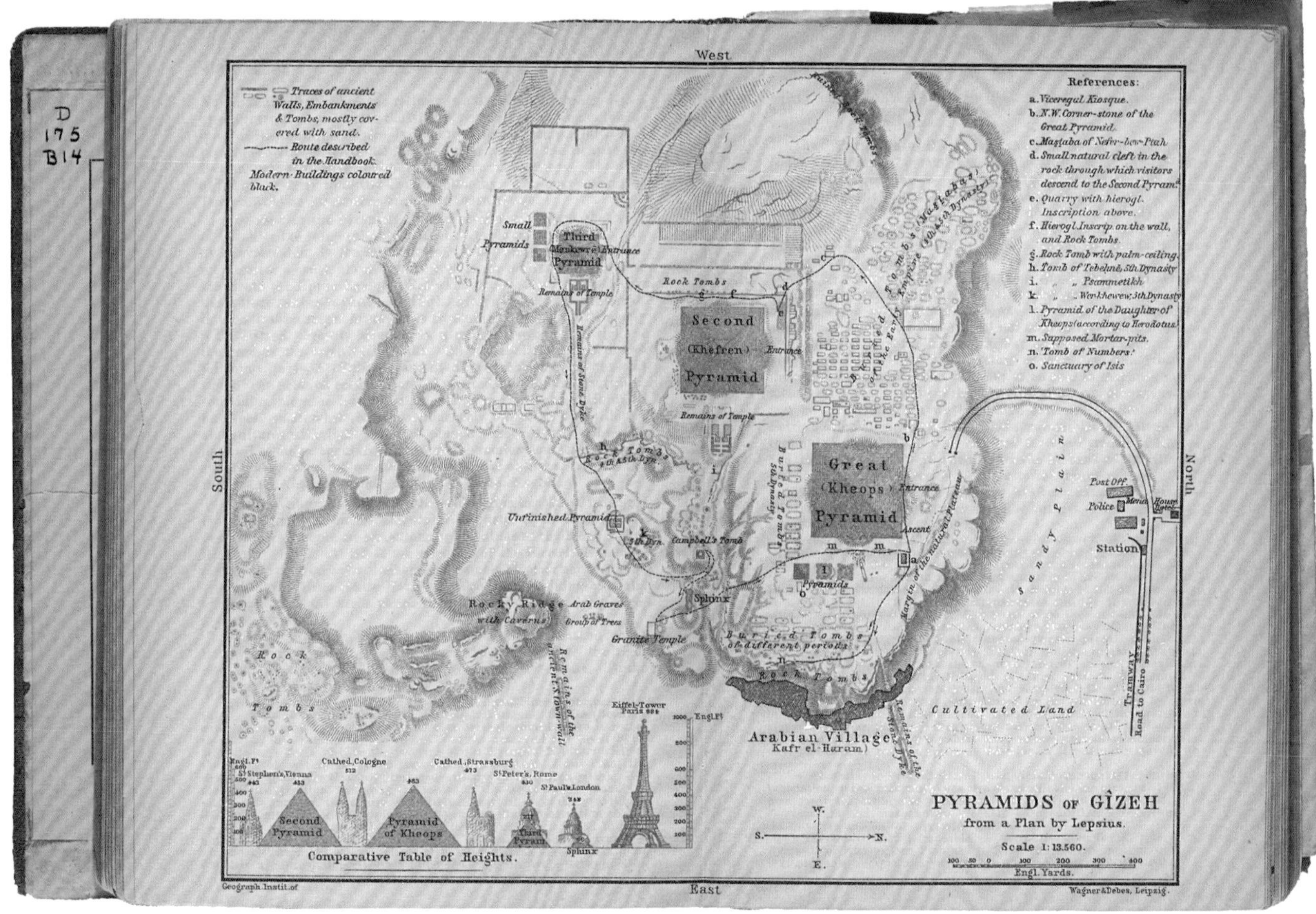

9.11

29.9792° N，31.1344° E
卡尔·贝德克（Karl Baedeker），埃及和苏丹：旅行者手册（莱比锡：卡尔·贝德克，1908年）。

贝德克指南被认为是第一个真正大规模生产的旅游指南系列。这一页来自1908年版的埃及和苏丹，展示了他们对主要建筑工地的典型描述。吉泽赫（吉萨）金字塔是按比例绘制的，用一个图例描述沿着推荐路线的线型变化和子站点的字母表指标。路线本身在文本中描述，并以虚线的形式刻在地图上。一幅欧洲标志性建筑高度的对比图展示了金字塔给游客留下的深刻印象。贝德克指南成为重要文化遗址的权威参考。1942年，德国对英国城市的袭击遵循了这部指南，因为它们概述了具有历史和军事意义的地方。

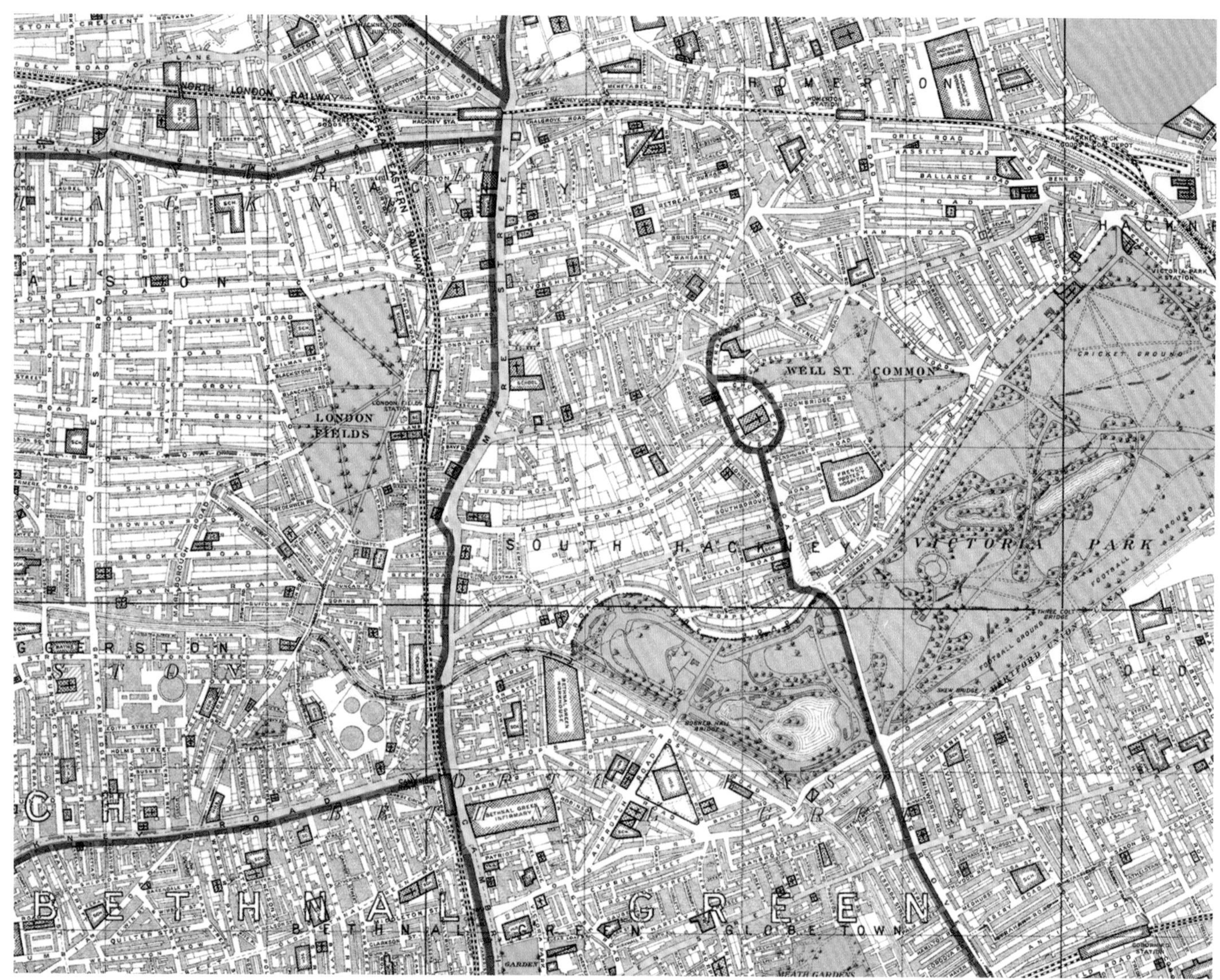

9.12

51.5370° N，0.0380° W
伦敦郡议会，伦敦市政地图，1913年。比例：1：10560（以半尺寸显示）。

伦敦郡议会地图覆盖在一份标准的地形测量（6英寸代表1英里）上，并嵌入了关于伦敦政治边界、开放空间管辖范围、交通基础设施和公共建筑的详细信息。六种边界类型用线条和字母表示，八种带有填充的公共建筑，三种带有颜色变化和填充的公园系统，以及三种带有红、绿、黄颜色线条的交通系统。最后这些纵横交错的路线在当代看来是交通信息的叠加（图9.13）。但这里代表电车（红色）、地下铁路（绿色）和公共汽车路线（黄色）。

9.13

51.5370° N，0.0380° W
《带有交通、自行车和交通图层的标准地图》，谷歌，2014年。比例：约1：21120。

谷歌地图于2005年作为一个基于网络的产品推出，彻底改变了地图用户的体验。Web界面允许通过缩放、平移、旋转和更改视图和可见层大规模定制动态地图。实用性和功能性在用户中如此之高，以至于他们对潜在的代表性选择变得不敏感。额外功能路线、交通、公交路线、透视图、地形描绘、卫星图像的持续集成推动了产品超越传统地图功能。事实上，地图很少用于纯粹的地图功能，例如，道路的表示在较新的版本中已经失去了一些清晰度、编码和特异性。地图变成了链接数据的存储库，而不是给定地理位置的清晰描述。

Regent's Row
Victoria Park
West Boating Lake
Haggerston Park
Hackney City Farm
Hackney Rd
Cambridge Heath
London Chest Hospital
Old Ford Rd
Roman Rd
Mile End Climbing Wall
Mile End
Millennium Park
Bethnal Green
Weavers Fields
Shoreditch Park
Hoxton
Geffrye Museum
Shoreditch High Street
Dalston Kingsland
Dalston Ln
Balls Pond Rd
Graham Rd
Hackney Central
Homerton
London Fields
London Fields Lido
Hackney Town Hall
Mare St
Kingsland Rd
Queensbridge Rd
Victoria Park Rd
Well St
Cassland Rd
Wick Rd
Haggerston
De Beauvoir Square
Queen Mary University of London

BEGIN WALK ONE
END WALK ONE
UP
DOWN
MARKET WARD
CAMBRIDGE
CAMBRIDGE M B & C P
NEWNHAM WARD
NEWNHAM
NEWNHAM CROFT
NEWTOWN

9.14

52.2100° N，0.1300° E
艾莉森和彼得·史密森（Alison and Peter Smithson），剑桥漫步，1976年，比例：1：2500（四分之一大小）。

英国剑桥建筑师艾莉森和彼得·史密森（Alison and Peter Smithson）在他们的研究中开发了一对引导步行，旨在从步行者的角度探索这个城市。当城市被它的气味、声音和空气以我们想象的强度所识别时，就相当于一个动物知道它的洞穴和它的方式。”步行路线是利用当地知识规划的，并在1：2500的地形测量表上用聚酯薄膜起草。箭头和关键数字用黑墨水线标注，这些箭头、数字以及地图和拍摄的照片都随着地图发布。图中显示了1号步道的轨迹，标出了它的起点、终点和70个站点。

9.15

52.2100° N，0.1300° E
艾莉森和彼得·史密森（Alison and Peter Smithson），《公民的剑桥结构计划：恢复地方的性质》，1962年。

公民剑桥项目提议对剑桥进行重组，以减轻人口增长的压力，增加交通流量，并恢复历史中心的特征。这个想法是为了更好地整合住宅区、市政区和大学区，并重新分配商业活动，以减少历史肌理的损失。想法提出了采用新的道路和人行道的层次结构以及改变现有交通模式的建议。绘图惯例巧妙地描述了交通模式的变化、新的以汽车为主导的结构和平面图中的机动驱动结构。

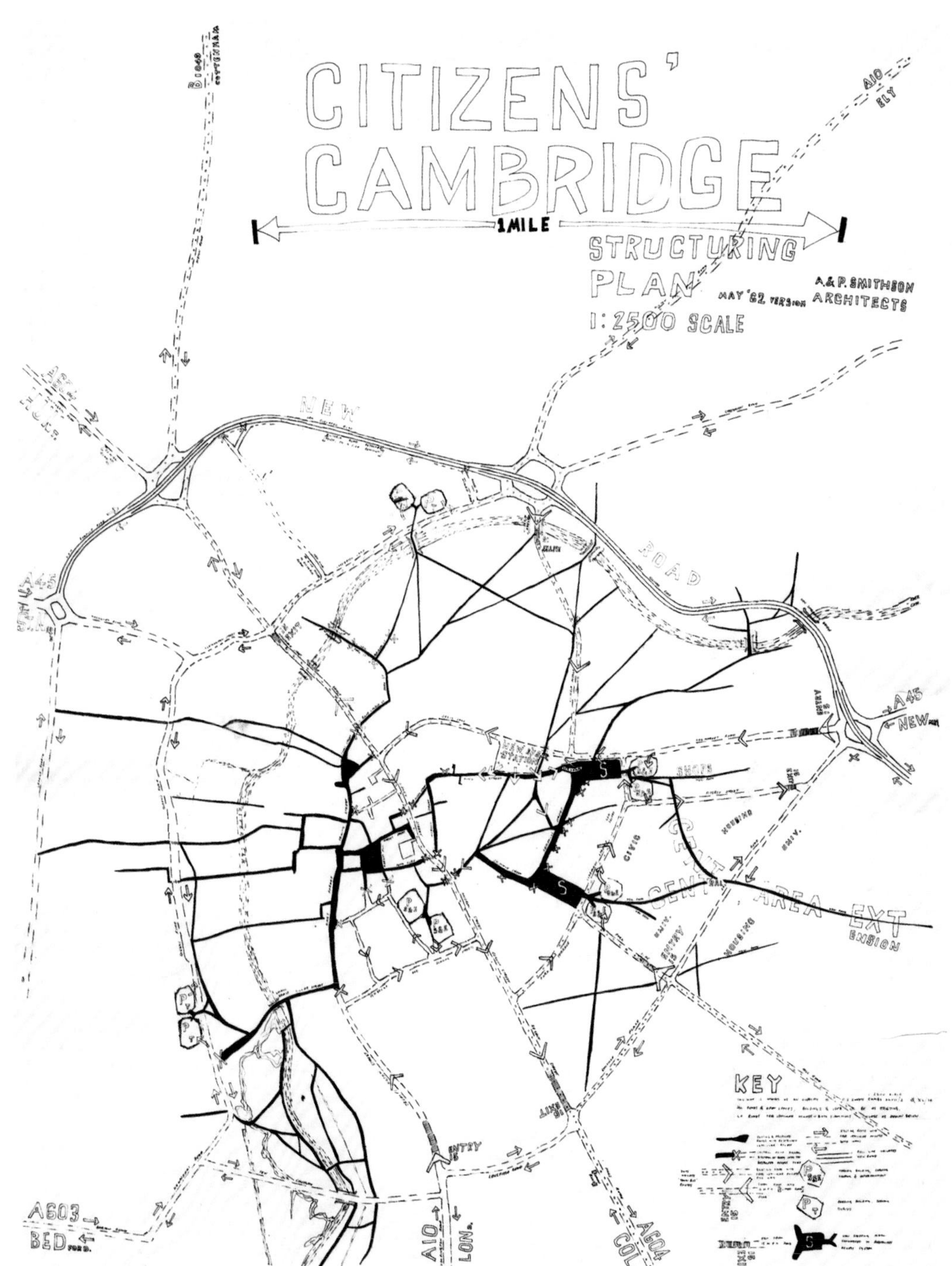

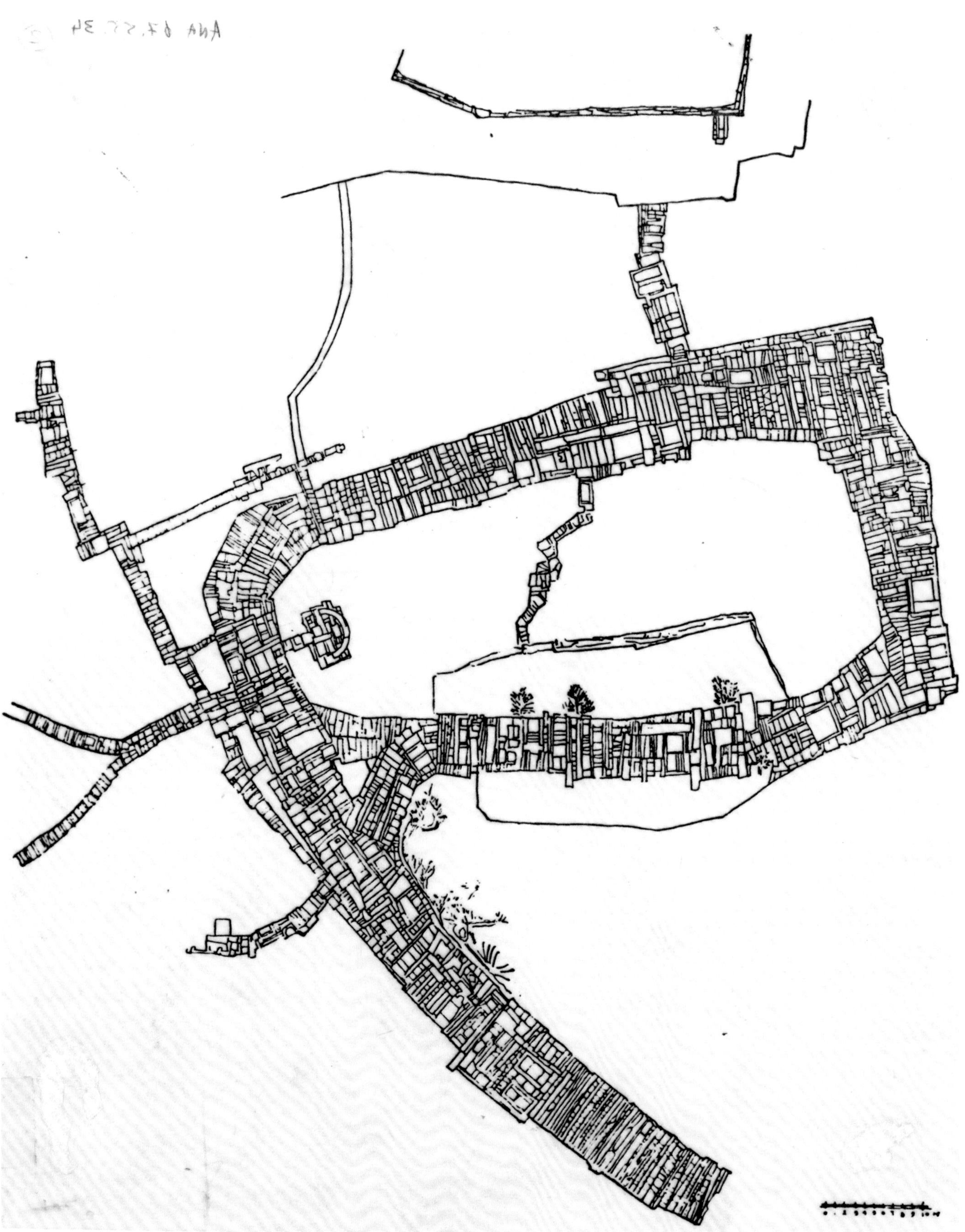

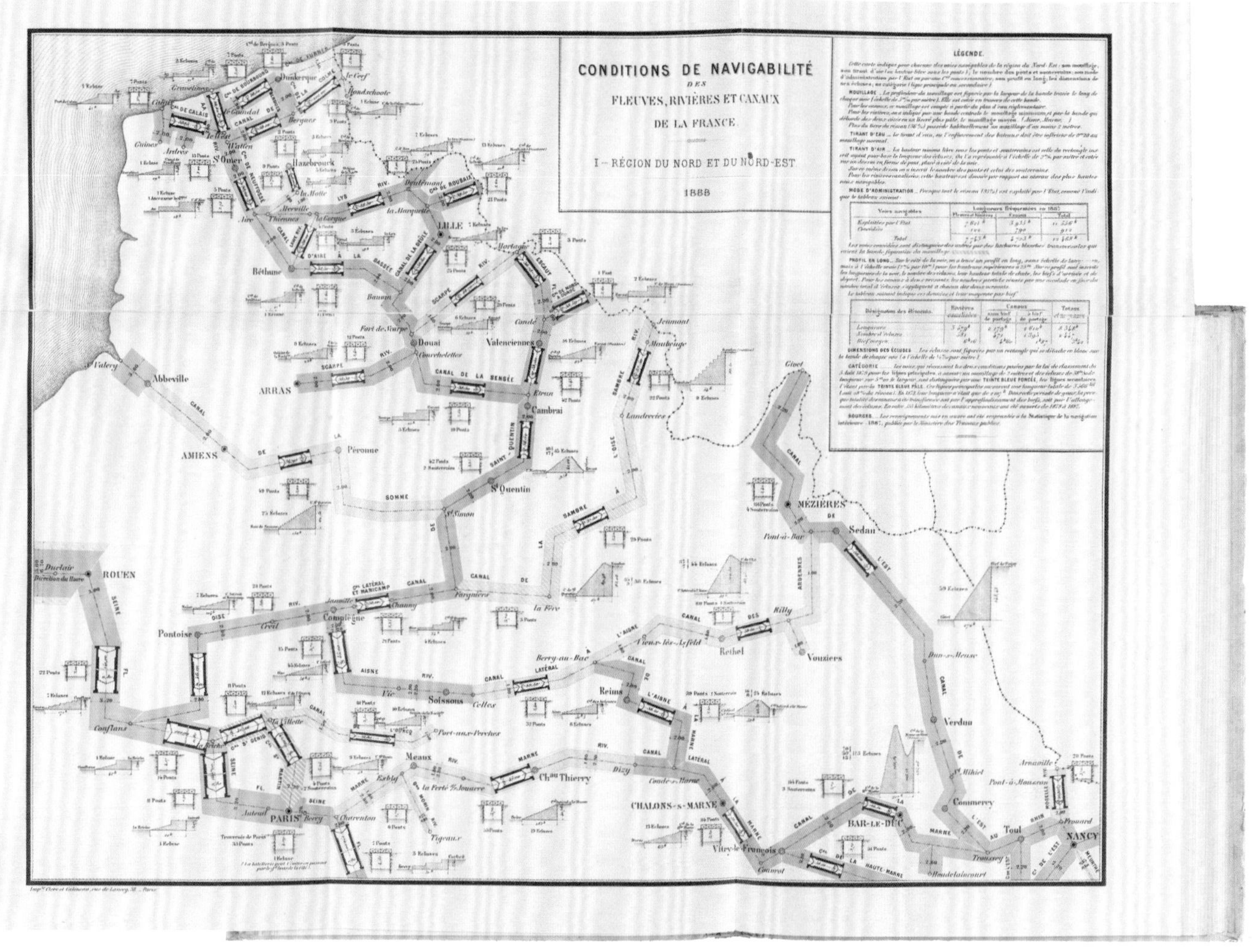

9.16

37.9690° N，23.7290° E

迪米特里斯·皮基奥尼斯（Dimitris Pikionis），《卫城—菲洛帕普斯》，通往卫城的路，1954—1957年。

建筑师迪米特里斯·皮基奥尼斯的项目是在雅典卫城和菲洛帕普斯（Philopappos）山之间铺设人行道，这是一个精心组织的步行序列，通过复杂的表面连接起来。石雕作品尊重该标志性遗址的地形和历史。这幅画的图案丰富多样。引导游客的环线条本身就是一系列通过连接图案产生的线条，允许眼睛在多个尺度上进行活动。作为一幅绘画和景观，通过简单的黑色线条、材料和地形产生的纹理变化是典型的。

9.17

46.0000° N，2.0000° E

《公共交通部长》，条件出版社，1888年，法国弗莱夫斯河与卡诺斯河的航海家号（Navigabilite des Fleuves，Rivieres and Canaux de la France）。

公共工程部于1877年在约翰·雅克·埃米尔·切森（John Jacques Emile Cheysson）的指导下建立了一个地图部门，约翰·雅克·埃米尔·切森是约瑟夫·米纳德（Joseph Minard）地图和数据可视化方法的追随者。在航道通航图中，数据由其空间参数表示。这些路线是由可通航的宽度、每座桥下的净空、交叉口的数量、管理的类型、沿其长度的剖面、水闸的尺寸以及作为主要（深蓝色）或次要（淡蓝色）路线的指定所决定的。该信息是量化的，但也按比例绘制，包括每个间隙的小截面和沿路线下降的压缩纵向截面。

9.18

54.0000° N，4.0000° W
《不列颠群岛地图》（Map of the British Isles），马修·帕里斯（Matthew Paris）著，1250年。

马修·帕里斯，一位来自伦敦北部圣奥尔本斯的本笃会修道士和制图师，创作了这幅中世纪的旅行地图，记录了不列颠群岛的历史。这是该地区现存最早的地图之一，因其试图绘制该国家的实际外貌而引人注目。但结果有点差强人意，根据罗马和托勒密的地图和歪斜的路线，岛屿的轮廓很可能被扭曲。然而，丰富的河流网络和超过250个地名，用精致的象形文字和文字标记物理位置和历史事件，给景观提供了一个奇妙而精确的定性解读。

tyrenis
montana
estuelin
pons
Cusitus Regine
Cusit comitis
Galewie ia
fluuius faciens Cludesdale. laod
Edene burc
Glasgu
Regio scotorum continens
Tuededal
Murus diuidens scotos et pictos olim
Beveswic
man
Anglesecia insula
North Wallia
North W.
fl' clud
Murus diuidens anglos et pictos olim
Melros
Rokesburc
Walle
Karleolum
Snaudun
Bangor ep.
fl' Tine
Crindale
Tinemue
Nouum castrum
comitatus cestrie
Marchia
Cestre
Richemund
Weredale
Blac
pinlimon
Sabrina fl.
Dunelmum
duo brachia
Berland
WALLIA
Gens huius regionis
Landaf episcopatus
Salopesberi
Alutona
Eboracum
Pons burgi
Karmerdin ciuitas Merlini vatis.
Pons fret
Wigornia. ep.
Theokesberi
Regio palustris montuosa nemorosa
Lichefeld
Blid
Newerc
Glounia
Bristol
Cork
lundethi
Saresburie
Beaulvair
Legrecestre
Stanf
Norhamt
Bedef
Dunestap
Bathonia
Midelsex
Windlesores
cenobium Sancti albani
Waltha
london
DEVONIA:
DORSETE
Winto nia. ci.
Esexe
NORTH FOLK
Orford
SVFOLK
Hec pars anglie ... fuit regio

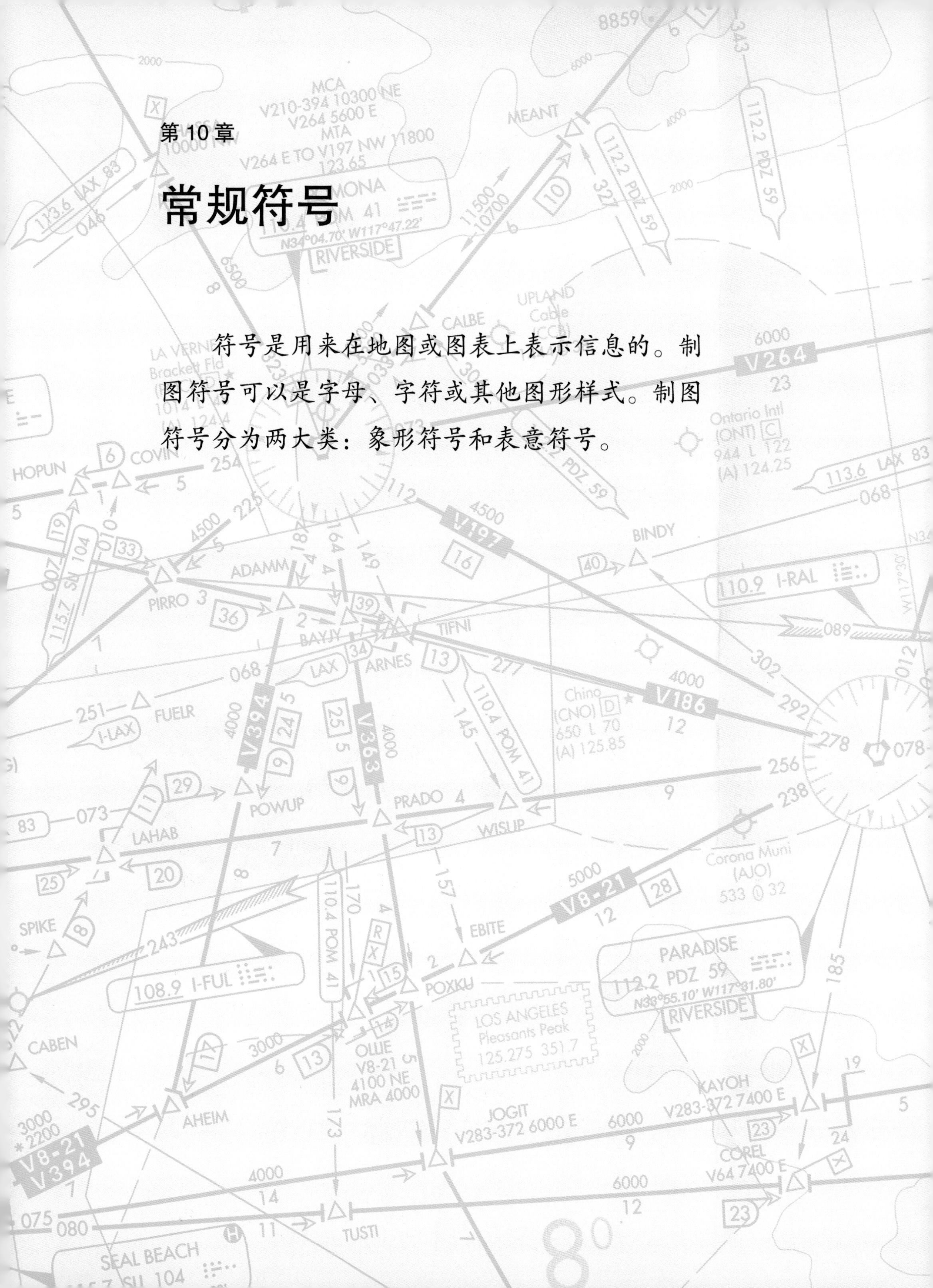

第 10 章

常规符号

符号是用来在地图或图表上表示信息的。制图符号可以是字母、字符或其他图形样式。制图符号分为两大类：象形符号和表意符号。

看地图就是沉迷在地图的线条、颜色、纹理、文字和符号中——这些全都代表着图像中的地理实体。绘制地图并非单纯的图形练习，因为地图的数据、尺度、范围和使用都表现出严格的限制，而地图的成功取决于其图形信息的完整性。必须开发一种将地球三维表面转化为扁平缩略图的语言，地景的形式和要素与绘画的形式和要素相对应。随着时间的推移，制图语言变得更加抽象和条例化。地图附有一套图例来解释它们的内容。在图例中，地图上的制图惯例和符号被提取、放大和注释。

可以说除了坐标和地理特性，图例是将地图与图像图表区分开的要素。图像和图表是简化的表示形式，可以在没有指导的情况下得到理解。然而，地图需要文字、图例和解释说明，才能将复杂分层的信息转换成可读的术语。图例是地图设计者和使用者之间解读图纸的工具。

地图使用描述性的符号，或者使用表示事物类别的符号，包括以模式化方式表示物理外观的标志性符号与表示有共同的文化观念的具象性符号。地图符号也可以是索引式的，不指代一个具体物质对象，而是像坐标和方向箭头一样指代符号系统的一部分。某些符号跨越特征和指标之间的界线，例如轮廓符号。轮廓不是实际的物体，但它确实描述了真实事物的几何形状。地图符号与其他图形系统不同，与精确的位置联系在一起，它们是相关联的。

常规符号对地图的形式和内容来说是特殊的，单独看它们可能具有启发性。图例的列表类似于文章摘要，准确地指明能在地图上找到的信息。但符号的功能并不局限于概括内容。它们正是构建内容的工具。

常规符号可以追溯到早期地图，在地图上使用小圆锥形和波浪线表示山脉和河流。符号是孤立的和图形化的，指向主要景点的位置。最终这些符号通过拉长与合并，将图标转换为代表性的材质。图案符号仍然是常规制图的组成部分，通常用于建筑物（学校、教堂、机场、体育场）和重要场所。线性元素由线条表示；地形由图案和填充表示；方案和名称由图标、数字和字母表示；以及路线图由圆形、其他几何形状和字母组合表示。常规符号种类繁多，常常超出图纸的页面范围，归入补充特征页面，或者就飞行路线图和海洋路线图而言，归入整个说明书内。

路线图主要是为导航设计的地图，富含尤为复杂的符号。绘制的VFR路线图严重依赖导航辅助，仅显示主要的地理特征，包括山峰、湖泊和地标建筑。其余地形被渲染成路线图上白色的空间，呈现高度编辑的和非常具象的地景视图。路线符号突兀地落在一个模糊不连续的地形上，在空间上仔细校准，以方便导航。路线符号看起来是抽象的，注释远胜其他可读内容，但它们提炼并揭示了地图与地面空间关联的关键点，信息的层次结构和一致性至关重要。

常规符号的位置和类型是由地理决定的，而表现形式（图像性、表意性、图标性、常规性）、尺寸、颜色和注释则由制图员决定。这些选择对地图的美学和谐性以及传递的信息都有很大的影响。制图员必须权衡模仿性与抽象性，并且权衡任何给定目标与总体目标的相对大小和显著程度。工具有很多，但它们的使用必须加以巧妙控制。本章中的地图和平面图的选择依据其多样化和使用符号化的熟练程度。常规符号与地图相结合，展示了地图语言的丰富性、精确性及应用性。与此相比，除了少数例外情况，平面图的要素会变得模糊而受限。平面图的图例从地图说明中可以找到灵感，并且很有可能使常规符号系统适应一种更有针对性、更细致、更具体的设计语言，尤其是当我们的地景和感知被越来越多的图例、符号和信息覆盖时。

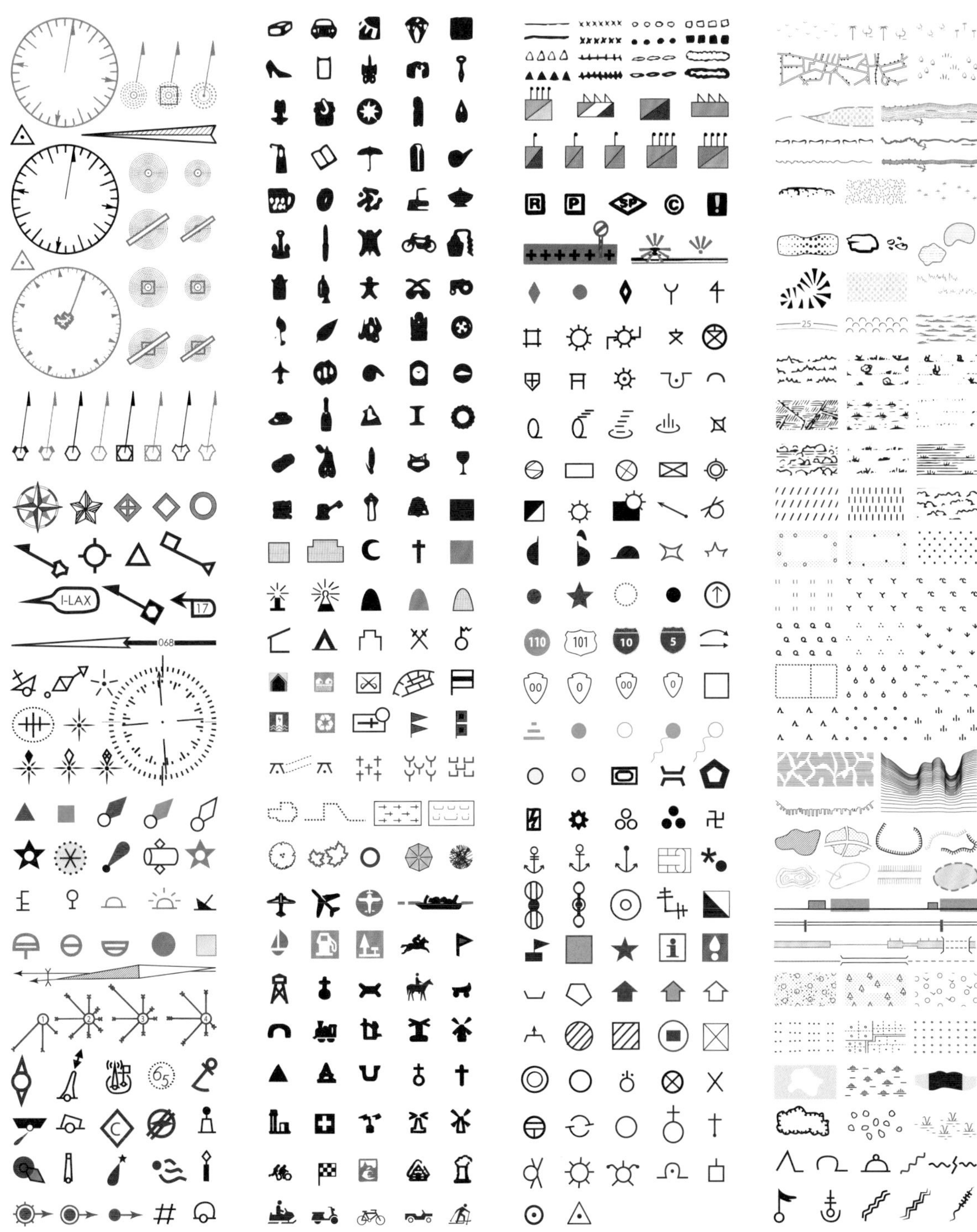

10.1

吉尔・德西米妮，传统符号，类型学，2014年。

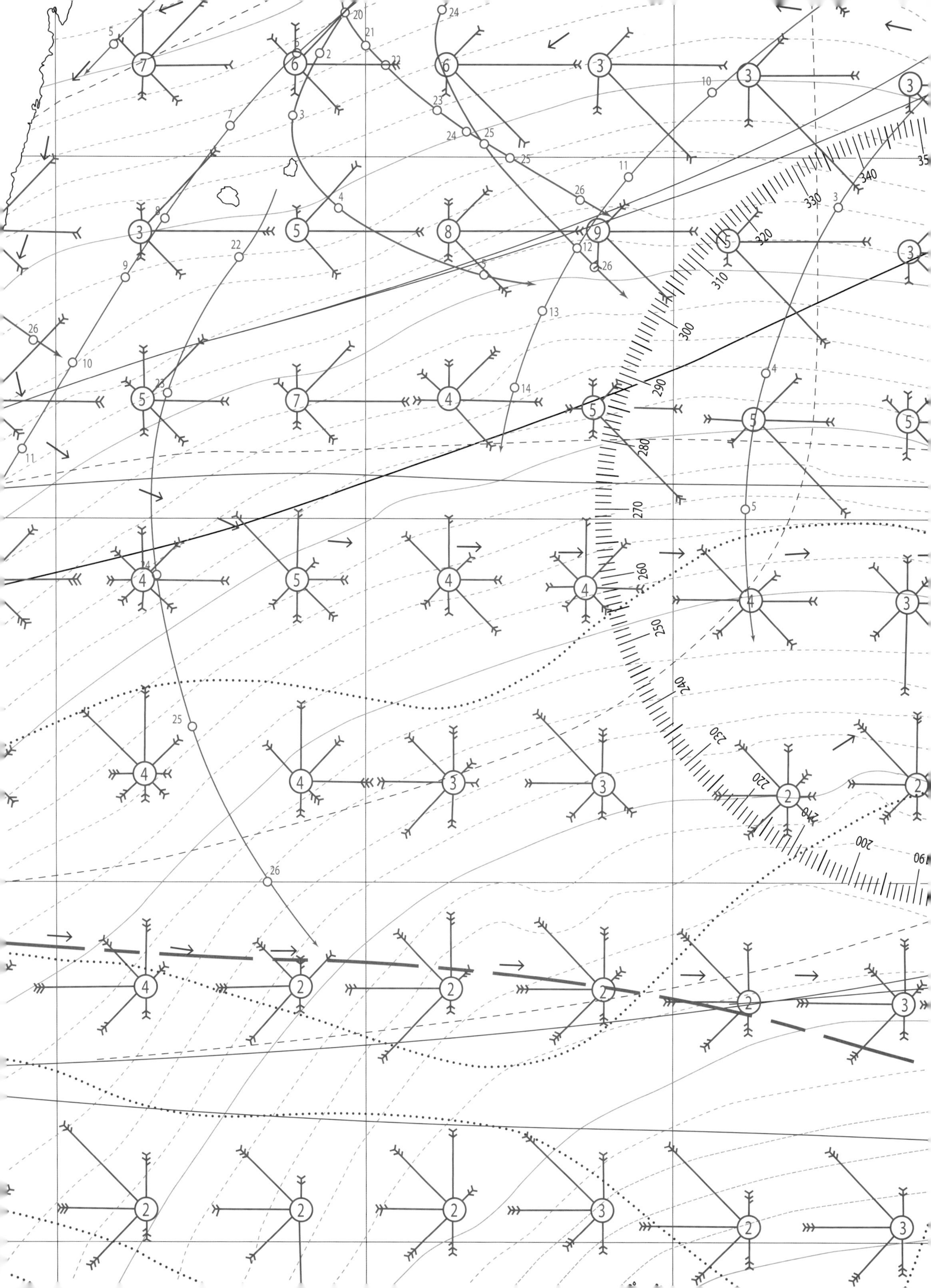

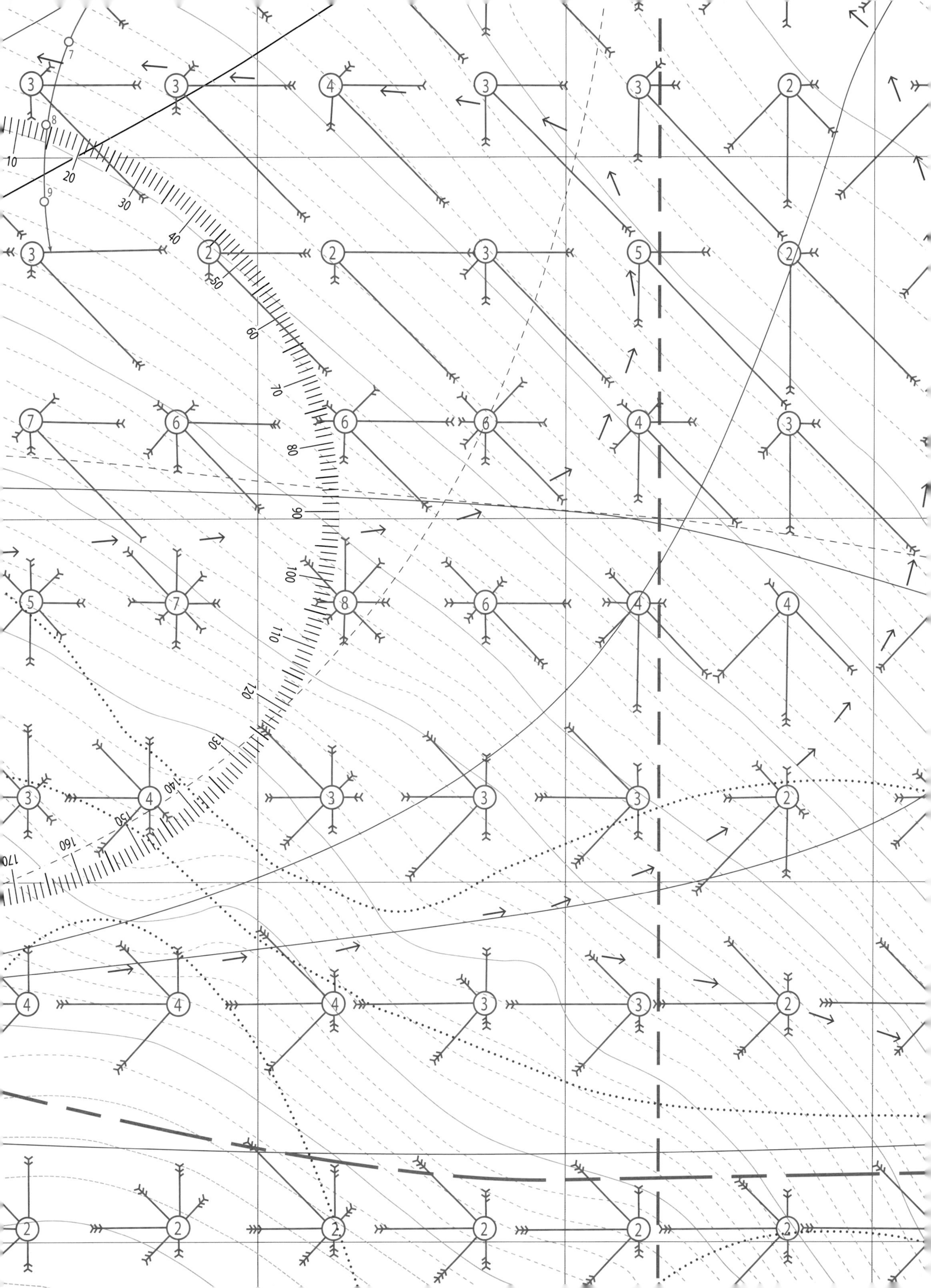

10
20
30
40
50
60
70
80
90
100
110
120
130
140
150
160
170

10.2 （见218~219页）

4.5655° N，66.4453° E
吉尔·德西米妮，《风的符号》，2014年。改编自美国水道测量局1949年《印度洋试验图》。

10.3

35.0000° N，18.0000° E
桑塔雷姆·波罗兰子爵，1497年，由地图、葡萄牙语和地图组成的阿特拉斯，河流和历史，1849年。

波罗兰（Porolan）一词描述了一类早期海岸海图，其特征是由相互连接的线条组成放射网。这16条等距线从观测点延伸开来，它们意味着使用磁罗盘，但早于仪器测量，距离仅通过人的观察计算得出。这些地图给路线图带来了线性比例尺和前所未有的精度。主要岸线是通过地名的密度来表达的，字母垂直于海岸，强调陆地—水界面的重要性。主要的人口中心用象形图表示，形成了详图上的焦点，而径向线在陆地和水中的延伸说明了平面和视图的连续性。

10.4

31.0413° N，91.8360° W

景观，*衰落肖像：海湾围城*。《美国石化》（纽约：光圈基金会，2012年），理查德·米斯拉克和凯特·奥夫合著。

作为密西西比河下游和墨西哥湾持续环境污染的视觉表现的一部分，SCAPE描绘了过去和未来湿地破坏相关的基础设施开发、飓风事件和现存湿地。管道创造了一种纵横交错的无形景观，某种程度上让人联想到帕洛兰线，引导着平台和油轮在水中的分布。通过图标和符号强调了挖掘和提取操作。

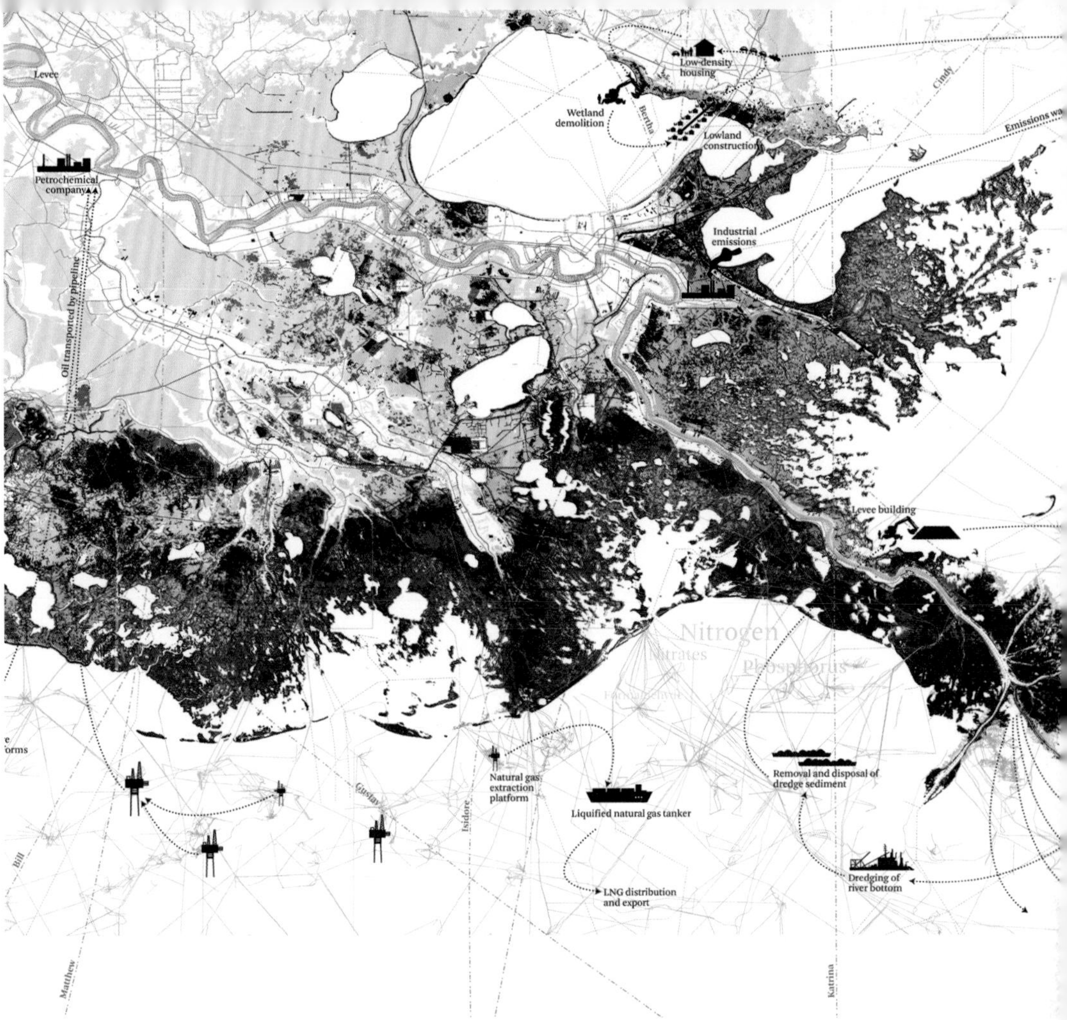

10.5

35.1559° N，136.0599° E

Tonsai Fujita，Ezo Kokyo Yochi Zenzu，Tonsai Fujita Royo，Hashimoto Ransi Shukuzu，1854年。比例：1：360000（以半尺寸显示）。

全彩木版画地图重点反映了日本北部伊佐地区的陆路和航海路线。浮雕以图形的方式显示，较大的黄色圆圈标记主要方向，根据列出的方向（遵循早期表格查看地图的传统）定向。地名在海岸线上用片假名表示，与桑塔雷姆·波罗兰子爵（Visconde Santarém Porolan）图相似（图10.3）。这些名称位于更大的陆地一侧，在更复杂、更神秘的地区有更多探索过的海岸线和岸边。多山的地形形成了海岸线的视觉背景，构成了水域的轮廓。

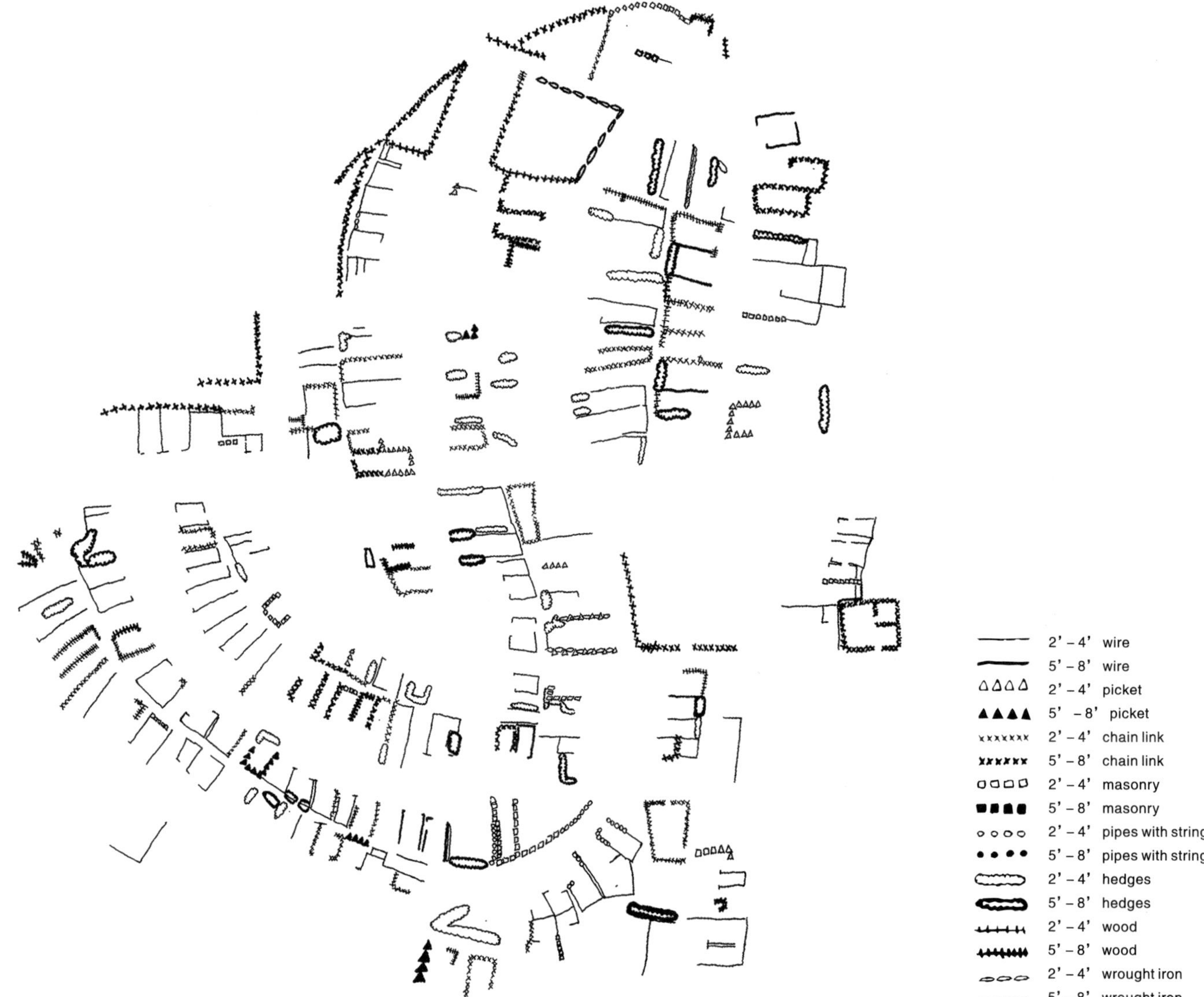

10.6

35.7739° N，78.6519° W

丹尼斯·伍德。最初发表在《万物歌唱：叙事地图集地图》（Los Angeles：Siglio Press，2013年）。

制图员、艺术家和设计教育家丹尼斯·伍德在20世纪80年代中期开始和他的北卡罗来纳州景观系学生一起，为他的社区博伊兰高地（BoylanHeights）绘制地图。伍德是该学科的新成员，他的工作室以他的专业知识为基础，观察和绘制环境，鼓励他的学生在附近观察和绘制非常规元素。他们专注于气味、声音、动物高速公路或高架公共线路、万圣节南瓜、地质、房地产价值、所有权、基础设施、交通标志和栅栏。由此产生地图集的影响力在于发明了地图主题和用于描述其的常规图例。通过空间分布和材质，揭示了社区的物质形态和隐含的社会经济特征。

10.7

33.3330° N，115.8340° W

Lateral工作室的Salton Sea索尔顿海项目设计了生态、工业和娱乐三种类型的海岸开发，通过可移动漂浮的水垫调节盐度。将不同的水垫插入网格并相互连接，以过滤水和获取盐。使用常规符号和其他符号们来描述12种类型的变体，这些形式在整个平面图中以标量和空间保真度进行抽象化、图例化和部署。

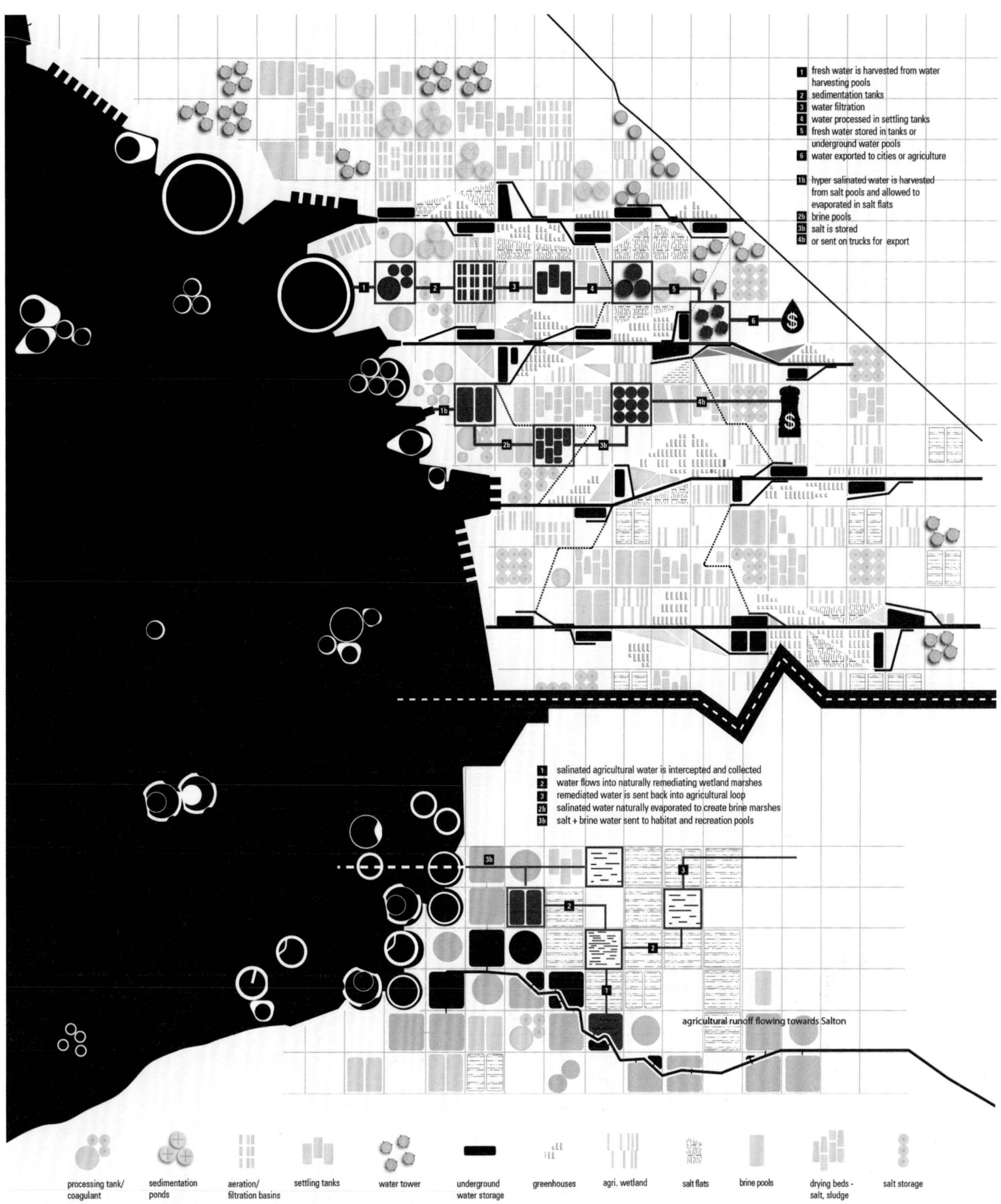

1 fresh water is harvested from water harvesting pools
2 sedimentation tanks
3 water filtration
4 water processed in settling tanks
5 fresh water stored in tanks or underground water pools
6 water exported to cities or agriculture
1b hyper salinated water is harvested from salt pools and allowed to evaporated in salt flats
2b brine pools
3b salt is stored
4b or sent on trucks for export
1 salinated agricultural water is intercepted and collected
2 water flows into naturally remediating wetland marshes
3 remediated water is sent back into agricultural loop
2b salinated water naturally evaporated to create brine marshes
3b salt + brine water sent to habitat and recreation pools
agricultural runoff flowing towards Salton
processing tank/ coagulant
sedimentation ponds
aeration/ filtration basins
settling tanks
water tower
underground water storage
greenhouses
agri. wetland
salt flats
brine pools
drying beds - salt, sludge
salt storage

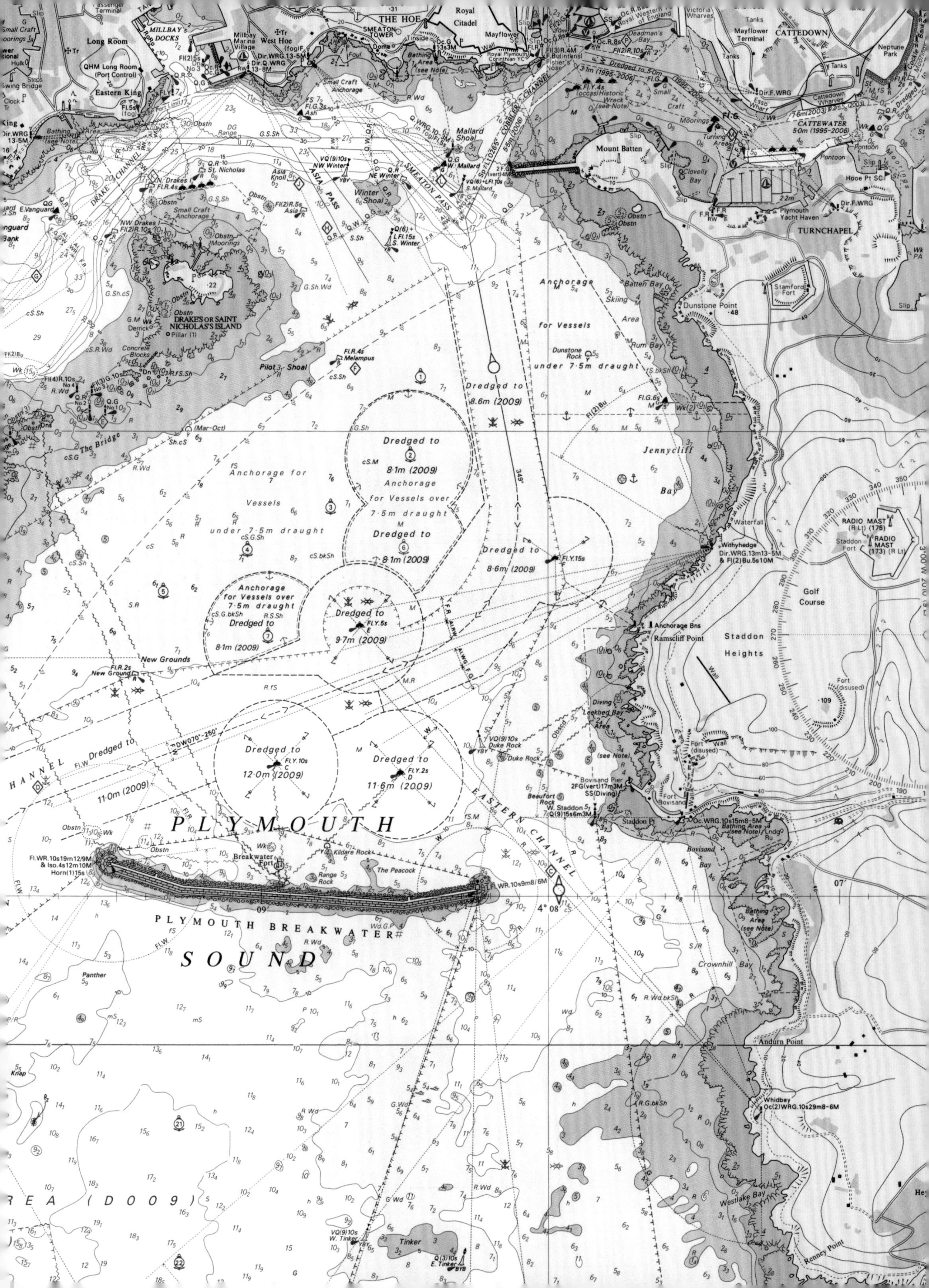
THE HOE
Royal Citadel
SMEATON TOWER
MILLBAY DOCKS
Millbay Marina Village
West Hoe
Long Room
QHM Long Room (Port Control)
Eastern King
Mayflower Terminal
CATTEDOWN
Neptune Park
Victoria Wharves
Royal Western of England
Mayflower SC
Royal Plymouth Corinthian YC
Fisher's Nose
Deadman's Bay
Mount Batten
Clovelly Bay
Plymouth Yacht Haven
TURNCHAPEL
Hooe Pt SC
Cattedown Wharves
CATTEWATER
Mallard Shoal
Asia Knoll
Winter Shoal
ASIA PASS
SMEATON PASS
DRAKE'S CHANNEL
N. Drakes
St. Nicholas
NW Drakes
DRAKE'S OR SAINT NICHOLAS'S ISLAND
Small Craft Anchorage
Pilot Shoal
Melampus
The Bridge
E.Vanguard
Vanguard Bank
Anchorage for Vessels under 7·5m draught
Anchorage for Vessels over 7·5m draught
Anchorage for Vessels under 7·5m draught
Anchorage Skiing Area
Dredged to 8·6m (2009)
Dredged to 8·1m (2009)
Dredged to 9·7m (2009)
Dredged to 12·0m (2009)
Dredged to 11·6m (2009)
Dredged to 11·0m (2009)
Batten Bay
Dunstone Point
Stamford Fort
Dunstone Rock
Rum Bay
Jennycliff Bay
Withyhedge
Waterfall
Anchorage Bns
Ramscliff Point
Staddon Heights
RADIO MAST (176)
RADIO MAST (173)
Staddon Fort
Golf Course
Fort (disused)
Leekbed Bay
Diving Area
Duke Rock
Beaufort Rock
W. Staddon
Bovisand Pier
Fort Bovisand
Staddon Pt
Bovisand Bay
New Grounds
EASTERN CHANNEL
PLYMOUTH
PLYMOUTH BREAKWATER
SOUND
Breakwater Fort
Kildare Rock
The Peacock
Range Rock
Panther
Crownhill Bay
Andurn Point
Whidbey
Westlake Bay
Renney Point
Knap
Tinker
W. Tinker
E. Tinker
AREA (D009)
4° 08′
09′
07′
3° 00′ W 2010 (8′E)

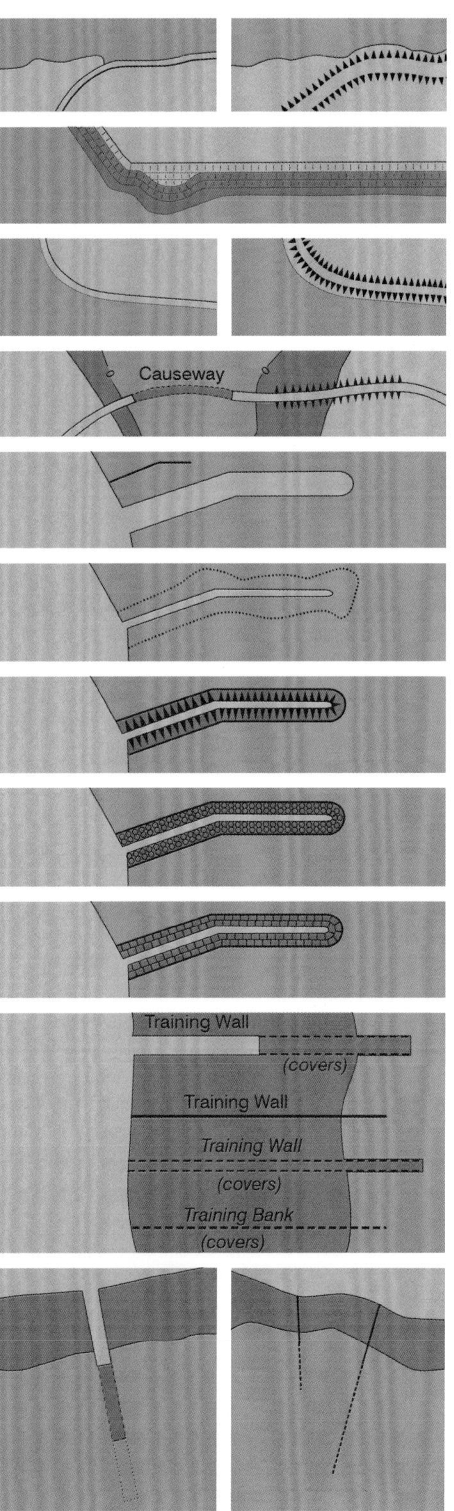

10.8

50.3714° N，4.1422° W
《英国海军部海图》，普利茅斯海峡，2010年。比例：1：12500（以四分之一大小显示）。

10.9

吉尔·德西米妮，海堤，防波堤，港口保护结构。Paul Boissier之后，《海图解读：安全航海的实用指南》（Chichester，UK：Wiley，2011），138页。

普利茅斯海峡的英国海军部海图清楚地描绘了由海到陆的路线，明确界定了通航水域（蓝色阴影），土地（黄色）和中间区域（绿色）。边缘用外伸的防御结构、码头、盆地、系泊区域和安全锚固位置进行描述。测深数据精确，有线条和高度，标明疏浚区域、浅滩和悬崖，以确保安全航行。土地的常规形态用等高线表示，而堡垒、储气罐、无线电塔等显著的视觉地标用符号表示。该图表需要一个单独的手册，汇编整个地图上的大量常规符号，内容包括从用于描述石油井架的紫色小泪滴，到描述防波堤构造的线性偏移。

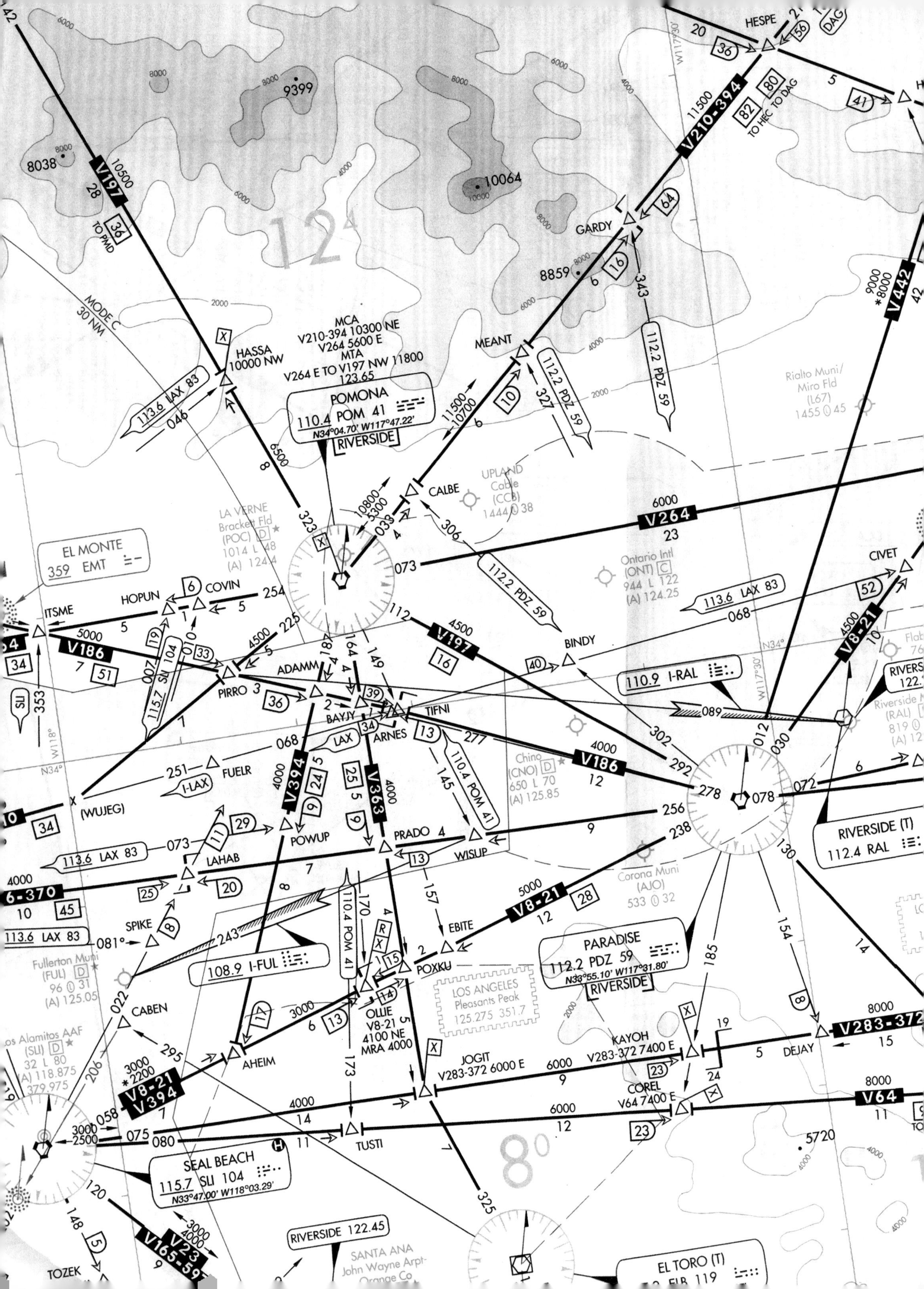

HESPE
TO HEC TO DAG
V210-394
11500
V197
10500
TO PMD
9399
8038
10064
12⁴
GARDY
8859
MODE C
30 NM
HASSA
10000 NW
MCA
V210-394 10300 NE
V264 5600 E
MTA
V264 E TO V197 NW 11800
123.65
POMONA
110.4 POM 41
N34°04.70' W117°47.22'
RIVERSIDE
113.6 LAX 83
MEANT
112.2 PDZ 59
Rialto Muni/
Miro Fld
(L67)
1455 45
CALBE
UPLAND
Cable
(CCB)
1444 38
LA VERNE
Brackett Fld
(POC)
1014 L 48
(A) 124.4
EL MONTE
359 EMT
V264
6000
V442
9000
*8000
Ontario Intl
(ONT)
944 L 122
(A) 124.25
CIVET
ITSME
HOPUN
COVIN
V186
5000
115.7 SLI 104
PIRRO
ADAMM
BAYJY
ARNES
TIFNI
BINDY
110.9 I-RAL
V8-21
4500
RIVERSIDE (T)
112.4 RAL
Riverside
(RAL)
819
FUELR
I-LAX
(WUJEG)
V394
V363
110.4 POM 41
Chino
(CNO)
650 L 70
(A) 125.85
V186
4000
POWUP
PRADO
WISUP
LAHAB
V8-21
5000
Corona Muni
(AJO)
533 32
6-370
4000
113.6 LAX 83
SPIKE
108.9 I-FUL
EBITE
POXKU
PARADISE
112.2 PDZ 59
N33°55.10' W117°31.80'
RIVERSIDE
Fullerton Muni
(FUL)
96 31
(A) 125.05
LOS ANGELES
Pleasants Peak
125.275 351.7
CABEN
OLLIE
V8-21
4100 NE
MRA 4000
Los Alamitos AAF
(SLI)
32 L 80
(A) 118.875
379.975
AHEIM
KAYOH
V283-372 7400 E
V283-372
8000
DEJAY
JOGIT
V283-372 6000 E
COREL
V64 7400 E
V64
8000
V8-21
V394
3000
*2200
TUSTI
8⁰
5720
SEAL BEACH
115.7 SLI 104
N33°47.00' W118°03.29'
V23
V165-597
TOZEK
RIVERSIDE 122.45
SANTA ANA
John Wayne Arpt-
Orange Co
EL TORO (T)

10.10

34.0522° N，118.2428° W
美国联邦航空管理局，IFR航路低空航空图，区域图，02 LAX，2012年。比例：1∶364567（1英寸=5海里；显示在全尺寸）。

10.11

美国国土安全部，航空海图符号，IFR在美国低空/高空飞行、太平洋和阿拉斯加海图。

IFR地图是为在仪表气象条件下飞行而设计的。航线低空图用于IFR飞行方案，并显示联邦航线、磁航向信息、报告点和高度要求。这些符号和地形细节反映了飞行员的需求，并将地面信息提炼为基本要素。主要地形变化以每隔两千英尺的等值线进行记录；海岸线和取水点被标记；人口稠密地区与无人居住地区进行区分。在浅蓝色和棕色渲染的浅色基底上，无线电通信资源、空域控制信息和路线信息用丰富而复杂的符号系统表示。

LOW/ HIGH ALTITUDE

VHF / UHF Data is depicted in Black
LF / MF Data is depicted in Brown

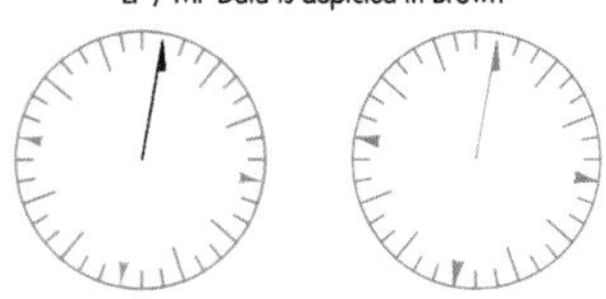

COMPASS ROSES are oriented to Magnetic North of the NAVAID which may not be adjusted to the charted isogonic values.

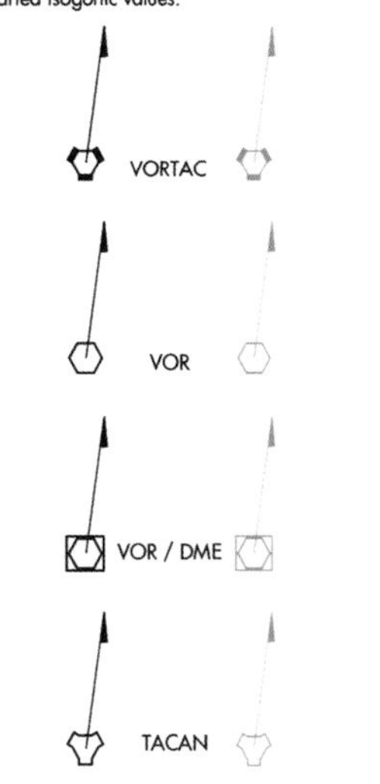

"L" and "T" Category Radio Aids located off Jet Routes are depicted in screen black.

LOW/ HIGH ALTITUDE

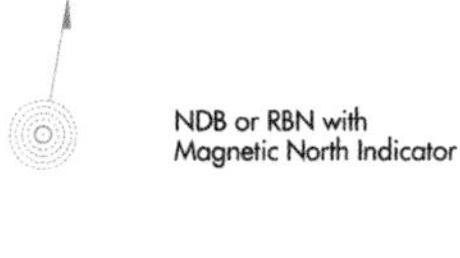

NDB with DME

LOW ALTITUDE

LOW ALTITUDE

ILS Localizer Course with additional navigation function.

HIGH ALTITUDE - ALASKA

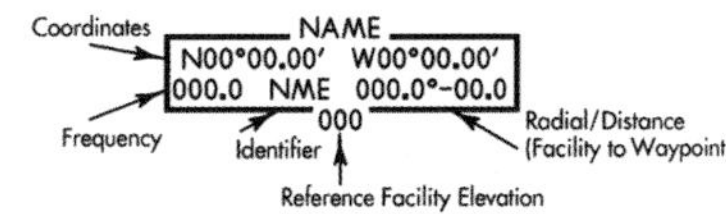

Caution: At or below 2000' when operating along a line parallel to and one mile North along the 91 Freeway Corridor from West where the extension of that line intersects the beach just South of Manhattan Beach pier, East along the 91 Freeway to Prado Dam and all areas South of this line in the LA Basin, pilots are encouraged to make regular position reports on 122.85 when not in contact with ATC.
HOLLYWOOD PARK ROUTE
FOR SERVICE THROUGH CLASS B,
CTC SOCAL APP ON 128.1
CTC SOCAL APP WITHIN 20 NM
3000' & BELOW ON 124.65 316.125
ABOVE 3000' ON 127.2 269.6
HOLLYWOOD PARK ROUTE
See inset for requirements
LONG BEACH HARBOR AREA
SEE A/FD FOR DETAILS
COLISEUM ROUTE
See inset for requirements
MINI ROUTE
See inset for requirements
COASTAL ROUTE
See inset for requirements
CTC SOCAL APP WITHIN
20 NM ON 124.6 298.85
CTC SOCAL APP WITHIN
20 NM ON 135.05 317.5
CTC SOCAL APP WITHIN
20 NM ON 125.5 349.0
CTC SOCAL APP WITHIN
20 NM ON 121.3 263.1
FOR SERVICE THROUGH
CLASS B, CTC SOCAL
APP ON 134.9 OR 363.2
CAUTION
INTENSIVE FLIGHT TRAINING
121.95 BELOW 4500'
122.85 AT OR BELOW 2000'
LONG BEACH
CAUTION
INTENSIVE FLIGHT &
AEROBATIC TRAINING
121.95 BELOW 4500'
122.85 AT OR BELOW 2000'
PALOS VERDES
CAUTION
INTENSIVE FLIGHT TRAINING
123.5 BELOW 4500'
122.85 AT OR BELOW 2000'
EL TORO
CAUTION
LASER LIGHT ACTIVITY
See Airport/Facility Directory
DISNEYLAND THEME PARK
See Panel for requirements
PACIFIC OCEAN
LOS ANGELES
SANTA ANA
BURBANK CLASS C
SANTA ANA CLASS C
PASADENA
GLENDALE
BURBANK
INGLEWOOD
TORRANCE
LONG BEACH
ANAHEIM
ORANGE
FULLERTON
LA HABRA
COSTA MESA
IRVINE
HUNTINGTON BEACH
NEWPORT BEACH
LAGUNA BEACH
LAGUNA NIGUEL
MISSION VIEJO
LAKE FOREST
POMONA
ONTARIO
UPLAND
CHINO
MONROVIA
AZUSA
EL MONTE
SAN GABRIEL
SANTA MONICA
REDONDO BEACH
MT WILSON
MT BADEN-POWELL
STRAWBERRY PEAK
SAN GABRIEL PEAK
MENDENHALL PEAK

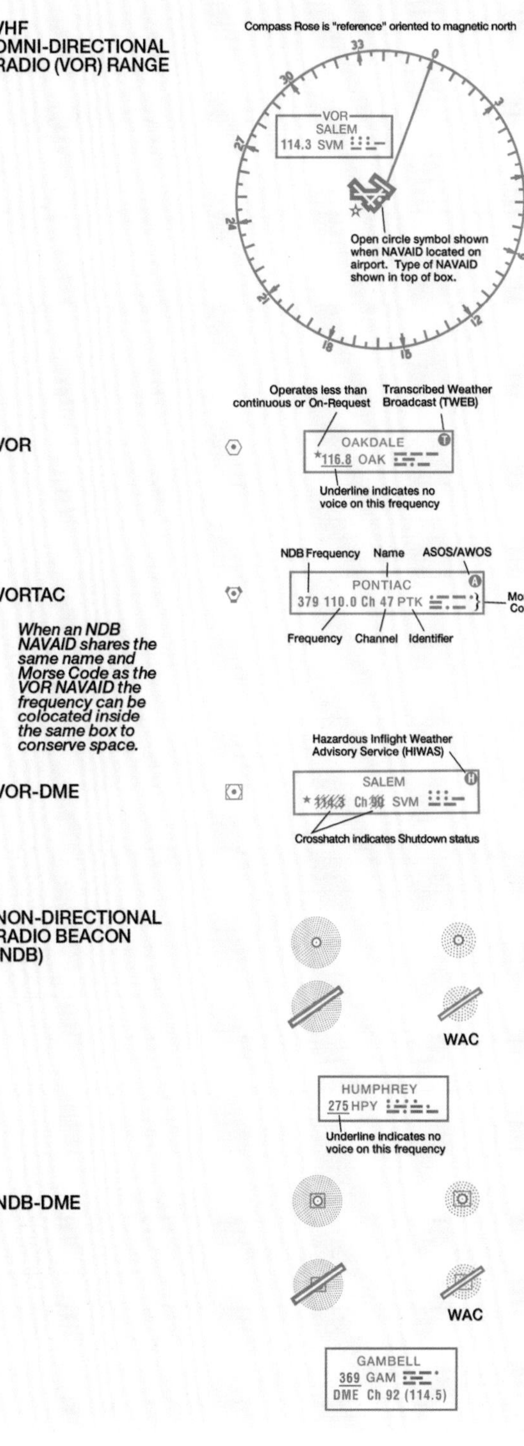

10.12

34.0522° N，118.2428° W

美国联邦航空管理局，VFR，2012。比例：1：36.4567（1英寸=5海里；显示在一半大小）。

10.13

美国国土安全部，VFR航空海图符号，2012年。

VFR航站楼地图提供了大型机场附近所需的地面细节和飞行引导，在这张图中表示的是洛杉矶国际机场。地形起伏以阴影和轮廓显示，地标包括机场、高低障碍物、传输线、架空电缆、敏感筑巢区，以及高尔夫球场、公园、购物中心、跑道、水库、湖泊、水泥厂、高速公路和桥梁。与IFR地图不同的是，地面是模糊的，设备符号是鲜明的，地面和导航信息都是充分的。详图上密集地覆盖着传统的标志和地名。要素不是用真实尺度与邻接关系表示的，而是通过高效且离散的符号表达。

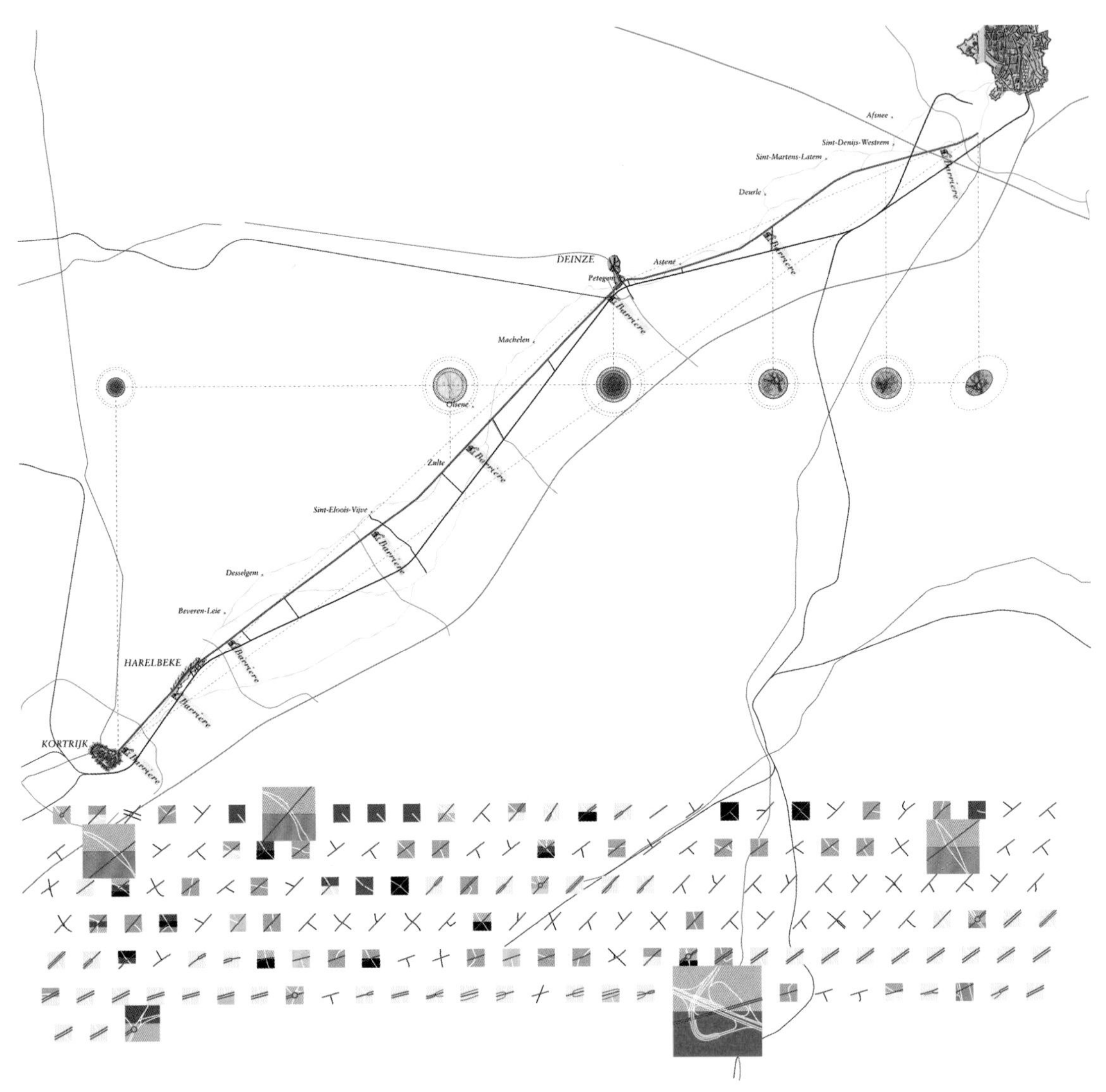

10.14

51.0451° N，4.2013° E
Bieke Cattoor和Bruno De Meulder，N43国道分成了几段。最初发表于《基础设施图：公路和铁路地图集》（阿姆斯特丹：SUN Architecture，2011年）。

在这张图中，比利时城市规划师Cattoor和De Meulder强调N43国道生命周期的后续阶段。这表明了这条道路如何在不同的时期，以不同的方式解体。在某些情况下，道路分散而非整合了周围肌理。从这项研究中，出现了一个交叉分类，通过提取、隔离和规范图形以分析其如何定义道路和景观间的相互作用。该系列呈现出类似象形文字的基础设施语言；这些图形通过直线路段连接，从而形成复合道路结构。

10.15

24.8111° N，119.9283° E

在Raoul Bunschoten的指导下，城市建筑公司CHORA在中国台湾海峡周边地区建立了一个大型孵化区。该项目包括一系列可支持基础设施的节能原型，并在该地区进行部署。该图使用基于点的渲染技术融合地形与设施。建设活动从山脉向水的扩散，通过五彩色块呈现，点缀分类符号，并用虚线连接基础设施（现状的为黑色和建议的为红色）。黄色图标表示住宅规模项目，蓝色是区域规模的节能建议，红色是可再生能源生产的岛屿，灰色是废物处理、回收和再生的地方。

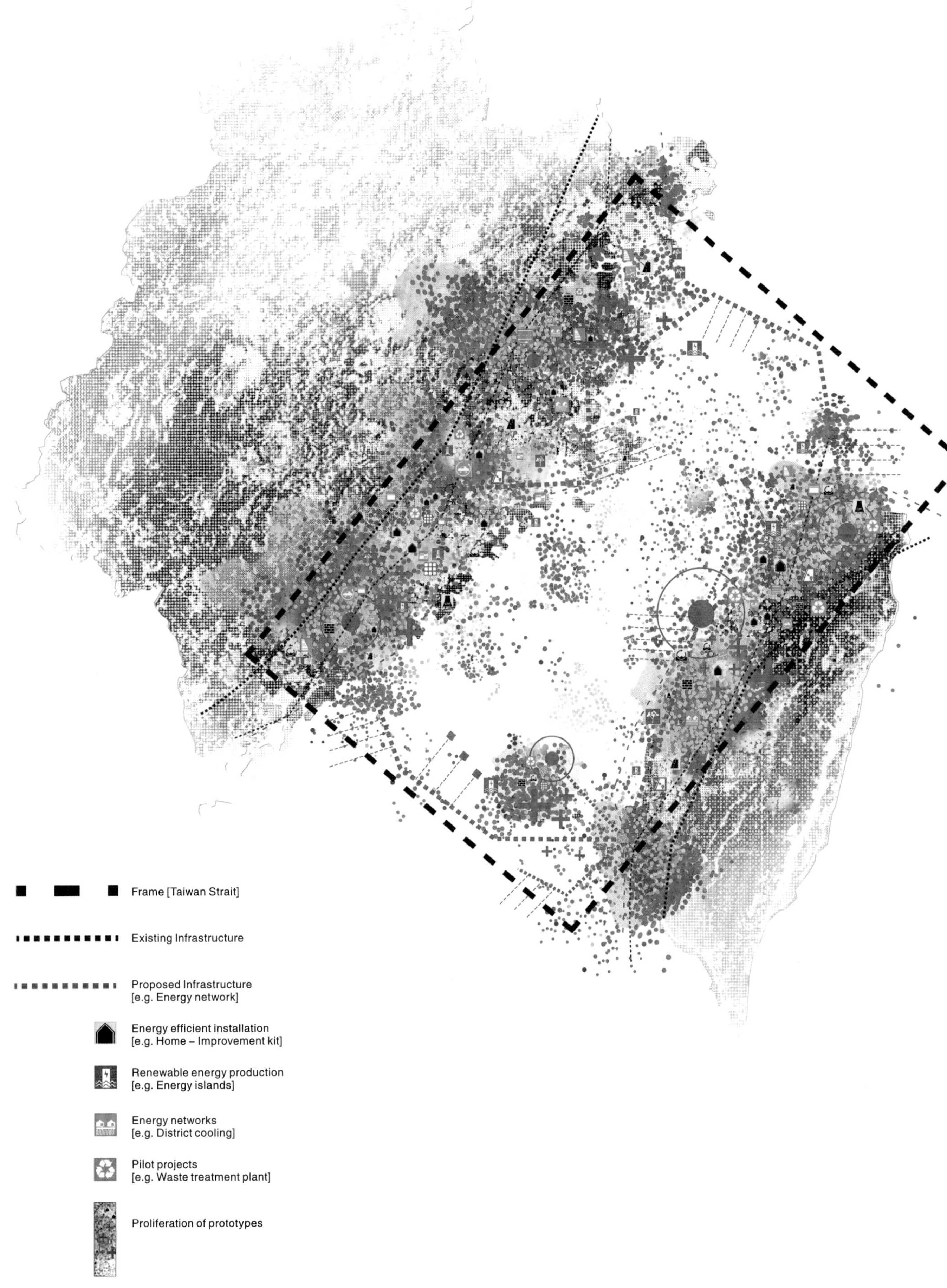
Frame [Taiwan Strait]
Existing Infrastructure
Proposed Infrastructure
[e.g. Energy network]
Energy efficient installation
[e.g. Home – Improvement kit]
Renewable energy production
[e.g. Energy islands]
Energy networks
[e.g. District cooling]
Pilot projects
[e.g. Waste treatment plant]
Proliferation of prototypes

Cherry Hill
Augerville
Lake Dawson
Lake Wintergreen
West Rock
Pine Rock
Judges Cave
Mill Rock
Whitneyville
Westville
Beaver Hill
NEW HAVEN
East Rock
Indian Head
Snake Rock
Fair Haven
QUINNIPIAC RIVER
Montowese
Rabbit
Allingtown
Reservoir
NEW HAVEN HARBOR
Crane Bar
Oyster Pt.
Ft. Wooster
West Haven
East Haven
Raynham Hill
King Id.
Ft. Hale
Brightview
Sandy Pt.
Beacon Hill
Savin Rock
Morris Cove
Short Beach
Horton Pt.
Stony River
Gull Rock
Jones Hill
Light House Pt.
Darrow Rocks
Morgan Pt.
South End
BERKSHIRE DIV.
NEW HAVEN AND HARTFORD
NEW YORK NEW HAVEN
LAKE SALTONSTALL

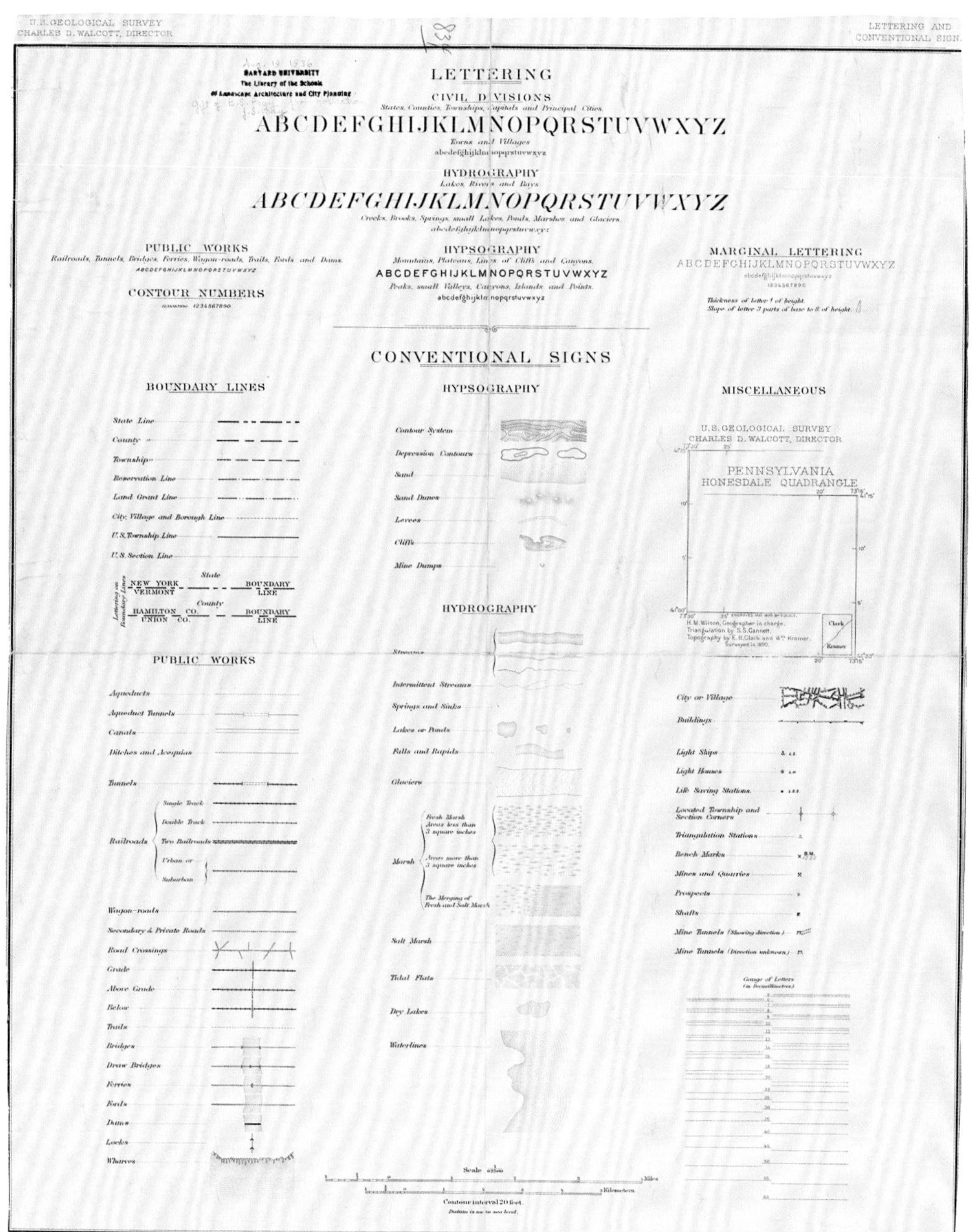

10.16

41.3081° N，72.9286° W
美国地质调查局（USGS），港湾图。康涅狄格州，1893年。最初发表于康涅狄格州地形图（哈特福德，CT：美国地质调查局，1893年）。比例：1∶62500（全尺寸显示）。

10.17

美国地质勘探局，《常规符号》，1898年。

1885年，美国地质调查局的第二任主任约翰·韦斯利·鲍威尔（John Wesley Powell）寻求国会授权，开始对美国进行系统的地形测绘。最早的美国地质勘探局地图是在1∶250000或1∶125000比例尺上绘制的，但到1894年，该比例增加到1∶62500，以便覆盖重要的地面信息，如表示民用基础设施、桥梁、运河、道路、水坝、隧道、州、县分区、地势和洪泛区以及基本的土地信息。轮廓显示为棕色；水是蓝色；公路、铁路和建筑覆盖区以黑色显示（后来随着城市化的扩展而变化，文化地标为黑色，流线是红色，城市化地区是粉红色）。

SANAD
رأس العكر
RA'S AL 'AKR
OIL STORAGE TANKS
المنطقة الوسطى
CENTRAL REGION
العكر
AL 'AKR
ASH SHAMALĪ
النويدرات
AN NUWAYDIRAT
المعامير
AL MA'ĀMIR
بندر الدار
BANDAR AD DĀR
الرفاع الشرقي
AR RIFĀ' ASH SHARQĪ
COAST GUARD POST
سترة
SITRAH
حالة أم البيض
HĀLAT UMM AL BAYḌ
رأس حالة أم البيض
RA'S HĀLAT UMM AL BAYḌ
GOLF COURSE
رأس سلبه
RA'S SALBAH
SALBAH
مصفاة بترول بابكو
BAPCO OIL REFINERY
Oil Sumps
Pump House
دوحة الفارسية
DAWḤAT FĀRISĪYAH
Electricity Transmission Line
Telegraph Line
جبل الدخان
Jabal al Husayy
رأس زويد
RA'S ZUWAYYID
ALBA
ALUMINIUM SMELTER
الرفاع و المنطقة الجنوبية
RIFĀ'
AND
SOUTHERN
REGION
CABLE AND WIRELESS LTD
SATELLITE EARTH STATION
رأس أبو جرجور
RA'S ABŪ JARJŪR
Gathering Station
Tank Battery
عسكر
'ASKAR
جزيرة الشيخ
Jazirat ash Shaykh
رأس حيان
RA'S HAYYAN

REFERENCE		ملحوظة
Buildings		مبنى
Prominent Building		مباني مميزة
Mosque, Church	☾ †	مسجد - كنيسة
School, Post Office	■Sch. ■P.O.	مدرسة - مكتب بريد
Police Station	■Pol.Sta.	مركز شرطة
Antiquity	□ *Al Khamis Mosque*	آثار
Dual Carriageway		طريق ذو تجاهين - مزدوج
1st Class Road		طريق درجة أولى
Secondary Road		طريق
Minor Surfaced Road		طريق فرعي ممهد
Minor Unsurfaced Road		طريق فرعي غير ممهد
Road Under Construction		طريق تحت الانشاء
Track		مدق
Footpath		ممر للمشاه
Cutting		قطع
Embankment		حافة منحدرة
Wall, Fence, or Bund		حائط - سور - حاجز ترابى
Electricity Transmission Line		خط توصيل الكهرباء
Telegraph Line		خط التلغراف
Pipe Line		خط الأنابيب
Irrigation Channel		قناة للري
Qanat		قناة
Prominant Water Tank	■W	خزان للمياه مميز
Quarry, Pit		محجر - حفرة
Old Burial Mounds		قبور أثرية
Cemetery; Moslem, Christian	Y †	مقبرة المسلمين - المسيحيين
Cemetery; Others		مقابر أخرى
Oil Well, Gas Well		بئر زيت - بئر غاز
Well, Spring	oW •Spr	بئر - عين
Municipal Boundary		حدود البلديات
Cultivation		زراعة
Plantation		نبات
Scattered Trees		أشجار مبعثرة
Wadi, Wadi Spread		وادي - مجرى الوادي
Marsh or Swamp		مستنقع أو بركة صغيرة
Sabkha		سبخة
Scrub and Bush (Heavy)		أعشاب وشجيرات (كثيفة)
Scrub and Bush (Medium)		أعشاب وشجيرات (متوسطة)
Scrub and Bush (Light)		أعشاب وشجيرات (خفيفة)
Escarpment		جرف
Erosion		صخر متآكل
Rock Outcrop, Boulders		نتوءات صخرية - جلاميد
Sand		رمال
Sand Dunes		سدود رملية
Coral		مرجاني
Light		أنوار
Buoy		عوامة
Apparent Low Water Mark	ALWM	واضحة حد المياة الادني
Shoals & Sand Banks		فشت - حسور رملية
Trigonometrical Station	△	نقطة مثلثات
Spot Height	•20·1	نقطة ارتفاع
Contours	25	كنتورات

10.18

26.1300° N，505.5500° E
费尔里调查有限公司为巴林，阿尔里法，1997年。比例：1：25000（地图以半尺寸显示；按全尺寸）。

费尔里调查使用航拍绘制大区域地图，20世纪20年代初从东亚开始，一直延伸到整个非洲和中东。公司为私营企业，受各国政府委托进行勘测，制作详细的系列地形图。巴林地图很简单，有蓝色的水，绿色的沼泽，红色的轮廓，黑色和灰色的道路和建筑。然而，常规符号的关键在于文化上的表达，通过符号列表描述了历史，宗教和能源基础设施的并置。工业化和城市化景观也通过沿海岸线的居民点，炼油厂和铝冶炼厂在地图上体现。

八王子市
町田市
横川町
元本郷町
大横町
本郷町
追分町
八木町
八幡町
横山町
八日町
日吉町
舟田
船田石器時代遺跡
長房団地
下新地
並木町
三軒在家
上新地
中散田
下散田
散田配水池
富士森公園
旭丘団地
散田町
山田町
緑町
北小比企
多摩少年院
下小比企
時田
中小比企
小比企町
東浅川町
南浅川橋
新地
原宿
三田
二軒在家
椚田町
和田
四谷
上館
大巻
館町
殿入
田中
下寺田
上小比企
中寺田
大船町
下大船
寺田町
上大船
上寺田
菖蒲谷
君田
宇津貫町
宇津貫
兵衛川
閑道
横浜線
東京環状線
片倉町
只沼
和田内
梅木沢
相武カントリークラブ
七国峠
鍛冶谷
滝尻
風間
武蔵岡
相原町
陽田
作倉
浄水場
子安町
万町
大神町
南町
小門町
三崎町
寺町
上野町
東町
月夜峰
楽寺町

記　号

1. 投影はユニバーサル横メルカトル図法、中央子午線は東経141°
2. 図郭に付した短線は経緯度差1分ごとの目盛
3. 高さの基準は東京湾の平均海面
4. 磁針方位は西偏約6°30′（昭和41年）
5. 等高線の間隔は10メートル
6. 図式は昭和40年式1:25,000地形図図式

10.19

35.6597° N，139.3286° E
日本地理空间信息厅，八公地地形图，1967年。比例：1：25000（以全尺寸显示）。

日本的地形图绘制是一项高度精细的制图工作。基础测量信息具有明显的精度，重点是大地测量和地震预报。地图表现优雅，使用一个简单前卫的色卡来表现地景的复杂性与质感。常规图例具有索引性，但能够直接描述地形的物质特征和空间特征。轮廓清晰，交通基础设施明确，建筑密度明显，航道工程清晰。

10.20–10.22 （见238~243页）

42–43.103/5000，国家地理研究所（IGN），主要地图样本（巴黎：IGN，1949年），20–21，30–31。

IGN成立于1940年，负责绘制法国及其领土的地图。IGN从陆军地理服务中脱颖而出，使用包括飞机和专用机场等的军事资源，测绘面积超过1200万平方公里。《笛卡尔原理的标本》是一本早期的目录，描述了地图背后的制图习惯，并结合了当地制图习惯制定，尺度和地理位置精确。常规符号和比例尺通常被放在地图的角落里，而在这里，它们被并排地展示出来，给独立符号和复合地图同等权重。

SIGNES CONVENTIONNELS
DE LA CARTE DE FRANCE AU 50.000e EN COULEURS
(TYPE 1922)

Routes Nationales — Rte Nat le No de à; avec arbres, sans arbre

Chemins: de Grande Communication; régulièrement entretenus; irrégulièrement entretenus

Chemins d'exploitation, Laies forestières

Sentiers, Layons

Sentier muletier, 1. bon, 2. mauvais — 1, 2

Route en déblai (encaissée)

Route en remblai (en chaussée)

Route en encorbellement (en corniche)

Route en tunnel

Chemin de fer à 4 voies

Chemin de fer à 2 voies — en construction

Chemin de fer à voie unique

Chemin de fer à voie étroite

Ligne en tunnel

Gare, Station, Halte, Arrêt, Garde-Barrière — Gare, Ste, Ston, At

Câble transporteur _ Téléphérique

Câble transporteur de force électrique

Viaduc

Passage supérieur (en dessus)

Passage inférieur (en dessous)

Passage à niveau

Limite d'Etat (avec bornes)

Limite de Département

Limite d'Arrondissement

Limite de Canton

Limite de Commune

Fleuve ou Rivière de largeur supérieure à 20m (Point où commence la navigation maritime)

Rivière large de 10 à 20m (Point où commence la navigation fluviale)

Rivière de moins de 10m, Ruisseau important (Point où commence le flottage)

Ruisseau

Canal navigable, Port, Gare d'eau, Ecluse — Port, Gare, Ecse, Tron Elec

Lac, Etang permanent

Etang périodique Marais

Puits, Fontaine, Citerne, Prise d'eau, Source — Pts, Fne, Cite, Pr. d'E, Sce

Réservoir d'eau potable, Abreuvoir, Lavoir — Rvoir, Abr, Lr

Eglise

Eglise isolée, Chapelle, Ermitage, Oratoire

Croix, Calvaire, Tombe, Vierge

Moulin à eau

Moulin à vent. Eolienne

Forge, Usine (à moteur hydraulique)

Manufacture, Fabrique (à moteur non hydraulique)

Carrière à ciel ouvert, Carrière souterraine

Haies ou Clôtures végétales

Points géodésiques: Signal de 1er ordre — Sal de; Signal de 2e ordre — Sal; Signal de 3e ordre; Eglise (Clocher)

Point coté — .60

Population (en milliers d'habitants) — 0,7 . 21,5

Bois | Broussailles | Vergers | Vignes | Houblonnières

Figuré du terrain

Courbes, Rochers et éboulis

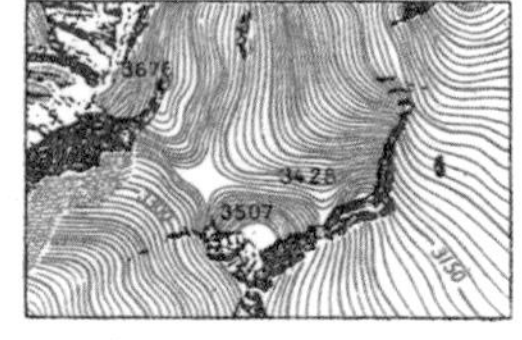

Glaciers et rochers

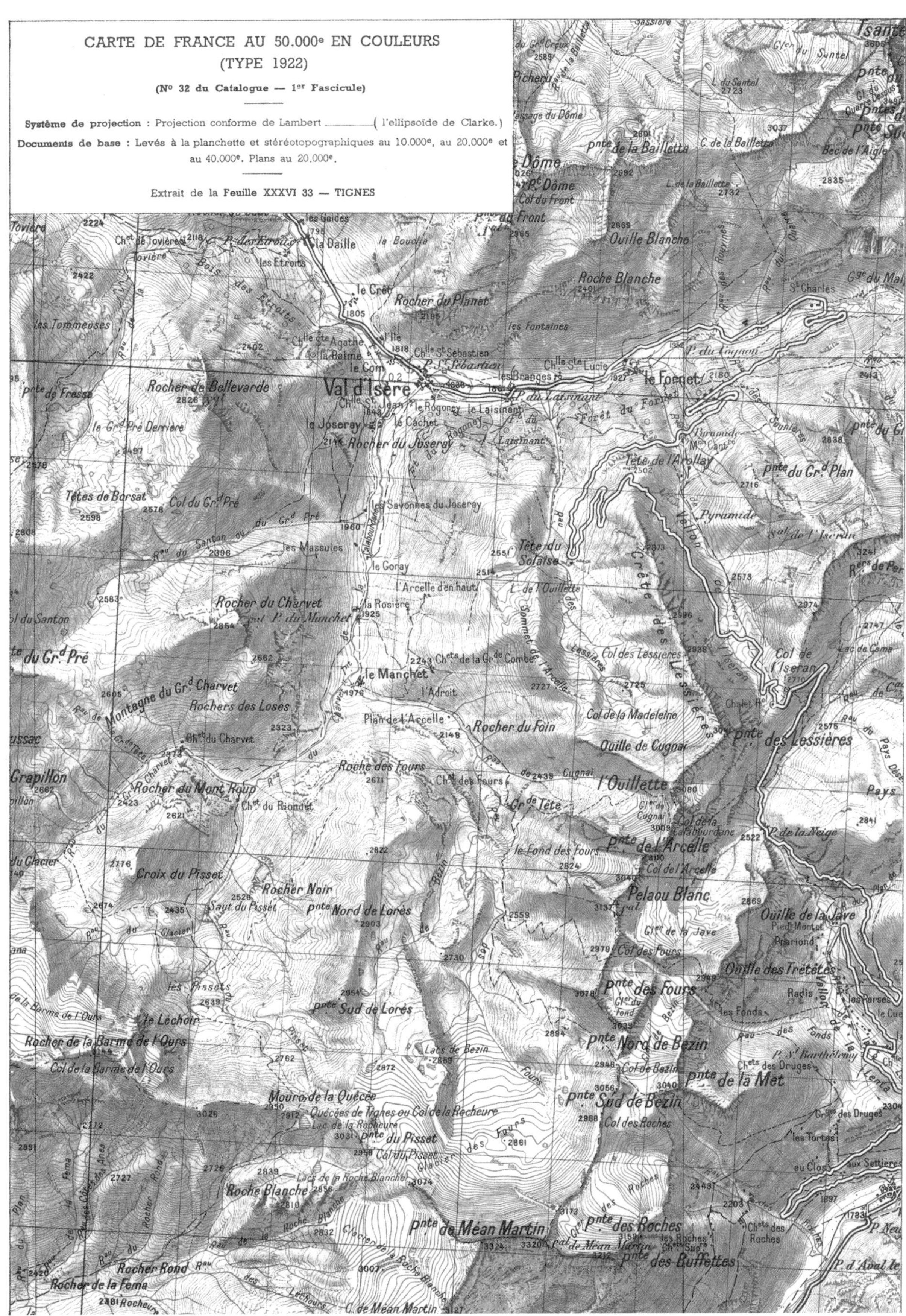
CARTE DE FRANCE AU 50.000e EN COULEURS
(TYPE 1922)
(No 32 du Catalogue — 1er Fascicule)
Système de projection : Projection conforme de Lambert (l'ellipsoïde de Clarke.)
Documents de base : Levés à la planchette et stéréotopographiques au 10.000e, au 20.000e et au 40.000e. Plans au 20.000e.
Extrait de la Feuille XXXVI 33 — TIGNES
Val d'Isère
Rocher de Bellevarde
Rocher du Planet
Roche Blanche
Ouille Blanche
Pnte de la Bailletta
le Fornet
Rocher du Joseray
Têtes de Borsat
Col du Grd Pré
Tête de l'Arollay
Pnte du Grd Plan
Tête du Solaise
Rocher du Charvet
Montagne du Grd Charvet
Rochers des Loses
le Manchet
Rocher du Foin
Col de la Madeleine
Quille de Cugnai
Col de l'Iseran
Pnte des Lessières
Roche des Fours
l'Ouillette
Rocher du Mont Roup
Pnte de l'Arcelle
Pelaou Blanc
Croix du Pisset
Rocher Noir
Pnte Nord de Lorés
Ouille de la Jave
Ouille des Trétetes
Pnte des Fours
Pnte Sud de Lorés
le Léchoir
Rocher de la Barme de l'Ours
Col de la Barme de l'Ours
Pnte Nord de Bezin
Pnte de la Met
Pnte Sud de Bezin
Mouro de la Quécée
Pnte du Pisset
Roche Blanche
Pnte de Méan Martin
Pnte des Roches
Pnte des Buffettes
Rocher Rond
Rocher de la Fema

SIGNES CONVENTIONNELS
DU PLAN DE LA RÉGION DE PARIS AU 10.000e
(ÉDITION EN 5 COULEURS)

Route Nationale.

Rte Dépte — Chemin de Grde Communication

Chemins empierrés { régulièremt entretenu. / irrégulièremt entretenu.

Chemin d'exploitation.

Vestiges d'ancienne voie carrossable.

Laie forestière.

Ligne de Coupe.

Sentier.

Routes en remblai.

Routes en déblai.

Murs de soutènement

Chemins de fer { à deux voies. / à une voie / à voie étroite. / en tunnel. / en construction.

Tramway.

Passages { à niveau. / supérieurs. / inférieurs.

Grand cours d'eau. Ponts: (pierre-bois-fer).

Ruisseau. Ruisseau à sec.

Source. Puits. Fontaine. Citerne. Eolienne.

Abreuvoir. Lavoir. Réservoirs.

Canaux { navigable avec écluse, souterrain. / non navigable, de dérivation, à sec.

Barrage et prise d'eau. Gué. Bac.

Aqueducs: sur le sol, souterrain, sur viaduc.

Etangs: permanent, périodique.

Galets. Graviers. Marais. Tourbière.

Signaux géodésiques.

Eglise. Clocher. Chapelle. Pite Chapelle.

Mairie. Monument. Gendarmerie.

Caserne. Hôpital. Couvent.

Bâtiments importants. Usine avec cheminée.

Baraquement. Kiosque. Halle ou hangar.

Tour. Point de vue. Gazomètre.

Moulins à eau. Moulin à vent.

Fours à chaux, à plâtre, à coke.

Ruines, mur en ruines.

Cimetières: chrétien, israélite

Carrière. Sablière.

Chemin de fer transporteur. Plan incliné.

Câble transporteur.

Câbles transporteurs d'énergie électrique

Haie, haie avec arbres.

Levée de terre.

Levée de terre avec haie

Levée de terre avec arbres.

Levée de terre avec haie et arbres.

Palissade.

Treillage ou fil de fer.

Grille en fer.

Limite de camp.

Limites { de département. / d'arrondissement. / de canton. / de commune.

Bois | Conifères | Broussailles | Plantations régulières | Jardins | Vergers

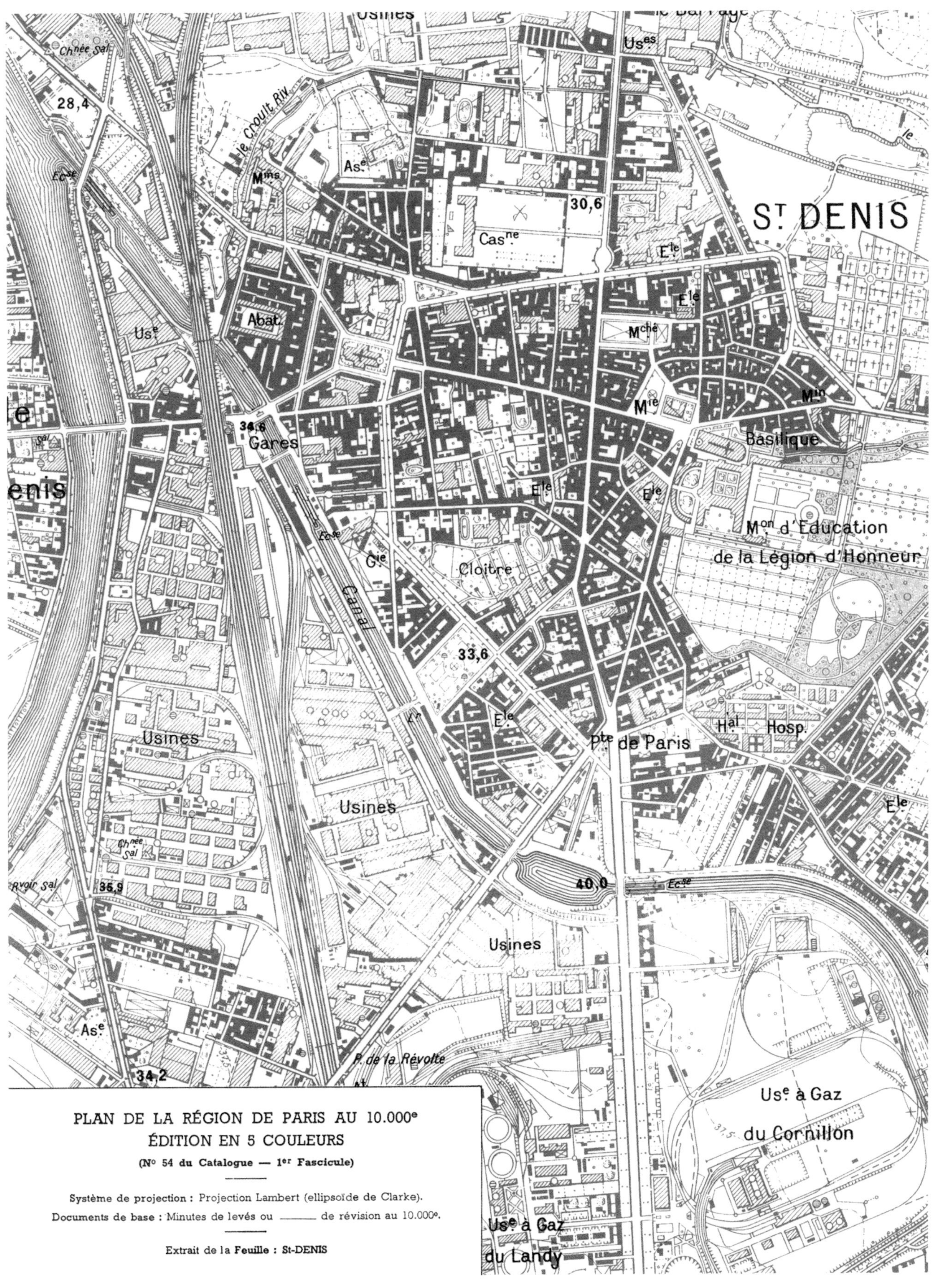
PLAN DE LA RÉGION DE PARIS AU 10.000e
ÉDITION EN 5 COULEURS
(No 54 du Catalogue — 1er Fascicule)
Système de projection : Projection Lambert (ellipsoïde de Clarke).
Documents de base : Minutes de levés ou ——— de révision au 10.000e.
Extrait de la Feuille : St-DENIS
St DENIS
Usines
Usines
Usines
Usines
Cas.ne
Abat.
Gares
Canal
Cloître
Basilique
Mon d'Education
de la Légion d'Honneur
Hal.
Hosp.
Pte de Paris
P. de la Révolte
Use à Gaz
du Cornillon
Use à Gaz
du Landy
28,4
30,6
34,6
33,6
35,9
40,0
34,2
le Croult Riv.

SIGNES CONVENTIONNELS
DE LA CARTE D'ALGÉRIE-TUNISIE AU 50.000e

Voies carrossables et bien entretenues
- Route nationale
- Route départementale
- Chemin de grande commun^on et d'intérêt commun
- Chemin vicinal ou autre chemin carrossable

Chemin carrossable irrégulièrement entretenu

Chemin d'exploitation et sentier muletier

Autres sentiers

Vestiges de voies romaines

Bois — Bois, Broussailles, Oliviers, Palmiers

Marais

Dunes et Sables

Vignes

Ravine sans eau en été

Chemins de fer

A voie normale

St^on 75 Tunnel Déblai Remblai 122 Viaduc en fer

A voie étroite et Tramway à vapeur

sur route

Passages

en dessus à niveau en dessous

Passages de rivière.

Pont en pierre

Pont suspendu avec piles

Passerelle

Bac

Gué — praticable aux voitures — piétons

Limite d'Etat

— de département

— d'arrondissement

— de commune de plein exercice

Eglise, chapelle, koubba

Maisons

Puits et fontaine

Moulins à vent et à eau

Phare à feu fixe (portée en milles marins) 20

Phare à éclipses 15

Feux de port 8

Redoute, batterie

Cimetières — chrétien musulman israélite

Canaux d'irrigation

Point trigonométrique 375

Clocher, Marabout, points trigonométriques

Télégraphe T

Poste P

Télégraphe et poste T.P.

Nota: Les écritures droites désignent les Villes, Bourgs, Villages, Hameaux, Fermes ou Usines et en général tous les lieux habités.

Les écritures penchées se rapportent aux Forêts Bois, Rivières, Cols et Lieux-dits divers.

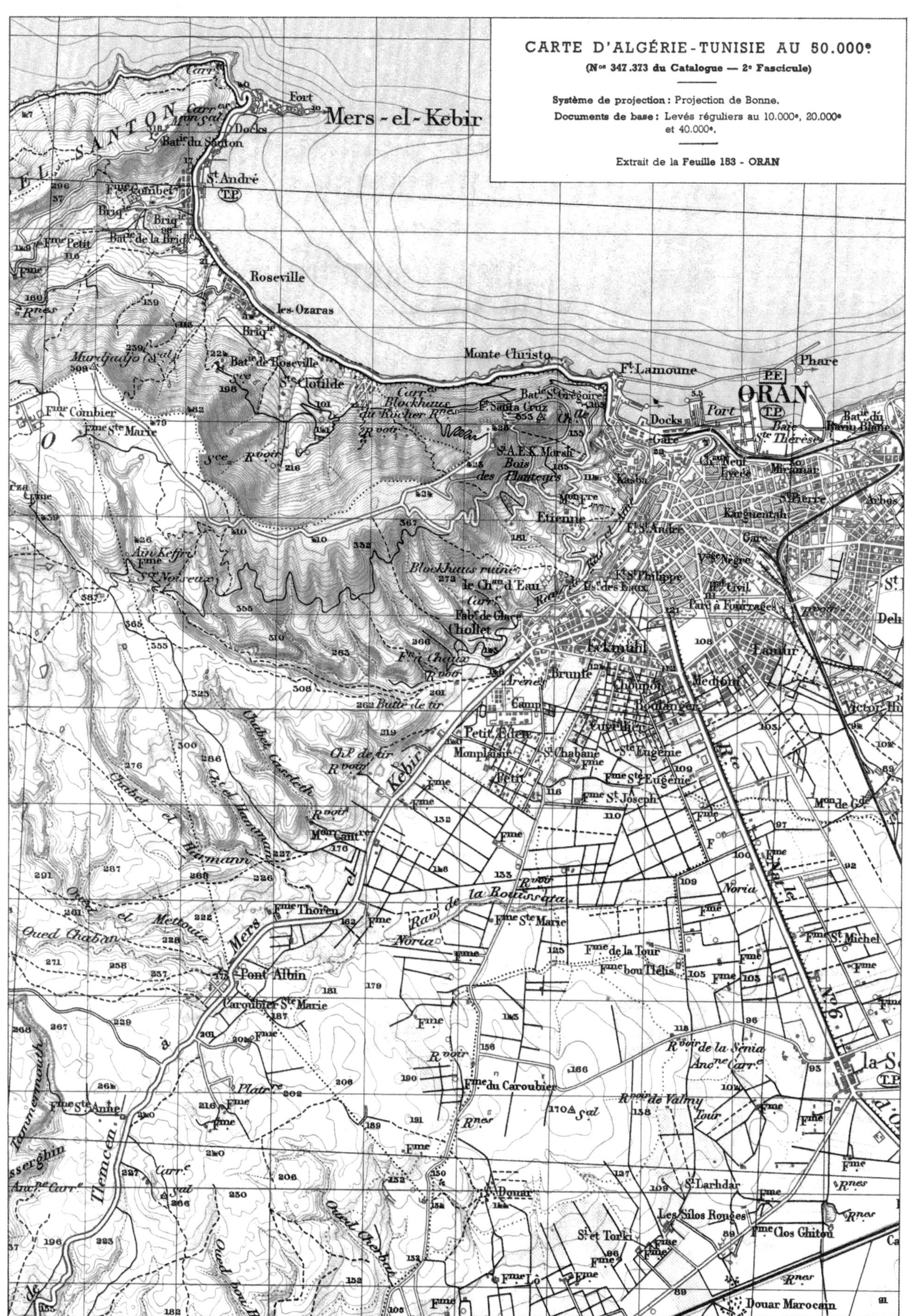
CARTE D'ALGÉRIE-TUNISIE AU 50.000e
(Nos 347.373 du Catalogue — 2e Fascicule)
Système de projection : Projection de Bonne.
Documents de base : Levés réguliers au 10.000e, 20.000e et 40.000e.
Extrait de la Feuille 153 - ORAN
Mers-el-Kebir
Fort
Docks
St André
Roseville
les-Ozaras
Monte Christo
Ft Lamoune
Phare
ORAN
Port
Docks
Gare
Kasba
Etienne
Karguentah
Ft St André
Ft St Philippe
Eckmuhl
Brunie
Choupot
Boulanger
Petit Eden
Monplaisir
St Eugénie
Noria
Pont Albin
Caroubier St Marie
Rte de la Sénia
Fme du Caroubier
St Lahdar
Les Silos Rouges
Fme Clos Ghitou
Douar Marocain
Tlemcen
Oued Chaban
Chabet el Hamman
Butte de tir
Blockhaus ruiné
Chollet

后记

常规符号与地图的模糊性

安托万·皮肯（Antoine Picon）

地图文件本身模棱两可，因为它们是一系列冲突和理想的妥协。传统符号可能有助于更好地识别模棱两可之处，从将地图解释为从上面看到的图片或可视化的数据库开始，反对意见远比人们想象的要多得多。在文艺复兴时期，现代城市制图学的先驱莱昂纳多·达·芬奇（Leonardo da Vinci）和莱昂·巴蒂斯塔·阿尔伯蒂（Leon Battista Alberti）在绘制地图时采用了不同的方法。达·芬奇的1502伊莫拉城市地图是从天空俯视看到的景象，阿尔伯蒂于1440年代构思的罗马城市的描述图，由一系列坐标组成，这些坐标确定了该市一系列重要地标各自的位置，从奥雷利亚城墙的角落到主要教堂。[1]由于没有什么常规符号，地图往往看起来达·芬奇的开创性作品一样。在阿尔伯蒂的案例中，这些符号太多了，地图可以认为是在一系列数据库中的测量操作结果，而非视觉表达。在第一种情况下，由于地图永远不是纯粹的图像，有图形字符的滥用产生谬误的隐患。在第二种情况下，可能会出现的问题是，源于数据库的大量标记要素让地图难以阅读。

绘图通史的演变标志是越发标准化和抽象化的常规符号，这与具有丰富图像的古代地图形成鲜明对比。古代地图中的怪物和野蛮部落表示未知，可能是危险的海洋或大陆，微小的城堡和教堂塔楼表示领地和教区的位置，并且用森林、田野和草地精心地表示两者之间的空间。尽管有这一演变，许多常规符号保留着从前制图表现形式的痕迹。例如，十字架仍然常用于表示教堂。颜色图例也倾向与公共感知看齐：田地和草地通常是绿色，沙漠的颜色是沙色，冰雪覆盖的区域是白色。因此，常规符号涉及地图的另一种模糊性，其愿景有些矛盾，既希望融入社会想象，又想成为与超越现实想象分离的客观方案。

作为集体想象力的一部分，地图也意味着以特定的方式被曲解。常规符号在这一过程中发挥了重要作用。它们或多或少地重视事物和现象，从而引起观察者的注意并提出解释所见的新方式。也就是说，地图即使声称客观，也永远不是中立的。无论是关于可用自然资源、军事利益，还是关于社会和城市的未来，地图的评价和表达密不可分。[2]

常规符号也与美学的模糊性有关，这在当代地图学中很少被承认。这也与古代地图相反，在古代地图中地理信息和装饰是相互关联的，从精心设计点缀的一隅，到未知区域的怪物和野蛮部落的图画。尽管有这种否定美学的倾向，常规符号很少仅因易读性而被选择。常规符号通常出现在充满美感的图表框架内。

目前数字工具和数字媒体的发展正在挑战一些制图相关的传统观念，因此对常规符号进行的性质和使用的批判性调研变得更加迫切。例如，图像和数据库之间区别的模糊性，为历史之最。有了像谷歌地图这样的工具，现实主义如此强烈，以至于人们可能会忘记电脑屏幕上的地球图像的构造本质。想象和客观性之间的界限从来没有如此模糊过。正如数字媒体艺术家劳拉·库尔根（Laura Kurgan）提醒我们的那样，地图比以往任何时候都更能传达用意。[3]在这方面值得记住的是，当代数字地图从GPS开始，许多背后的关键技术都起源于军事。

在我们的数字生活中，常规符号成倍增长。它们不再只是简单地标明山顶或教堂等典型地标的位置。它们现在表示附近有商店、餐馆或夜总会。一些本地联盟甚至可能出现在一些社交媒体地图上。这种扩散对地图图例的概念提出了挑战。几乎所有内容都可以地图化，并且在一张地图上，可动态显示的名目种类和数量似乎没有限制。这种情况下值得重新思考制图惯例的作用。我们可能正在进入一个奇妙新阶段，不再出现怪物和野蛮部落，地图现在被无限延伸的图例和图标覆盖，地图上不断变化的商业性和社会性提案正在蚕食传统地图所赋予的稳定参考。在参照物不断发生变化的大海上漂浮，我们似乎除了航行别无选择。然而一直以来，地图一直与思考和行为相关联。对制图惯例的批判性反思，如《土地的表达——展示景观的想象》中所示，可能是在当代迅速扩张的制图领域中，重新引入急需反思态度的必要步骤。

注释：

[1] See Carlo Pedretti, Leonardo：Il Codice Hammer e la Mappa di Imola.（Florence：Giunti Barbera, 1985）；Mario Carpo and Francesco Furlan, eds., Leon Battista Alberti's Delineation of the City of Rome（Descriptio Urbis Romae）（Tempe, AZ：Arizona Center for Medieval and Renaissance Studies, 2007）.

[2] Denis E. Cosgrove, ed., Mappings（London：Reaktion Books, 1999）.

[3] Laura Kurgan, Close Up at a Distance：Mapping Technology & Politics（New York：Zone Books, 2013）.

参考文献

GENERAL

Ackerman, James R., and Robert W. Karrow Jr., eds. *Maps: Finding our Place in the World*. Chicago: University of Chicago Press, 2007.

Ambroziak, Brian M., and Jeffrey R. Ambroziak. *Infinite Perspectives: Two Thousand Years of Three-Dimensional Mapmaking*. New York: Princeton Architectural Press, 1999.

Barber, Peter, and Tom Harper. *Magnificent Maps: Power, Propaganda and Art*. London: British Library, 2010.

Bateson, Gregory. *Steps to an Ecology of Mind: Collected Essays in Anthropology, Psychiatry, Evolution, and Epistemology*. Chicago: University of Chicago Press, 2000.

Bertin, Jacques. *Semiology of Graphics: Diagrams, Networks, Maps*. Translated by William J. Berg. Madison, WI: University of Wisconsin Press, 1983.

Corner, James, and Alex S. MacLean. *Taking Measures: Across the American Landscape*. New Haven, CT: Yale University Press, 1996.

Cosgrove, Denis E., ed. *Mappings*. London: Reaktion Books, 1999.

——. "Carto-city." In *Geography & Vision: Seeing, Imagining, and Representing the World*, 169–82. International Library of Human Geography. London: I. B. Tauris, 2008.

De Certeau, Michel *The Practice of Everyday Life*. Translated by Steven Rendall. Berkeley: University of California Press, 1984.

Dodge, Martin, Rob Kitchin, and C. R. Perkins, eds. *Rethinking Maps: New Frontiers in Cartographic Theory*. London: Routledge, 2009.

——, eds. *The Map Reader: Theories of Mapping Practice and Cartographic Representation*. Chichester, UK: Wiley Blackwell, 2011.

Field, Kenneth, and Damien Demaj. "Reasserting Design Relevance in Cartography: Some Concepts." *The Cartographic Journal* 49, no. 1 (February 2012): 70–76.

Harley, J. B. *The New Nature of Maps: Essays in the History of Cartography*. Edited by Paul Laxton. Baltimore: Johns Hopkins University Press, 2002.

Hunt, Arthur. "2000 Years of Map Making." *Geography* 85, no. 1 (January 2000): 3–14.

Imhof, Eduard. *Cartographic Relief Presentation*. Redlands, CA: Esri, 2007.

Monkhouse, F. J., and H. R. Wilkinson. *Maps and Diagrams: Their Compilation and Construction*. 3rd ed. London: Methuen, 1971.

Picon, Antoine. *French Architects and Engineers in the Age of Enlightenment*. Cambridge Studies in the History of Architecture. Cambridge: Cambridge University Press, 2010.

Raisz, Erwin. *General Cartography*. McGraw-Hill Series in Geography. New York: McGraw-Hill, 1938.

Robinson, Arthur H. *The Look of Maps: An Examination of Cartographic Design*. Madison, WI: University of Wisconsin Press, 1952.

Rumsey, David, and Edith M. Punt. *Cartographica Extraordinaire: The Historical Map Transformed*. Redlands, CA: Esri, 2004.

——. "David Rumsey Map Collection." http://www.davidrumsey.com.

Southworth, Michael, and Susan Southworth. *Maps, a Visual Survey and Design Guide*. Boston: Little, Brown, 1982.

Stilgoe, John R. *Outside Lies Magic: Regaining History and Awareness in Everyday Places*. New York: Walker, 1999.

Wallis, Helen M., Arthur H. Robinson, eds. *Cartographical Innovations: An International Handbook of Mapping Terms to 1900*. Tring, UK: Map Collector Publications in association with the International Cartographic Association, 1987.

Tufte, Edward R. *Envisioning Information*. Cheshire, CT: Graphics Press, 1990.

Wilford, John Noble. *The Mapmakers*. 2nd ed. New York: Random House, 2001.

Wood, M. "Visual Perception and Map Design." *The Cartographic Journal* 5, no. 1 (June 1968): 54–64.

Woodward, David, and G. Malcolm Lewis, eds. *Cartography in the Traditional African, American, Arctic, Australian, and Pacific Societies*. Vol. 2, bk. 3, of *The History of Cartography*. Chicago: University of Chicago Press, 1998.

Wurman, Richard Saul. *Information Anxiety*. New York: Doubleday, 1989.

INTRODUCTION

Bowring, Jacky, and Simon Swaffield. "Diagrams in Landscape Architecture." In *The Diagrams of Architecture: AD Reader*, edited by Mark Garcia, 142–51. Chichester, UK: Wiley, 2010.

Corner, James. "The Agency of Mapping: Speculation, Critique and Invention." In *Mappings*, edited by Denis E. Cosgrove, 213–300. London: Reaktion Books, 1999.

Harvey, P. D. A. *The History of Topographical Maps: Symbols, Pictures and Surveys*. London: Thames & Hudson, 1980.

Klanten, Robert, N. Bourquin, S. Ehmann, F. van Heerden, and T. Tissot. *Data Flow: Visualizing Information in Graphic Design*. Berlin: Gestalten, 2008.

McHarg, Ian L. *Design with Nature*. Garden City, NY: Natural History Press, 1969.

Monmonier, Mark S. *Maps, Distortion, and Meaning*. Association of American Geographers Commission on College Geography Resource Paper 75-4. Washington, DC: Association of American Geographers, 1977.

Pinto, John A. "Origins and Development of the Ichnographic City Plan." *Journal of the Society of Architectural Origins* 35, no. 1 (March 1976): 35–50.

Treib, Marc. "On Plans." In *Representing Landscape Architecture*, edited by Marc Treib, 112–23. London: Taylor & Francis, 2008.

Van Berkel, Ben, and Caroline Bos. *Move*. Amsterdam: UNStudio and Goose Press, 1999.

Waldheim, Charles. "Aerial Representation and the Recovery of Landscape." In *Recovering Landscape: Essays in Contemporary Landscape Architecture*, edited by James Corner, 121–39. New York: Princeton Architectural Press, 1999.

SOUNDING / SPOT ELEVATION

Garver, Joseph G. *Surveying the Shore: Historic Maps of Coastal Massachusetts 1600–1930*. Beverly, MA: Commonwealth Editions, 2006.

Grunthal, Melvyn C. "The Work of NOAA's U.S. Coast and Geodetic Survey." In *The Coastal Society 13th International Conference. Organizing for the Coast*, edited by Maurice P. Lynch and Bland Crowder, 189–200. Washington, DC: The Coastal Society, 1992.

Mathur, Anuradha, and Dilip da Cunha. *Deccan Traverses: The Making of Bangalore's Terrain*. New Delhi: Rupa, 2006.

Pérez de Arce, Rodrigo, Fernando Pérez Oyarzún, and Raúl Rispa. *Valparaíso School Open City Group*. Berlin: Birkhäuser, 2003.

Ravenstein, E. G. "On Bathy-Hypsographical Maps; With Special Reference to a Combination of the Ordnance and Admiralty Surveys." *Proceedings of the Royal Geographical Society and Monthly Record of Geography*, New Monthly Series 8, no. 1 (1886): 21–27.

Shelling, Robert. "Squam Remembers Bradford Washington." *The Loon Flyer* (Winter 2007).

ISOBATH / CONTOUR

Beckinsale, Robert P. "The International Influence of William Morris Davis." *Geographical Review* 66, no. 4 (October 1976): 448–66.

Cecilia, Fernando Marquez, and Richard Levene, eds. "Tiro Con Arco/Archery Range." In *Enric Miralles, 1983-2000*, 80–111. Madrid: El Croquis, 2002.

Chartier, Marcel-M. "L'institut géographique national. Son oeuvre actuelle dans la métropole." *L'information géographique* 16, no. 4 (1952): 147–52.

Close, C. F. "The Ideal Topographical Map." *The Geographical Journal* 25, no. 6 (1905): 633–38.

Cook, Andrew S. "Surveying the Seas: Establishing the Sea Routes to the East Indies." In *Cartographies of Travel and Navigation*, edited by James R. Akerman, 69–96. Chicago: University of Chicago Press, 2010.

Davis, William Morris. *Practical Exercises in Physical Geography*. Boston: Ginn, 1908.

Du Carla, Marcellin. *Expression des nivellements, ou méthode nouvelle pour marquer rigoureusement sur les cartes terrestres et marines les hauteurs et les configurations du terrein.* Paris: L. Cellot, 1782.

Foncin, M. "Dupin Triel and the First Use of Contours." *The Geographical Journal* 127, no. 4 (1961): 553–54.

Heezen, B. C., and Marie Tharp. "Physiography of the Indian Ocean." *Philosophical Transactions of the Royal Society of London*, Series A, Mathematical and Physical Sciences 259, no. 1099 (April 1966): 137–49.

Komara, Ann E. "Measure and Map: Alphand's Contours of Construction at the Parc des Buttes Chaumont, Paris 1867." *Landscape Journal* 28, no. 1 (March 2009): 22–39.

Konvitz, Josef W. "Du Carla, Dupain-Triel and Contour Lines." In *Cartography in France, 1660–1848: Science, Engineering, and Statecraft*, edited by Josef W. Konvitz, 77–81. Chicago: University of Chicago, 1987.

Matthes, Francois E. "Breaking a Trail through Bright Angel Canyon." *Natural History Bulletin* 2 (November 1935). First published 1927 by *Grand Canyon Nature Notes* 2, no. 6 (November 1927). Accessed June 20, 2014. http://npshistory.com/nature_notes/grca/nhb-2f.htm.

Mindeleff, Cosmos. "Topographic Models." The *National Geographic Magazine* 1, no. 3 (1889): 254–71. National Geographic Online. Accessed June 12, 2014. http://ngm-beta.nationalgeographic.com/archive/topographic-models/.

Miralles, Enric. *Enric Miralles, 1983–2000*. Madrid: El Croquis, 2002.

Monmonier, Mark S. *Coast Lines: How Mapmakers Frame the World and Chart Environmental Change*. Chicago: University of Chicago Press, 2008.

Olmsted, Frederick Law. "The Spoils of the Park." In *The Papers of Frederick Law Olmsted: Volume 7*, edited by Charles E. Beveridge, Carolyn F. Hoffman, and Kenneth Hawkins. Baltimore: Johns Hopkins University Press, 1977.

Picon, Antoine. "Nineteenth-Century Urban Cartography and the Scientific Ideal: The Case of Paris." In *Science and the City*. Osiris 2nd ser., vol. 18, edited by Sven Dierig, Jens Lachmund, and Andrew Mendelsohn, 135–49. Chicago: University of Chicago Press, 2003.

Robinson, Arthur H. "The Genealogy of the Isopleth." *The Cartographic Journal* 8, no. 1 (June 1971): 49–53.

Steenbergen, Clemens M., Johan van der Zwart, Joost Grootens, Rita Brons, *Atlas of the New Dutch Water Defence Line*. Edited by Bernard Colenbrander and Koos Bosma. Translated by John Kirkpatrick. Rotterdam: 010 Publishers, 2009.

HACHURE / HATCH

Callejas, Luis. *Pamphlet Architecture 33: Islands and Atolls*. Pamphlet Architecture. New York: Princeton Architectural Press, 2013.

Ishigami, Junya. *Another Scale of Architecture*. Kyoto: Seigensha Art, 2011.

Kennelly, Patrick. "Cross-Hatched Shadow Line Maps." *The Cartographic Journal* 49, no. 2 (May 2012): 135–42.

Pearson, Alastair William, Martin Schaefer, and Bernhard Jenny. "A Cartometric Analysis of the Terrain Models of Joachim Eugen Müller (1752–1833) Using Non-contact 3D Digitizing and Visualization Techniques." *Cartographica* 44, no. 2 (2009): 111–20.

Yoéli, Pinhas. "Topographical Relief Depiction by Hachures with Computer and Plotter." *The Cartographic Journal* 22, no. 2 (November 1985): 111–24.

SHADED RELIEF

Amidon, Jane, and Aaron Betsky. *Moving Horizons: The Landscape Architecture of Kathryn Gustafson and Partners*. Basel: Birkhäuser, 2005.

Davis, William Morris, and G. C. Curtis. *The Harvard Geographical Models*. Boston: Boston Society of Natural History, 1897.

Häberling, Christian, and Lorenz Hurni. "Sixth ICA Mountain Cartography Workshop, Lenk / Simmental, Switzerland, 11–15 February 2008." *Cartographica* 43, no. 3 (2008): 227–31.

Häberling, Christian, Hansruedi Bär, and Lorenz Hurni. "Proposed Cartographic Design Principles for 3D Maps: A Contribution to an Extended Cartographic Theory." *Cartographica* 43, no. 3 (2008): 175–88.

Hurni, Lorenz. "Cartographic Mountain Relief Presentation, 150 Years of Tradition and Progress at ETH Zurich." In *Mountain Mapping and Visualization. Proceedings of the 6th ICA Mountain Cartography Workshop, 11-15 February 2008, Lenk, Switzerland*, edited by Lorenz Hurni and Karel Kriz, 85–91. Zurich: ETH Zurich Institute of Cartography, 2008.

Jenny, Bernhard, and Lorenz Hurni. "Swiss-Style Colour Relief Shading Modulated by Elevation and by Exposure to Illumination." *The Cartographic Journal* 43, no. 3 (2006): 198–207.

Jenny, Bernhard, and Tom Patterson. "Introducing Plan Oblique Relief." *Cartographic Perspectives* 57 (Spring 2007): 21–90.

Kuni Ezu Kenkyukai. *Kuni Ezu no Sekai = Kuniezu, Province Maps of Japan Made by the Tokugawa Government*. Tokyo: Kashiwa Shobo, 2005.

Leonowicz, Anna M., Bernhard Jenny, and Lorenz Hurni. "Automated Reduction of Visual Complexity in Small-Scale Relief Shading." *Cartographica* 45, no. 1 (2010): 64–74.

Patterson, Tom, and Nathaniel Vaughn Kelso. "Hal Shelton Revisited: Designing and Producing Natural-Color Maps with Satellite Land Cover Data." *Cartographic Perspectives* 47 (Winter 2004): 1–42.

Raeber, Stefan. "Handmade Relief Models." Institute of Cartography, ETH Zurich.

Schirren, Matthias, and Bruno Taut. *Bruno Taut: Alpine Architecture: Ein Utopia = a Utopia*. Munich: Prestel, 2004.

LAND CLASSIFICATION

Alabaster, Jay. "Old Japanese Maps on Google Earth Unveil Secrets." *The Huffington Post*, May 2, 2009. Accessed June 28, 2014. http://www.huffingtonpost.com/2009/05/02/old-japanese-maps-on-goog_n_195277.html.

Anderson, James R., Ernest E. Hardy, John T. Roach, and Richard E. Witmer. *A Land Use and Land Cover Classification System for Use with Remote Sensor Data*, Geological Survey Professional Paper 964. Washington, DC: Government Printing Office, 1976.

Chrisman, Nicholas R. *Charting the Unknown: How Computer Mapping at Harvard Became GIS*. Redlands, CA: Esri, 2006.

Coleman, Alice, and W. G. V. Balchin. "Land Use Maps." *The Cartographic Journal* 16, no. 2 (December 1979): 97–103.

Creason, Glen. *Los Angeles in Maps*. New York: Rizzoli, 2010.

Forrest, David. "Geographic Information: Its Nature, Classification, and Cartographic Representation." *Cartographica* 36, no. 2 (Summer 1999): 31–53.

Homer, Collin H., Joyce A. Fry, and Christopher A. Barnes. *The National Land Cover Database*, US Geological Survey Fact Sheet 3020. USGS, 2012: 1–4. http://pubs.usgs.gov/fs/2012/3020/.

Johnson, Claude W., Leonard W. Bowden, and Robert W. Pease. *A System of Regional Agricultural Land Use Mapping Tested Against Small Scale Apollo 9 Color Infrared Photography of the Imperial Valley (California)*, USGS interagency report USGS-183, Open-File Report 71-158. United States Department of the Interior, Geological Survey, 1969.

Kurgan, Laura. *Close Up at a Distance: Mapping, Technology, and Politics*. Brooklyn: Zone Books, 2013.

Madrigal, Alexis C. "Stamen Design Reveals an Instagram for Maps." *The Atlantic*, June 10, 2013. Accessed July 1, 2014. http://www.theatlantic.com/technology/archive/2013/06/stamen-design-reveals-an-instagram-for-maps/276713/.

McGrath, Brian, and Victoria Marshall. "New Patterns in Urban Design." In "Patterns of Architecture," edited by Mark Garcia. Special issue, *Architectural Design* 79, no. 6 (November/December 2009): 48–53.

NASA Jet Propulsion Laboratory, California Institute of Technology. "PIA03372: Landsat with SRTM Shaded Relief, Los Angeles and Vicinity from Space." November 8, 2002. Accessed July 2, 2014. http://photojournal.jpl.nasa.gov/catalog/PIA03372.

Ord, Edward Otho Cresap, and Neal Harlow. *The City of the Angels and the City of the Saints, or, a Trip to Los Angeles and San Bernardino in 1856*. San Marino: Huntington Library, 1978.

Ristow, Walter W. Introduction to *Fire Insurance Maps: in the Library of Congress*. Washington, DC: Library of Congress Geography and Map Division, 1981.

Saunders, William S., and Kongjian Yu. "Let Landscape Lead Urbanism: Growth Planning for Beijing." In *Designed Ecologies: The Landscape Architecture of Kongjian Yu*, edited by William S. Saunders, 212–15. Basel: Birkhäuser, 2012.

Scott, James C. "State Simplifications: Nature, Space and People." *The Journal of Philosophy* 3, no. 3 (1995): 191–233.

Stamen Design. maps.stamen.com

Steinitz, Carl. "Computer Mapping and the Regional Landscape." Unpublsihed manuscript. Laboratory for Computer Graphics and Spatial Analysis Digitized Material. Cambridge, MA: 1967.

Tiberghien, Gilles A., Michel Desvigne, and James Corner. *Intermediate Natures: The Landscapes of Michel Desvigne*. Translated by E. Kugler. Basel: Birkhäuser, 2009.

Wallace, McHarg, Roberts and Todd. Prepared for The Central Waterfront Planning Committee and the City of Toronto Planning Board. *Environmental Resources of the Toronto Central Waterfront*. Philadelphia: Winchell Press, 1976.

Wallis, Helen. "The History of Land Use Mapping." *The Cartographic Journal* 18, no. 1 (June 1981): 45–48.

FIGURE-GROUND

Board, C., and R. M. Taylor. "Perception and Maps: Human Factors in Map Design and Interpretation." *Transactions of the Institute of British Geographers*, n.s., 2, no.1, *Contemporary Cartography* (1977): 19–36.

Busquets, Joan. *La Ciutat Vella de Barcelona: Un Passat Amb Futur. (The Old Town of Barcelona, a Past with a Future)*. Barcelona: Ajuntament de Barcelona UPC, 2003.

Edition Gauglitz. "Straubes Übersichtsplan von Berlin." Accessed July 9, 2014. http://www.edition-gauglitz.de/straube-plan2.html.

Gomes da Silva, João, and Catarina Raposo. "Open Competition for the Area of Campo das Cevolas / Doca da Marinha, Lisboa, Portugal." *Global Arquitectura Paisagista*. N.p., n.d. Accessed July 8, 2014. http://www.gap.pt/campodascebolas.html.

Hurni, Lorenz, and Gerrit Sell. "Cartography and Architecture: Interplay between Reality and Fiction." *The Cartographic Journal* 46, no. 4 (October 2009): 323–32.

Koolhaas, Rem, and Bruce Mau. *X,M,L,XL*. 2nd ed. Edited by Jennifer Sigler. New York: Monacelli Press, 1995.

MacEachren, A. M., and T. A. Mistrick. "The Role of Brightness Differences in Figure-Ground: Is Darker Figure?" *The Cartographic Journal* 29 (1992): 91–100.

Moak, Jefferson M. *Philadelphia Mapmakers*. Philadelphia: Shackamaxon Society, 1976.

Moor, Malcolm, and Jon Rowland. Introduction to *Urban Design Futures*, edited by Malcolm Moor and Jon Rowland, 1–16. London: Routledge, 2006.

OMA. "RAK Structure Plan, UAE, Ras al Khaimah, 2007." Accessed July 6, 2014. http://www.oma.eu/projects/2007/rak-structure-plan/.

Rattenbury, Kester, Rob Bevan, and Kieran Long. "Xaveer de Geyter." In *Architects Today*, 52–53. London: Laurence King, 2004.

Rowe, Colin, and Fred Koetter. *Collage City*. Cambridge, MA: MIT Press, 1984.

Smets, Bas. "Écrire le Paysage / Writing the Landscape." *L'Architecture d'Aujourd'hui* 377 (April/May 2010): 121–32.

Straube, Julius. *Straubes Übersichtsplan Von Berlin: Im Verhältnis 1:4000*. Berlin: Gauglitz, 2003.

Wurman, Richard Saul. "Making the City Observable." *Design Quarterly* 80 (1971).

XDGA / Xaveer de Geyter Architects. "Extension of Monaco." Accessed July 6, 2014. http://xdga.be/#extension-of-monaco.

STRATIGRAPHIC COLUMN

Active Volcano Database of Japan. "Miyakejima Volcano." Accessed August 10, 2015. https://gbank.gsj.jp/volcano/Act_Vol/miyakejima/index-e.html.

Baumgarten, Benno. *Carlos de Gimbernat and the First Geological Map of the Tyrol (1808)*. The 8th International Symposium: Cultural Heritage in Geosciences, Mining and Metallurgy, Berichte Geologische Bundesanstalt, Landes Museum, Schwaz/Tyrol/Austria, October 3, 2005. http://www.landesmuseum.at/pdf_frei_remote/richteGeol Bundesanstalt_65_0020-0025.pdf.

Boud, R. C. "The Early Development of British Geological Maps." *Imago Mundi* 27, no. 1 (1975): 73–96.

Eliot, Charles W. *Charles Eliot: Landscape Architect, a Lover of Nature and of His Kind, Who Trained Himself for a New Profession, Practiced It Happily and Through It Wrought Much Good*. Boston: Houghton Mifflin, 1902.

Eyles, V. A., "Mineralogical Maps as Forerunners of Modern Geological Maps." *The Cartographic Journal* 9, no. 2 (December 1972): 133–35.

King, Clarence. *Report of the Geological Exploration of the Fortieth Parallel*, Vol. 1, *Systematic Geology*. Professional Papers of the Engineer Department, U.S. Army 18. Washington, DC: Government Printing Office, 1869.

Maltman, Alex. *Geological Maps: An Introduction*. 2nd ed. Chichester, UK: Wiley, 1998.

McHarg, Ian L. "The Theory of Creative Fitting." In *Ian McHarg: Conversations with Students: Dwelling in Nature*, edited by Lynn Margulis, James Corner, and Brian Hawthorne. New York: Princeton Architectural Press, 2007.

Picon, Antoine. "Nineteenth-Century Urban Cartography and the Scientific Ideal: The Case of Paris." In *Science and the City*. Osiris 2nd ser., vol. 18, edited by Sven Dierig, Jens Lachmund, and Andrew Mendelsohn, 135–49. Chicago: University of Chicago Press, 2003.

Spudis, Paul D. "The Geological Mapping of Another World." *Air & Space* (January 25, 2013). http://www.airspacemag.com/daily-planet/geological-mapping-of-another-world-6468048/.

Willis, Bailey. "The Development of the Geologic Atlas of the United States." *Journal of the American Geographical Society of New York* 27, no. 4 (1895): 337–51.

Dhingra, Deepak, Carle M. Pieters, James W. Head, and Peter J. Isaacson. "Large Mineralogically Distinct Impact Melt Feature at Copernicus Crater–Evidence for Retention of Compositional Heterogeneity." *Geophysical Research Letters* 40, no. 6 (2013): 1–6, doi: 10.1002/grl.50255.

CROSS SECTION

"A Rustic View of War and Peace." *The Sociological Review* a10, no. 1 (1918): 1–24.

Becker, George F., and Carl Barus. *Geology of the Comstock Lode and the Washoe District, with Atlas*. Washington, DC: Government Printing Office, 1882.

Foxley, Alice, and Vogt Landschaftsarchitekten. *Distance and Engagement: Walking, Thinking and Making Landscape*. Baden, Switzerland: Lars Müller, 2010.

Humboldt, Alexander von, and Aimé Bonpland. *Essay on the Geography of Plants*. Edited by Stephen T. Jackson. Translated by Sylvie Romanowski. Chicago: University of Chicago Press, 2009.

Lobeck, A. K. *Geomorphology: an Introduction to the Study of Landscapes*. New York: McGraw-Hill, 1939.

Loudon, J. C. "On the Modes of Imitating These Forms of Art, or Improving Them." In *Observations on the Formation and Management of Useful and Ornamental Plantations: On the Theory and Practice of Landscape Gardening; and on Gaining and Embanking Land from Rivers or the Sea*, 311–22. Edinburgh: Archibald Constable, 1804.

Mathewson, Kent. "Alexander von Humboldt's Image and Influence in North American Geography, 1804–2004." *Geographical Review* 96, no. 3 (July 2006): 416–38.

Mathur, Anuradha, and Dilip da Cunha. "Pettah." In *Deccan Traverses: The Making of Bangalore's Terrain*, 33–37. New Delhi: Rupa, 2006.

Reed, Peter. "Bordeaux Botanical Garden." In *Groundswell: Constructing the Contemporary Landscape*, edited by Peter Reed and Irene Shum, 84–89. New York: Museum of Modern Art, 2005.

Sachs, Aaron. "Personal Narrative of a Journey—Radical Romanticism." In *The Humboldt Current: Nineteenth-Century Exploration and the Roots of American Environmentalism*, 41–72. New York: Viking, 2006.

Trümpy, Rudolf. "In the Footsteps of Emile Argand: Rudolf Staub's Bau der Alpen (1924) and Bewegungsmechanismus der Erde (1928)." *Eclogae Geologicae Helvetiae* 84, no. 3 (1991): 661–70, doi: http://dx.doi.org/10.5169/seals-166791.

LINE SYMBOL

Bertin, Jacques. *Semiology of Graphics: Diagrams, Networks, Maps*. Translated by William J. Berg. Madison, WI: University of Wisconsin Press, 1983.

British Library. "Matthew Paris Map of Britain." Accessed July 21, 2014. http://www.bl.uk/onlinegallery/takingliberties/staritems/319matthewparismap.html.

Cattoor, Bieke, and Bruno de Meulder. *Figures, Infrastructures: An Atlas of Roads and Railways*. Edited by Lucy Klaassen. Translated by Peter Mason. Amsterdam: SUN, 2011.

Easterling, Keller. "Terrestrial Networks." In *Organization Space: Landscapes, Highways, and Houses in America*, 13–20. Cambridge, MA: MIT Press, 1999.

Gill, G. "Road Map Design and Route Selection." *The Cartographic Journal* 30, no. 2 (December 1993): 163–66.

Long, Richard. *Richard Long: Walking the Line*. London: Thames & Hudson, 2002.

Mackaye, Benton. "The Appalachian Trail: A Guide to the Study of Nature." *The Scientific Monthly* 34, no. 4 (March 1932): 330–42.

Morrison, A. "Principles of Road Classification for Road Maps." *The Cartographic Journal* 3, no. 1 (May 1996): 17–30.

Smithson, Alison Margaret, and Peter Smithson. *Urban Structuring: Studies of Alison & Peter Smithson*. Edited by John Lewis. London: Studio Vista, 1967.

——. *Citizens' Cambridge; Summary of Proposals*, January 6, 1962. The Alison and Peter Smithson Archive: An Inventory. Frances Loeb Library, Harvard University.

Smithson, Peter. "Oxford and Cambridge Walks." *Architectural Design* 46 (1976): 342–50.

Vigano, Paola. "Walter and Asphalt: The Project of Isotropy in the Metropolitan Region of Venice." In *Cities of Dispersal*, edited by Rafi Segal and Els Verbakel, 34–39. Chichester, UK: Wiley, 2008.

Wainwright, Alfred. *The Western Fells*. Vol. 7 of *A Pictorial Guide to the Lakeland Fells*. Kendal, UK: Westmorland Gazette, 1966.

——. *The Wainwright Letters*. Edited by Hunter Davies. London: Frances Lincoln, 2011.

Ward, A. W., A. R. Waller, W. P. Trent, J. Erskine, S. P. Sherman, and C. van Doren. "Latin Chroniclers from the Eleventh to the Thirteenth Centuries, no. 19: Matthew Paris." In *The Cambridge History of English and American Literature in 18 Volumes (1907–21)*. Vol. 1, *From the Beginnings to the Cycles of Romance*. New York: Bartleby, 2000. Accessed July 21, 2014. http://www.bartleby.com/211/0919.html.

Wind, Herbert Warren. "The House of Baedeker." *The New Yorker*, Sept 22, 1975. Accessed July 20, 2014. http://www.newyorker.com/archive/1975/09/22/1975_09_22_042_TNY_CARDS_00031688.

Wurman, Richard Saul. *Tokyo Access*. Los Angeles: Access, 1984.

CONVENTIONAL SIGN

Bhatia, Neeraj. "Water Ecologies/Economies: Farming a Terminal Lake." In *Coupling: Strategies for Infrastructural Opportunism*, by Mason White, Lola Sheppard, Neeraj Bhatia, and Maya Przybylski, 16–23. Pamphlet Architecture 30. New York: Princeton Architectural Press, 2011.

Boissier, Paul. *Understanding a Nautical Chart*. Chichester, UK: Wiley Nautical, 2011.

Bunschoten, Raoul. "Energy-Conscious Design Practice in Asia: Smart City Chengdu and the Taiwan Strait Smart Region." In *Sustainable Energy Landscapes Designing, Planning, and Development*, edited by Sven Stremke and Andy van den Dobbelsteen, 235–59. Boca Raton, FL: Taylor & Francis, 2013.

Burton, Alfred H. *Conquerors of the Airways: A Brief History of the USAF—ACIC and Aeronautical Charts*. St. Louis, MO: US Air Force Aeronautical Chart and Information Center, 1953.

Campbell, Tony. "Portolan Charts from the Late Thirteenth Century to 1500." In *The History of Cartography*. Vol. 1, *Cartography in Prehistoric, Ancient, and Medieval Europe and the Mediterranean*, edited by David Woodward and J. B. Harley, 371–463. Chicago: University of Chicago Press, 1987.

Crone, G. R. "Early Aeronautical Charts." *The Geographical Journal* 126, no. 4 (1960): 553.

Federal Aviation Administration. *Aeronautical Chart User's Guide*. 10th ed. Glenn Dale, MD: National Aeronautical Navigation Products, 2012.
——. "VFR Aeronautical Chart Symbols." *Aeronautical Chart User's Guide: AeroNav Products*. 10th ed. 14–39. Silver Spring, MD: Federal Aviation Administration, 2012.
Keates, J. S. "Signs and Symbols." In *Understanding Maps*. 2nd ed., 67–84. London: Longman, 1996.
Main, Duane O. *Three-Dimensional Portrayal of Aircraft Instrument Approach Procedures*. Washington, DC: Naval Oceanographic Office, 1965.
Meine, Karl-Heinz. "Aviation Cartography." *The Cartographic Journal* 3, no. 1 (April 1996): 31–40.
Misrach, Richard, and Kate Orff. *Petrochemical America*. New York: Aperture, 2012.
Sieber, René, Christoph Schmid, and Samuel Wiesmann. "Smart Legend—Smart Atlas!" 22nd International Cartographic Conference, The International Cartographic Association. Coruña, Spain, July 11–16, 2005.
US Department of Homeland Security. "IFR Aeronautical Chart Symbols." http://www.uscg.mil/auxiliary/missions/auxair/ifr_symbols.pdf.
Usery, E. Lynn, Dalia Varanka, and Michael P. Finn. "A 125 Year History of Topographic Mapping and GIS in the U.S. Geological Survey 1884–2009, Part 1." The National Map, United States Geological Survey. http://nationalmap.gov/ustopo/125history.html.
US Geological Survey. "Topographic Map Symbols." http://egsc.usgs.gov/isb/pubs/booklets/symbols/topomapsymbols.pdf.
Wood, Denis. *Everything Sings: Maps for a Narrative Atlas*. 2nd ed. Los Angeles, CA: Siglio, 2013.
World Digital Library. "Maps of Ezo, Sakhalin, and Kuril Islands." Accessed July 23, 2014. http://www.wdl.org/en/item/3/#contributors=Fujita%2C+Tonsai.

附录

FRONT MATTER

P. 4. Courtesy of the Frances Loeb Library, Harvard University Graduate School of Design.

FIG. 0.0. Courtesy of the Frances Loeb Library, Graduate School of Design, Harvard University.

NOTES ON SCALE

FIG. 0.1. Courtesy of USGS.

FIG. 0.2. Courtesy of the Harvard Map Collection, Harvard Library, Harvard University.

FIG. 0.3. Courtesy of the Harvard Map Collection, Harvard Library, Harvard University.

FIG. 0.4. Courtesy of the Harvard Map Collection, Harvard Library, Harvard University.

FIG. 0.5. Extrait de la série TOP 25 n°3335OT publiées par l'Institut Géographique National. © IGN–2014. Autorisation n° 80–1461. Courtesy of the Harvard Map Collection, Harvard Library, Harvard University.

FIG. 0.6. Reproduced by permission of swisstopo (BA140296). Courtesy of the Harvard Map Collection, Harvard Library, Harvard University.

SOUNDING / SPOT ELEVATION

FIG. 1.1. Courtesy of Jill Desimini.

FIG. 1.2. Courtesy of Robert Gerard Pietrusko.

FIG. 1.3. Courtesy of the David Rumsey Map Collection.

FIG. 1.4. Courtesy of NOAA.

FIG. 1.5. Courtesy of Great Lakes Maps

FIG. 1.6. Reproduced with permission from the Museum of Science, Boston. Courtesy of the Harvard Map Collection, Harvard Library, Harvard University.

FIG. 1.7. Images courtesy of Future Cities Lab.

FIG. 1.8. Courtesy of Atelier Girot.

FIG. 1.9. Courtesy of Atelier Girot.

FIG. 1.10. Courtesy of the David Rumsey Map Collection.

FIG. 1.11. Courtesy of the Kislak Center for Special Collections, Rare Books and Manuscripts, University of Pennsylvania.

FIG. 1.12. Courtesy of Anuradha Mathur and Dilip da Cunha.

FIG. 1.13. Courtesy of Archivo Histórico José Vial Armstrong, Escuela de Arquitectura y Diseño, Pontificia Universidad Católica de Valparaíso.

ISOBATH / CONTOUR

FIG. 2.1. Courtesy of Jill Desimini.

FIG. 2.2. Courtesy of Robert Gerard Pietrusko.

FIG. 2.3. Courtesy of Bibliothèque nationale de France.

FIG. 2.4. Courtesy of and © James Corner Field Operations.

FIG. 2.5. Courtesy of the Harvard Map Collection, Harvard Library, Harvard University.

FIG. 2.6. Courtesy of the Frances Loeb Library, Harvard University Graduate School of Design.

FIG. 2.7. Reproduced with the permission of the Canadian Hydrographic Service. Courtesy of Cabot Science Library, Harvard University.

FIG. 2.8. Courtesy of Estudi Martí Franch.

FIG. 2.9. Courtesy of NOAA.

FIG. 2.10. Courtesy of West 8 Urban Design and Landscape Architecture.

FIG. 2.11. Courtesy of Stoss Landscape Urbanism.

FIG. 2.12. Courtesy of the Frances Loeb Library, Harvard University Graduate School of Design.

FIG. 2.13. Courtesy of Hargreaves Associates.

FIG. 2.14. Courtesy of OLM.

FIG. 2.15. Courtesy of ARO and dlandstudio.

FIG. 2.16. Courtesy of OPSYS.

FIG. 2.17. Courtesy of Joost Grootens and Clemens Steenbergen.

FIG. 2.18. Courtesy of USGS.

FIG. 2.19. Courtesy of the Library of Congress Geography and Map Division.

FIG. 2.20. Reproduced with permission from Ng Maps/National Geographic Creative. Courtesy of the Harvard Map Collection, Harvard Library, Harvard University.

HACHURE / HATCH

FIG. 3.1. Courtesy of Jill Desimini.

FIG. 3.2. Courtesy of Robert Gerard Pietrusko.

FIG. 3.3. © The British Cartographic Society, 2012. Used with permission. Courtesy of Patrick Kennelly.

FIG. 3.4. Courtesy of the Harvard Map Collection, Harvard Library, Harvard University.

FIG. 3.5. Courtesy of the Harvard Map Collection, Harvard Library, Harvard University.

FIG. 3.6. Courtesy of the Harvard Map Collection, Harvard Library, Harvard University.

FIG. 3.7. Courtesy of the David Rumsey Map Collection.

FIG. 3.8. Courtesy of Groundlab.

FIG. 3.9. Courtesy of Groundlab.

FIG. 3.10. Courtesy of Claude Cormier + Associés.

FIG. 3.11. Courtesy of LCLA Office.

FIG. 3.12. Courtesy of LCLA Office.

FIG. 3.13. Used with permission. Courtesy of Junya Ishigami.

FIG. 3.14. Courtesy of Estudi Martí Franch.

FIG. 3.15. Courtesy of the Harvard Map Collection, Harvard Library, Harvard University.

SHADED RELIEF

FIG. 4.1. Courtesy of Jill Desimini.

FIG. 4.2. Courtesy of Robert Gerard Pietrusko

FIG. 4.3. Reproduced with permission from Ng Maps/National Geographic Creative. Courtesy of the Harvard Map Collection, Harvard Library, Harvard University.

FIG. 4.4. Courtesy of the Royal Collection Trust / © Her Majesty Queen Elizabeth II 2014.

FIG. 4.5. Courtesy of the Library of Congress Geography and Map Division.

FIG. 4.6. Courtesy of the Frances Loeb Library, Harvard University Graduate School of Design.

FIG. 4.7. Courtesy of Swi 635.7. Widener Library, Harvard University.

FIG. 4.8. Courtesy of the Alpines Museum der Schweiz.

FIG. 4.9. Courtesy of Zaha Hadid Architects.

FIG. 4.10. Courtesy of Ernst Mayr Library, Museum of Comparative Zoology, Harvard University.

FIG. 4.11. Courtesy of Gustafson Guthrie Nichol.

FIG. 4.12. Courtesy of PROAP.

FIG. 4.13. Courtesy of the Library of Congress Geography and Map Division.

FIG. 4.14. Courtesy of the Library of Congress Geography and Map Division.

FIG. 4.15. © Hofer & Co. A.G. Graph. Anstalt Zürich. Courtesy of ETH-Bibliothek Zürich.

LAND CLASSIFICATION

FIG. 5.1. Courtesy of Jill Desimini.

FIG. 5.2. Courtesy of Robert Gerard Pietrusko.

FIG. 5.3. © British Library Board, Maps K.top.6.95. Courtesy of the British Library Board.

FIG. 5.4. Courtesy of Michel Desvigne Paysagiste.

FIG. 5.5. Courtesy of the Harvard Map Collection, Harvard Library, Harvard University.

FIG. 5.6. Courtesy of the Geospatial Information Authority of Japan and Mark Mulligan.

FIG. 5.7. Courtesy of Michel Desvigne Paysagiste.

FIG. 5.8. Courtesy of Stan Allen Architect.

FIG. 5.9. Courtesy of USGS.

FIG. 5.10. Courtesy of USGS.

FIG. 5.11. Courtesy of the Frances Loeb Library, Harvard University Graduate School of Design.

FIG. 5.12. Courtesy of Valerie Imbruce.

FIG. 5.13. Courtesy of the Architectural Archives, University of Pennsylvania.

FIG. 5.14. Courtesy of Turenscape.

FIG. 5.15. Courtesy of Stamen Design.

FIG. 5.16. Courtesy of the LSU Coastal Sustainability Studio.

FIGURE-GROUND

FIG. 6.1. Courtesy of Jill Desimini.

FIG. 6.2. Courtesy of Robert Gerard Pietrusko.

FIG. 6.3. Courtesy of the Harvard Map Collection, Harvard Library, Harvard University.

FIG. 6.4. Courtesy of David Grahame Shane.

FIG. 6.5. Courtesy of Bas Smets.

FIG. 6.6. Courtesy of Joan Busquets.

FIG. 6.7. Courtesy of Bas Smets.

FIG. 6.8. Courtesy of Bernardo Secchi and Paola Viganò.

FIG. 6.9. © 1979 Massachusetts Institute of Technology, by permission of The MIT Press.

FIG. 6.10. Courtesy of and © OMA.

FIG. 6.11. Courtesy of and © OMA.

FIG. 6.12. Courtesy of Xaveer de Geyter Architects.

FIG. 6.13. Courtesy of Bernardo Secchi and Paola Viganò.

FIG. 6.14. Nr. 40—New York. © Bollmann-Bildkarten-Verlag, Braunschweig, Germany. Used with permission. Courtesy of the Harvard Map Collection, Harvard Library, Harvard University.

FIG. 6.15. Courtesy of Global Arquitectura Paisagista.

FIG. 6.16. Courtesy of the Harvard Map Collection, Harvard Library, Harvard University.

STRATIGRAPHIC COLUMN

FIG. 7.1. Courtesy of Jill Desimini.

FIG. 7.2. Courtesy of Robert Gerard Pietrusko.

FIG. 7.3. Courtesy of Mosbach Paysagistes.

FIG. 7.4. Reproduced by permission of the British Geological Survey. © NERC. All rights reserved. CP14/085.

FIG. 7.5. Courtesy of Cabot Science Library, Harvard University.

FIG. 7.6. Courtesy of the Geological Survey of Japan.

FIG. 7.7. Courtesy of NASA.

FIG. 7.8. Courtesy of the David Rumsey Map Collection.

FIG. 7.9. Courtesy of the David Rumsey Map Collection.

FIG. 7.10. Courtesy of Stoss Landscape Urbanism.

FIG. 7.11. Courtesy of the Frances Loeb Library, Harvard University Graduate School of Design.

FIG. 7.12. Courtesy of the David Rumsey Map Collection.

FIG. 7.13. Courtesy of the Frances Loeb Library, Harvard University Graduate School of Design.

FIG. 7.14. Courtesy of Ian L. McHarg Collection, the Architectural Archives, University of Pennsylvania.

FIG. 7.15. Courtesy of the Ministry of Northern Development, Mines and Forestry; Courtesy of BRGM; Courtesy of the Arizona Geological Survey; © Commonwealth of Australia (Geoscience Australia) 2014. This product is released under the Creative Commons Attribution 3.0 Australia Licence (clockwise from top left).

CROSS SECTION

FIG. 8.1. Courtesy of Jill Desimini.

FIG. 8.2. Courtesy of Robert Gerard Pietrusko.

FIG. 8.3. Courtesy of Cabot Science Library, Harvard University.

FIG. 8.4. Courtesy of the David Rumsey Map Collection.

FIG. 8.5. Courtesy of Anuradha Mathur and Dilip da Cunha.

FIG. 8.6. Courtesy of Cabot Science Library, Harvard University.

FIG. 8.7. Courtesy of Bernardo Secchi and Paola Viganò.

FIG. 8.8. Courtesy of the Frances Loeb Library, Harvard University Graduate School of Design.

FIG. 8.9. Courtesy of Michael van Valkenburgh Associates.

FIG. 8.10. Courtesy of the Harvard Map Collection, Harvard Library, Harvard University.

FIG. 8.11. Courtesy of Felipe Correa.

FIG. 8.12. Courtesy of Mosbach Paysagistes.

FIG. 8.13. Courtesy of Vogt Landscape Architects.

FIG. 8.14. Courtesy of Vogt Landscape Architects.

LINE SYMBOL

FIG. 9.1. Courtesy of Jill Desimini.

FIG. 9.2. Courtesy of Aaron Straup Cope.

FIG. 9.3. Courtesy of the David Rumsey Map Collection.

FIG. 9.4. Courtesy of and reproduced with permission from Melway Publishing Pty Ltd.

FIG. 9.5. Courtesy of Bieke Cattoor.

FIG. 9.6. Courtesy of Bernardo Secchi and Paola Viganò.

FIG. 9.7. Courtesy of the Pusey Map Collection, Harvard Library, Harvard University.

FIG. 9.8. Courtesy of the Frances Loeb Library, Harvard University Graduate School of Design and The Appalachian Trail Conservancy.

FIG. 9.9. Courtesy of Dartmouth College Library.

FIG. 9.10. © The Estate of A. Wainwright 1966. Reproduced by permission of Frances Lincoln Ltd.

FIG. 9.11. Courtesy of the Frances Loeb Library, Harvard University Graduate School of Design.

FIG. 9.12. Courtesy of the Pusey Map Collection, Harvard Library, Harvard University.

FIG. 9.13. Courtesy of maps.google.com.

FIG. 9.14. Courtesy of Alison and Peter Smithson Archives, Frances Loeb Library, Harvard University Graduate School of Design.

FIG. 9.15. Courtesy of Alison and Peter Smithson Archives, Frances Loeb Library, Harvard University Graduate School of Design.

FIG. 9.16. Courtesy of Benaki Museum, Neohellenic Architectural Archives.

FIG. 9.17. Courtesy of Edward Eigen.

FIG. 9.18. Courtesy of © British Library Board, Cotton MS Claudius DVI.

CONVENTIONAL SIGN

FIG. 10.1. Courtesy of Jill Desimini.

FIG. 10.2. Courtesy of Jill Desimini.

FIG. 10.3. Courtesy of the Pusey Map Collection, Harvard Library, Harvard University.

FIG. 10.4. Courtesy of SCAPE Landscape Architecture.

FIG. 10.5. Courtesy of the Library of Congress Geography and Map Division.

FIG. 10.6. Courtesy of Denis Wood.

FIG. 10.7. Courtesy of Lateral Office.

FIG. 10.8. Image courtesy of © British Crown Copyright. Reproduced by permission of the Controller of Her Majesty's Stationery Office and the UK Hydrographic Office. Not to be used for navigation.

FIG. 10.9. *Dyke, Seawall, Breakwater Port Protection Structures*, after Paul Boisser.

FIG. 10.10. Courtesy of the Pusey Map Collection, Harvard Library, Harvard University and the United States Federal Aviation Administration.

FIG. 10.11. Courtesy of U.S. Department of Homeland Security. http://www.uscg.mil/auxiliary/missions/auxair/ifr_symbols.pdf.

FIG. 10.12. Courtesy of United States Federal Aviation Administration.

FIG. 10.13. Courtesy of U.S. Department of Homeland Security.

FIG. 10.14. Courtesy of Bieke Cattoor.

FIG. 10.15. Courtesy of CHORA.

FIG. 10.16. Courtesy of the David Rumsey Map Collection.

FIG. 10.17. Courtesy of the Frances Loeb Library, Harvard University Graduate School of Design.

FIG. 10.18. Courtesy of the Pusey Map Collection, Harvard Library, Harvard University.

FIG. 10.19. Courtesy of the Geospatial Information Authority of Japan and the Pusey Map Collection, Harvard Library, Harvard University.

FIGS. 10.20–10.22. Extraits des *Spécimens des Principales Cartes* publiées par l'Institut Géographique National. © IGN–2014. Autorisation n° 80-1461. Courtesy of the Frances Loeb Library, Harvard University Graduate School of Design.

BACK MATTER

PP. 268–69. Courtesy of the Frances Loeb Library, Harvard University Graduate School of Design.

索引

Italicized page numbers indicate figures

16
15
15
17
18
30
36
19
19
39
10
19
25
37
37
28
20
20
28
25
34
26
21
27
23
31
24
22
22
14
41
DE LA PORTE ST JAMES

15
9
11
12
41
38
38
38
5
4
13
8
UTE
DE
MADRID
A
LA
P

致谢

没有书中介绍的制图员和设计师的精湛技艺，本书就无法完稿。我们首先必须感谢这些图像的作者，以及收藏、档案管理和保存它们的机构。

我们要感谢最初发起这个项目的哈佛大学设计研究生院院长、亚历山大和维多利亚・威利设计教授莫森・莫斯塔法维和执行院长帕特里夏・罗伯茨（Patricia Roberts）；还要感谢负责发展和校友关系的副院长贝丝・克莱默（Beth Kramer），以及哈佛大学设计研究生院负责沟通的副院长本杰明・普罗斯基（Benjamin Prosky），感谢他们的支持。

没有丹・博雷利（Dan Borelli）和大卫・齐默尔曼—斯图尔特（David Zimmerman-Stuart）的引领，梅丽莎・沃恩（Melissa Vaughn）和杰克・施塔默（Jake Starmer）敏锐的编辑，以及我们的同事罗伯特・杰勒德・彼得鲁什卡（Robert Gerard Pietrusko），法迪・马苏德（Fadi Masoud），锡耶纳・斯卡夫（Siena Scarff），安雅（Anya）的贡献，就无法完成本出版物的展览，还有多姆勒斯基（Domlesky），珍妮弗・艾斯波西多（Jennifer Esposito），迈克尔・伊斯本（Michael Ezban），劳拉・梅林（Lara Mehling），斯泰西・莫顿（Stacy Morton）和萨维娜・罗马诺斯（Savina Romanos）；我们感谢哈佛图书馆的图书管理员和工作人员为该项目的研究提供帮助，他们是：安・怀特塞德（Ann Whiteside），玛丽・丹尼尔斯（Mary Daniels），伊内斯・扎内多（Inés Zalduendo），阿历克斯・莱斯坎德（Alix Reiskind），约翰娜・卡博斯基（Johanna Kasubowski），伊丽娜・葛恩斯坦（Irina Gornstein）和来自法国勒布图书馆的亚当・凯莉（Adam Kellie）、约瑟夫・加弗（Joseph Garver）、乔纳森・罗斯瓦塞（Jonathan Rosenwasser）和斯科特（Scott），来自蒲赛地图集的沃克（Walker）和卡博特科学图书馆的迈克尔・利奇（Michael Leach）。我们拥有优秀的研究助理，他们帮助我们做了大量工作，将材料编为书籍。海伦・江斯卡（Helen Kongsgaard），她富有洞察力的思路和批判性的视角帮助指导了这个项目；而梅根・琼斯斯・塔尼（Megan Jones Shiotani），他的辛勤工作、富有感染力的热情、极好的研究、快速的绘画以及不懈的搜索帮助使这本书成为现实。

我们要感谢那些提供翻译技巧的人，从法语、中文、德语、日语到英语，从MLA风格手册到芝加哥风格手册，他们是：亚历山大・卡西尼

(Alexander Cassini)、劳拉・梅林(Lara Mehling)、山姆・苏利文(Sam Sullivan)、惠里・雅玛葛塔(Eri Yamagata)和杨义(yi yang);

我们也要感谢对此付出时间、餐食、安静的写作场地，以及提供应急电脑、红葡萄酒，充满爱心、支持、鼓励和批判性洞察力的人，他们是：丹尼尔・鲍尔(Daniel Bauer);琳达和唐纳德・迪米尼(Linda and Donald Desimini);苏珊(Suzanne)、罗伯特(Robert)山姆(Sam)以及路易丝・沙利文(Louise Sulliva);玛吉(Margie)、马克(Mark)和瑞秋・鲍尔(Rachel Bauer);皮埃尔・贝朗格(Pierre Bélanger);西尔维亚・贝内迪托(Silvia Benedito);安妮塔・苯瑞贝西亚(Anita Berrizbeitia);伊芙・布劳(Eve Blau);尼尔布伦纳(Neil Brenner);费利佩・科雷亚(Felipe Correa);布鲁诺・莫德(Bruno De Meulder);加雷斯・多尔蒂(Gareth Doherty);索尼娅・丁波曼(Sonja Dümpelmann);爱德华・艾根(Edward Eigen);罗塞塔・艾尔金(Rosetta S. Elkin);斯蒂芬・欧文(Stephen Ervin);约翰・迪克森・亨特(John Dixon Hunt);简・赫顿(Jane Hutton);拉胡尔・麦罗特拉(Rahul Mehrotra);马克・蒙莫尼尔(Mark Monmonier);马克・穆利根(Mark Mulligan);安托万・皮肯(Antoine Picon);比尔・兰金(Bill Rankin);哈希姆・萨基斯(Hashim Sarkis);凯莉・香农(Kelly Shannon);卡尔・斯坦尼茨(Carl Steinitz);约翰・斯蒂尔格(John Stilgoe);和乌拉・威佳诺(Paola Viganò)。

最后，我们很高兴将这本书献给诺拉(Nora)和凯尔(Cale)，新生代制图员以及制图领域的细心读者。

译后记

《土地的表达——展示景观的想象》一书，展示了我们传统的土地、海洋、森林、沙漠与城市建筑环境的表达方式，充分地揭示了大地景观的逻辑与特性，用不同的表现手法把景观的想象力紧密地结合在一起。

当今时代，人们正处于高速发展的城市化进程中。从城市化的最早发源地英国，到整个欧洲、北美，再到21世纪的亚洲、非洲、拉丁美洲，我们所生活的土地无时无刻不在发生巨大的变化，规划、建筑和景观设计的范围和规模也在不断的扩张，从袖珍花园到大地景观，地图展示了不同尺度和层级的想象空间。同时我们也处于一个信息高度发达的时代，数字信息也充满着我们的日常生活、学习与工作，地图也在不断地采用新的方式去适应我们当今的时代。

本书的很多精美地图和资料最初来源于法语、德语、日语以及中文，作者把它们翻译成英语书籍出版，本身也面临着诸多的翻译技巧问题。现在又将英文版翻译成中文，这里面同样面临很多语言的障碍，这是我们必须面临的问题。

经过大半年的翻译工作，几经修改，终于成稿。这凝聚着我的团队成员所做出的努力，他们是：北京林业大学园林学院城乡规划学以及风景园林硕士研究生李玥、蒲叶、宋汶军、周晓津、郝子轩、李诗尧等。特别是李玥，她协调各个部分的内容，衔接各个章节之间的关系，为本书的翻译工作做了大量的整体梳理和校对工作。感谢团队所有成员对本书翻译所作出的贡献！

北京林业大学园林学院

李翅